JN137499

今と未来がわかる

ビジュアル図鑑

Visual book

カーボンニュートラル

東京理科大学教授
川村康文 著

ナツメ社

はじめに

2030年にSDGsの達成、その先の2050年にカーボンニュートラルの達成が目指されている。

人間の欲望は果てしないもので、制限がなければなんでも欲してしまう性がある。そのため、なんとか少しは自制をということで、時間を区切って、これらの目標が全世界をあげて掲げられ、それらの達成を目指すことで、われわれの母なる地球を守ろうということである。

私たちは、子どものころから、動物は空気中の酸素を吸って二酸化炭素を出すという呼吸をしていることと、植物は太陽光を浴びながら二酸化炭素を取り入れて栄養を体内でつくって酸素を放出する光合成について学んできて知っている。つまり二酸化炭素が、この大気圏のなかをぐるぐる循環しているだろうなとの認識はもっていることだろう。

また、ものを燃やすとものの なかにある炭素と空気中の酸素が結合して二酸化炭素が放出されることも学んでよく知っている。そして多くの人が、二酸化炭素濃度が上昇することで地球が温暖化してきていて異常気象が増えてきていることも実感しているのではなかろうか？

多くの人々は二酸化炭素の排出削減が必要だと思っている。しかし、その方法論が課題となったまま今日を迎えている。これが現状だろう。

確かに、二酸化炭素排出削減を厳しく

することで、化石燃料の使用量が抑えられるだろう。しかし、科学技術が追いついていない産業部門では減益となり経営に大きな障害となりかねない。また、二酸化炭素排出削減のみならず、温室効果ガス全般の削減が重要である。

そのような現実から、道徳的な標語を掲げるだけでは、実行できる方法が見つかりづらい。

しかし、これを乗り越えていかないと、われわれ人類が、地球上に生存できないという事態を招きかねないのだ。

本書では、カーボンニュートラルに関する現状を概観しつつ、それを乗り越えていくいくつかの提案を行っている。科学技術の面、法律的な面、そしてもちろん経営的な面など多方面から、今でき得るアプローチについて記載した。

カーボンニュートラルの書籍では多くの英語略称が登場しわかりにくくなっている面が否めないが、本書ではなるべく略称を使用せず、都度、なにについて述べているかを把握できるように工夫している。なお、略語については巻末にもまとめているので参照してほしい。

グラフや図版もふんだんに使用しているので、理解を助けるのに大いに役立つと思う。

ぜひ、諸兄・諸姉のみなさまの、叡智(えいち)に信頼を寄せたい。

東京理科大学教授・
北九州市スペースLABO館長
川村(かわむら) 康文(やすふみ)

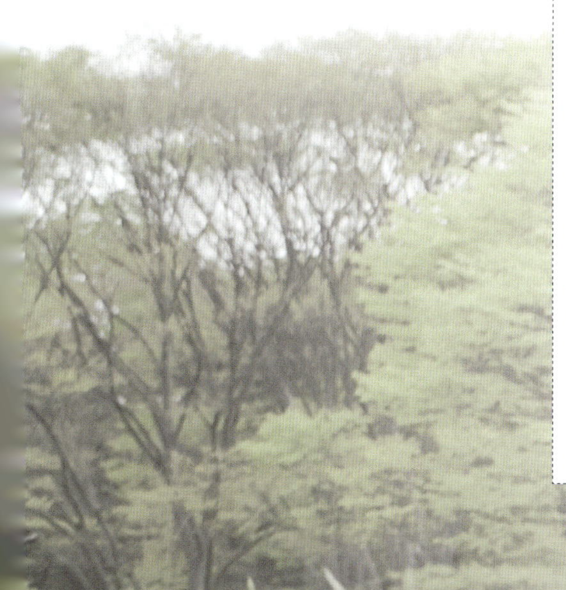

1959年、京都府生まれ。京都教育大学教育学部特修理学科卒業後、京都大学大学院エネルギー科学研究科エネルギー社会環境学専攻博士後期課程修了。京都教育大学附属高等学校教諭、信州大学教育学部助教授ののち、東京理科大学理学部第一部物理学科教授。科学教育、エネルギー環境教育、サイエンス・コミュニケーションをキーワードに研究・指導を行っている。慣性力実験器Ⅱで全日本教職員発明展内閣総理大臣賞(1999年)、文部科学大臣表彰科学技術賞(理解増進部門、2008年)など数多く受賞。「世界一受けたい授業」(日本テレビ系)、「チコちゃんに叱られる!」(NHK総合)など、テレビ番組でのわかりやすい科学の解説などにも定評がある。2022年4月にオープンした体験・体感型科学館の北九州市科学館「スペースLABO」の館長もつとめている。

CONTENTS

第3章 カーボンニュートラルとエネルギー

CONTENTS

第5章 カーボンニュートラルをサポートする技術

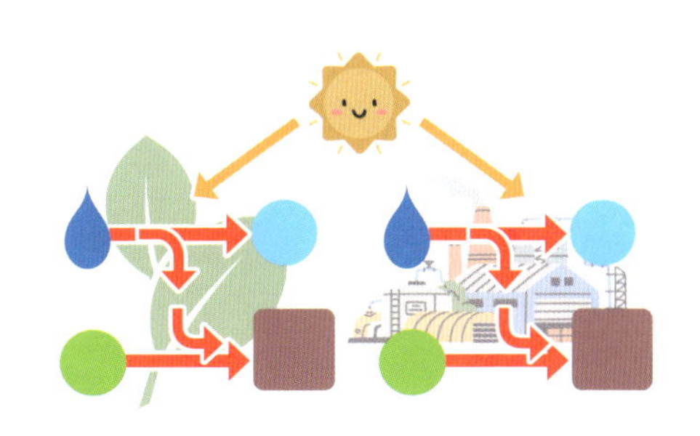

CONTENTS

第6章 カーボンニュートラルへの取り組み

SUSTAINABLE DEVELOPMENT GOALS

CONTENTS

第7章 カーボンニュートラルへの道

第1章

カーボンニュートラルで世界を変える

カーボンニュートラルの目的は、人類がこれから先も地球上に生存するためだ。昨今の異常ともいえる気象現象は、地球温暖化が少なからず影響しているといわれている。異常気象は、私たちの暮らしにも影響を及ぼしてきており、解決策が必要だ。一刻も早くカーボンニュートラルを実行し、異常気象が頻発している世界を変える必要があるだろう。

1　カーボンニュートラルへの歩み

カーボンニュートラルと盛んにいわれはじめて久しいが、なんのためのものか。ここでは、カーボンニュートラルのはじまりとその理由を見てみよう。

温室効果ガス削減の取り組み

ここ数年、**カーボンニュートラル**（CN：Carbon Neutral）が叫ばれている。その理由をひと言でいえば、まずは**地球温暖化**を防ぐということだ。地球温暖化とは、**温室効果ガス**（GHG：Greenhouse Gas）によって地球の大気が徐々に暖まり、地球全体の気温が上昇することだ。

気温が上昇することは、寒いのが苦手な人にとっては暖かくなるので、寒冷化するよりもメリットがあるように思える。しかし、寒冷化も同様だが、気温が大きく変わることとで、地球全体の気候が変化し、気象状況が大きく変わることが問題なのだ。

特に温暖化は、海面上昇や熱波による干ばつ、大雨やそれに伴う洪水なども発生する。さらにこれらにより、作物の収穫量が減ることで飢餓に陥る人々が増える、植物の**生態系**が変わることでそれを食料としている草食動物が減る。その結果、草食動物を食料

地球温暖化で、地球の環境は大きく変わる

地球が暖まり、南極の氷が溶けることで、海面上昇が起こる。海抜の低い島などは、水没の恐れがある

とする肉食動物も絶滅の危機に瀕することになる。つまり、急激な気温の上昇は、人類を含め、地球全体の生態系に大きなダメージを与える可能性があるのだ。

その地球温暖化の大きな原因となるのが、**二酸化炭素（CO_2）**などをはじめとした温室効果ガス。これは、人間など動物の呼吸によっても排出されるが、それよりも大きな要因となっているのは、石油や天然ガス、石炭といった**化石燃料**を大量に使って、発電をしたり、豊かな生活を実現するために工場を稼働させることにより非常に多くの温室効果ガスを排出するようになったことだ。それに加え、**森林伐採**により、植物による二酸化炭素の吸収量が減ったことも忘れてはならない。

地球温暖化を抑える取り組みのはじまり

地球温暖化をこのまま放置しておくと、人類の存続にも大きな影響を起こしかねない。そこで、二酸化炭素の排出を抑える取り組み、すなわちカーボンニュートラルが必要だと世界が動きはじめた。

カーボンニュートラルとは、二酸化炭素などの温室効果ガスの排出を抑制したりすることで、地球温暖化を進行させないようにする取り組みのことだ。カーボンニュートラルを和訳すると**炭素中立**となる。

地球規模となる温暖化や気候変動は、一国の取り組みだけで当然できる

カーボンニュートラルの概念

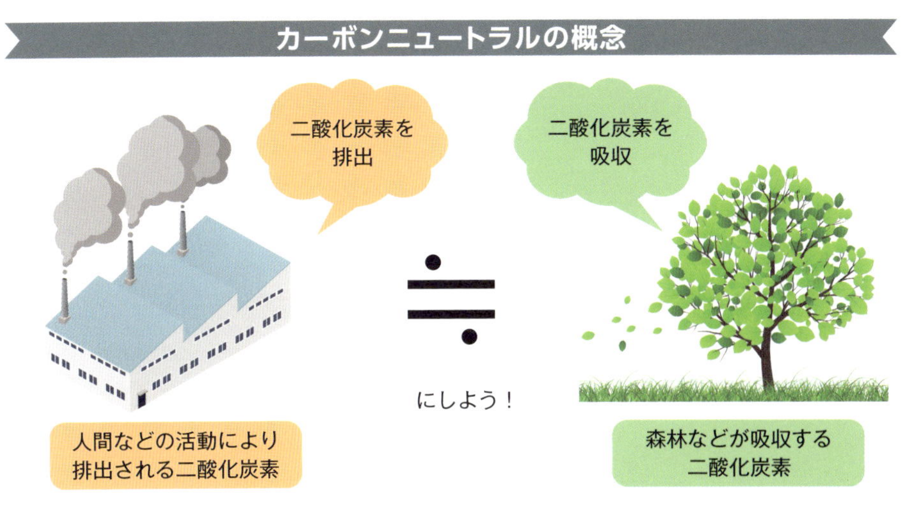

工業製品をつくったり、旅行などで移動したり、食事をするなど人間の活動全般で二酸化炭素が排出される。それと同量を森林などで回収して、二酸化炭素の増加させないことがカーボンニュートラルだ

ことではない。危機感を募らせた各国は、1990年代前半から**国連**の枠組みを使って議論をはじめてきた。その**環境問題**に関する最初の**国際会議**といわれているのが、1992年にブラジル・リオで開催された「**アースサミット**」。ここでは、環境と開発に関する「**リオ宣言**」と「**気候変動枠組み条約**」の採択が行われた。

1995年にはドイツのベルリンで「**気候変動枠組条約第1回締約国会議**」、通称**COP（Conference of the Parties＝約定国会議）**が開催され、その後、毎年開催されている（それぞれの会議は、開催回を最後につけて、COP28などと呼ばれる）。COPは、1994年に効力が発生した温室効果ガスの濃度の安定化を図る「**国連気候変動枠組条約（UNFCCC：United Nations Framework Convention on Climate Change）**」に基づく会議の1つだ。

広がりを見せる国際協調

1997年、COP3が日本の京都で開催され、この会議では「**京都議定書**」が採択された。COP3では、先進国が2012年までに達成すべき温室効果ガスの上限と目標達成期間が合意されたのだ。なお、京都議定書は、2005年

温室効果ガスの種類

温室効果ガス	性質	用途・排出源
二酸化炭素（CO_2）	代表的な温室効果ガス	化石燃料
メタン（CH_4）	天然ガスの主成分で、常温で気体。よく燃えるのが特徴	稲作や家畜の腸内発酵（ゲップ）、廃棄物の埋め立てなど
一酸化二窒素（N_2O）	窒素酸化物のなかで最も安定していて、二酸化窒素などほかの窒素酸化物などのように毒性はない	燃料の燃焼や工業プロセスなど
ハイドロフルオロカーボン類（HFCS）	オゾン層を破壊しないフロン。強力な温室効果ガス	スプレー、エアコンや冷蔵庫などの冷媒など
パーフルオロカーボン類（PFCS）	炭素とフッ素だけからなるフロン。強力な温室効果ガス	半導体の製造時など
六フッ化硫黄（SF_6）	硫黄の六フッ化物。強力な温室効果ガス	電気の絶縁体などに使われる
三フッ化窒素（NF_3）	窒素とフッ素からなる無機化合物。強力な温室効果ガス	半導体の製造時など

温室効果ガスといえば二酸化炭素がまず思い浮かぶが、牛のゲップから排出されるメタンなども含まれる

に効力が発生（発効）した。

さらに2015年のフランス・パリで行われたCOP21では「**パリ協定**」を採択。2016年に発効するパリ協定では、京都議定書に次ぐ新たな排出目標を定められた。2030年までに温室効果ガス削減し、世界の気温上昇を2.0度以内に抑えるための長期目標に合意。ただし、現在、この目標は見直されている。

見直しの契機となったのは2018年の「**気候変動に関する政府間パネル（IPCC: Intergovernmental Panel on Climate Change）**」による報告書「**1.5度特別報告書**」からだ。これは気温上昇2.0度と1.5度のあいだには生態系に与える影響に大きな差があるというもの。IPCCは、各国政府の気候変動に関する政策に科学的な基礎を与えるのが目的で、この報告書によりこれまでの2.0度目標から、1.5度目標に変化している。

日本のカーボンニュートラル

このように国際会議でカーボンニュートラルの実行目標が決まるなか、日本でもカーボンニュートラル宣言が行われた。2020年、国会での菅義偉内閣総理大臣の所信表明演説は、2050年までに温室効果ガスの排出を全体としてゼロ、つまりカーボンニュートラルを実現するというものだ。

これを踏まえて、経済産業省が中心となり、関係省庁と連携して「**2050年カーボンニュートラルに伴うグリーン成長戦略**」を策定。産業政策とエネルギー政策の両面から、成長が期待される分野について実行計画を示した。エネルギー関連産業や輸送・製造産業、オフィス関連産業を合わせて14の分野をあげ、さまざまな政策・支援で企業の取り組みを支援していくもの。**グリーンイノベーション基金**として、10年間で2兆円を計上している。

リオサミットからパリ協定へ

1992年	**リオサミット** 「リオ宣言」と「気候変動枠組条約」が採択された
1995年	**第1回気候変動枠組条約締約国会議（COP1）** ドイツのベルリンで開催、以降毎年開催されている
1997年	**京都議定書の制定** 温室効果ガスの削減行動の義務化を決定
2015年	**パリ協定の採択** 世界共通の目標を設定した

日本カーボンニュートラルも世界の潮流に合わせて宣言された

2 カーボンニュートラルの定義と脱炭素、低炭素化など

世界が取り組むカーボンニュートラルとはなにか。また、カーボンニュートラルと同義で使われることの多い「脱炭素」などの意味を解説。

日本のカーボンニュートラルの定義

ここでカーボンニュートラルとはなにかをまとめておきたい。二酸化炭素などの温室効果ガスを削減して、地球温暖化、それに伴う地球環境の悪化を防ぐこと。と、いえばそのとおりだが、実際のところ、言葉だけが一人歩きしている感もある。

日本でカーボンニュートラルの言葉が脚光を浴びたのは、前節で述べたとおり、2020年の菅総理の**カーボンニュートラル宣言**に起因する。この所信表明演説は、温室効果ガス全般の削減を目指すものだと考えられている。このなかで「**政府は2050年までに温室効果ガスの排出を全体としてゼロにする**」と述べているので、温室効果ガスの人為的な活動による排出量と植林や森林管理などでもたらされる吸収量の差を中立、すなわち**差し引きゼロ**とすることだ。カーボンニュートラルの日本語訳「炭素中立」と合致する。ここでいう炭素（カーボン）のことは二酸化炭素など温室効果ガスをまとめた言葉として考えていいだろう。

パリ協定でのカーボンニュートラル

前述したようにパリ協定はCOP21で合意された条約で、世界全体として温室効果ガスを削減し、人為的な影響で気候変動を起こさないようにしようというものだ。

パリ協定は、京都議定書の後継となるもので、2020年以降の気候変動問題の国際的な枠組みのこと。

協定の概要は次のとおり。

- **世界共通の長期目標として2度目標の設定。1.5度に抑える努力を追求すること**
- **主要排出国を含むすべての国が削減目標を5年ごとに提出・更新すること**
- **すべての国が共通かつ柔軟な方法で実施状況を報告し、レビューを受けること**
- **適応の長期目標の設定、各国の適応計画プロセスや行動の実施、適応報**

2050年カーボンニュートラルに伴うグリーン成長戦略の概念図

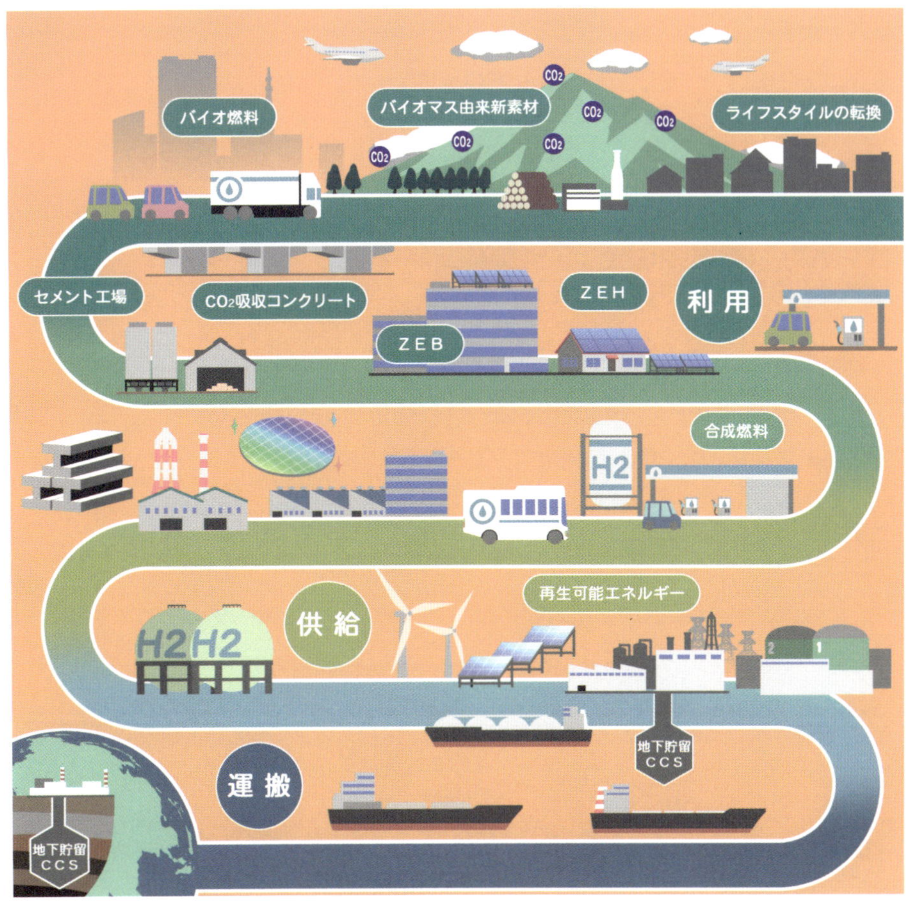

痛みが伴うカーボンニュートラルを成長戦略と捉え、産業政策・エネルギー政策の両面から、成長が期待される14の重要分野について実行計画を策定。国として高い目標を掲げ、具体的な見通しを示している

告書の提出と定期的更新

- **5年ごとに世界全体としての実施状況を検討するしくみ（グローバル・ストックテイク：GST➡P32）**
- **先進国による資金の提供。これに加えて、途上国も自主的に資金を提供すること**

パリ協定は、歴史上はじめて気候変動枠組条約に加盟する196か国すべての国が削減目標・行動をもって参加することをルール化した公平な合意とされる。しかし、削減目標が国によってばらつきがある。

また、2050年のカーボンニュート

各国の温室効果ガス削減目標

国名	削減目標	
中国	**2030**年までに**60～65**%削減 ※2030年前後に二酸化炭素の排出量のピークとする	2005年比
EU	**2030**年までに**40**%削減	1990年比
インド	**2030**年までにGDP当たりの二酸化炭素排出量を**30～35**%削減	2005年比
日本	**2030**年までに**26**%削減 ※2005年度比では25.4%削減	2013年比
ロシア	**2030**年までに**70～75**%に抑制	1990年比
アメリカ	**2025**年までに**26～28**%削減	2005年比

各国が国連気候変動枠組条約に提出した約束草案より。表現がまちまちでわかりにくいところがある

パリ協定で年限付きの宣言を表明した国

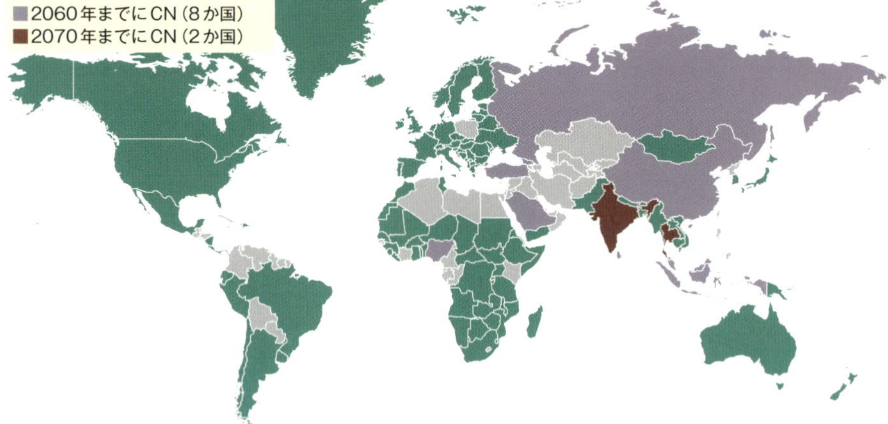

2021年のCOP26終了時点で、150か国以上が年限付きのカーボンニュートラル宣言をした。ほとんどが2050年までだが、中国やロシアなどは2060年、インドなどは2070年となっている

ラルの実現は、日本など125か国・1地域で、世界全体に占める割合は37.7%になる。一方、**世界最大の二酸化炭素排出国の中国**（28.2%）は、10年先延ばしして2060年までにカーボンニュートラルを実現し、インドも2070年までに実現するとしていて、足並みは必ずしもそろっていない。間延びした感もあるのが実情だ（数値は2021年実績）。

カーボンニュートラルの概念

カーボンニュートラルの大まかな定義としては、これ以上環境に負担をかける温室効果ガスの排出を抑えるということだ。

実現するには、以下のような手順がある。

①排出量をできるだけ減らす

プロセスを見直して省エネルギー化を図ったり、リサイクルを活用して省資源化をする。

②排出原単位の削減

排出原単位とは、活動量当たりの

カーボンニュートラルの概念

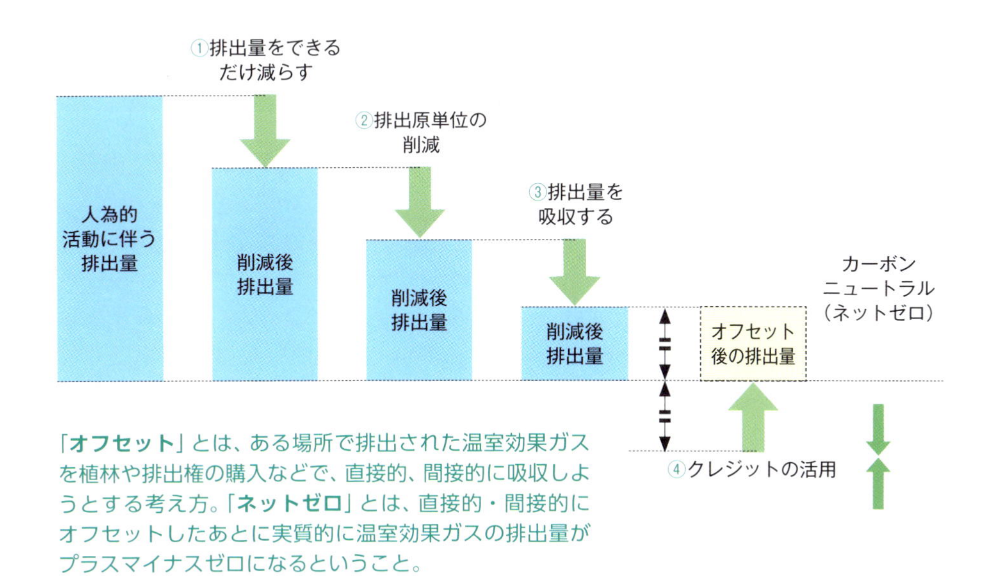

①から③の施策とともに、カーボンクレジットを利用することで、温室効果ガスの排出量をネットゼロ、つまりプラスマイナスゼロ＝カーボンニュートラルを目指す（野村総合研究所の資料より）

二酸化炭素排出量のことをいい、**二酸化炭素排出係数**ともいう。これは低排出燃料に転換したり、電気を再生可能エネルギーに転換するなどの手法を用いること。

③排出量を吸収する

植林や森林管理、また炭素回収の技術を発展させて、排出させた二酸化炭素を吸収すること。

④クレジットの活用

①〜③を行ってもカーボンニュートラルを実現できない場合は、他国やほかの企業から**カーボンクレジット**を購入して、他者が行った削減を取得し、自らの削減分とする。

ここでいうカーボンクレジットとは、温室効果ガスの排出量を売買できるしくみのこと。おもに企業間で取引が行われており、自社が温室効果ガスを出し過ぎた場合、他社の温室効果ガス吸収量を購入して、自社の超過分を埋め合わせする。カーボンクレジットを販売する企業は利益を得ることに加え、その資金でさらに削減のための施策ができるメリットもある。この排出量を相殺することを**カーボンオフセット**と呼ぶ。

以上4つの方策を使った温室効果ガスの排出・吸収で、カーボンニュートラルを実現していくことになる。

脱炭素やカーボンフリーなどとの違い

カーボンニュートラルや脱炭素、カーボンフリーなどの言葉の違いについてまとめておきたい。といっても、それぞれ目指す方向は同じだ。

「2050年までにカーボンニュートラル、脱炭素社会の実現を目指す」と政府が宣言しているように、脱炭素はカーボンニュートラルと同じ意味合いで使われることが多い。これまで国際社会は、気候変動に対応するために、その大きな要因となっている二酸化炭素などの温室効果ガスの排出削減に取り組み、「**低炭素社会**」の実現を目指してきた。

しかし、気候変動が急速に進んでいくなかで、より抜本的な解決法が必要となり、「**二酸化炭素を排出しない**」社会を目指して動きはじめた。その方法として、エネルギーが枯渇せず繰り返し利用できる太陽光や風力、地熱などの**再生可能エネルギー**が注目されており、使用時に二酸化炭素を排出しない水素エネルギーなど、**次世代エネルギー**の研究も進んでいる。

人間が活動することで排出される二酸化炭素をゼロにすることを「**ゼロエミッション（Zero Emission、エミッションとは排出という意味）**」ともいう。これは、もともと国連大学が1994年に提唱したもので、「産業活動に伴う廃棄物などによる環境への負荷をできる限りゼロに近づけるため、産業における生産等の工程を再編成し、廃棄物の発生を抑えた新たな**循環型産業システム**を構築することを目指す(環境省環境白書)」ことだ。

ゼロエミッションは、二酸化炭素をはじめとする温室効果ガスだけでなく、産業廃棄物などを含め、環境排出物をゼロにする理念と手法をいう。温室効果ガスの排出と吸収をプラスマイナスゼロ（**ネットゼロ**）にする方法のカーボンニュートラルに比べ、もっと大きな概念になる。

カーボンニュートラルの類義語

カーボン オフセット	カーボンオフセットとは、日常生活や経済活動を送るうえで排出される温室効果ガスについて、まず、できるだけ排出量を減らせるよう努力する。それでもどうしても避けられない温室効果ガスの排出については、温室効果ガスの削減活動に投資するなど別の取り組みで、排出される温室効果ガスを埋め合わせるという考え方
カーボン ネガティブ	カーボンネガティブは直訳すると炭素がマイナスの状態。大気中に排出される温室効果ガスの量が、森林などに吸収される量よりも少ない状態のことをいい、カーボンニュートラルの先をいく目標として注目されている
脱炭素 ドミノ	地域が主体となって脱炭素に向けた取り組みを行っていき、その取り組みがドミノのように全国各地に広がっていく様子をドミノにたとえ、日本全体で脱炭素達成を目指している

カーボンニュートラルの類義語はいくつかあるが、目指すところは同じだ

3 地球温暖化のしくみとカーボンニュートラル

気候変動に向き合わず、対応策に真剣に取り組まなければ、地球や私たちの未来はどうなっていくのだろう。データをもとに予測する。

地球温暖化のしくみ

地球温暖化は、**二酸化炭素**などの**温室効果ガス**によって起こる。二酸化炭素のほかにも温室効果ガスには、**メタン**（CH_4）や**一酸化二窒素**（N_2O）、**フロン類**などがあるが、温室効果ガス総排出量に占めるガス別の内訳では、二酸化炭素が約75％と最も多い。次いで、メタンが約16％、一酸化二窒素が約6％などとなる（2010年）。

温室効果ガスが地球を温めるしくみはこうだ。地球は太陽からエネルギーを受け取るとともに、赤外線として宇宙に排出している。大気に二酸化炭素などの温室効果ガスがなければ、太陽から受けた熱はそのまま宇宙空間に放出され、地球は温まることがない。適度な二酸化炭素量を保っていることで、地球の平均気温は人類やその他の生物が快適に暮らしていける約15度に保たれている。ちなみに、温室効果がなければ、地球の平均気温はマイナス19度になると考えられている。

産業革命当時、280ppmだった大気中の二酸化炭素濃度は徐々に増加を続け、約38％上昇し、400ppmを超えた（2015年12月、温室効果ガス観測技術衛星「いぶき」による月別平均濃度ほか）。その増加の半分はこの30年に起こったものとされている。このまま対策をしなければ、21 世紀半ばまでに、**産業革命以前の2倍**になると考えられている。気温上昇でいえば、対策が不十分な場合、最大で5.7度上昇すると見通されている。

地球温暖化が引き起こす気候変動

地球の平均気温が上昇することで、夏日が続くなど日常生活に直結する**気候変動の影響**が大きな問題だ。もっと大きな視点で見れば、日本でも猛烈な夏の暑さや大雨や洪水など、いままでになかった気象変動が起きているのはご存じのとおり。

温暖化による気候変動は、

- **極端な気温の上昇**
- **海面水位の上昇**

地球温暖化が進むメカニズム

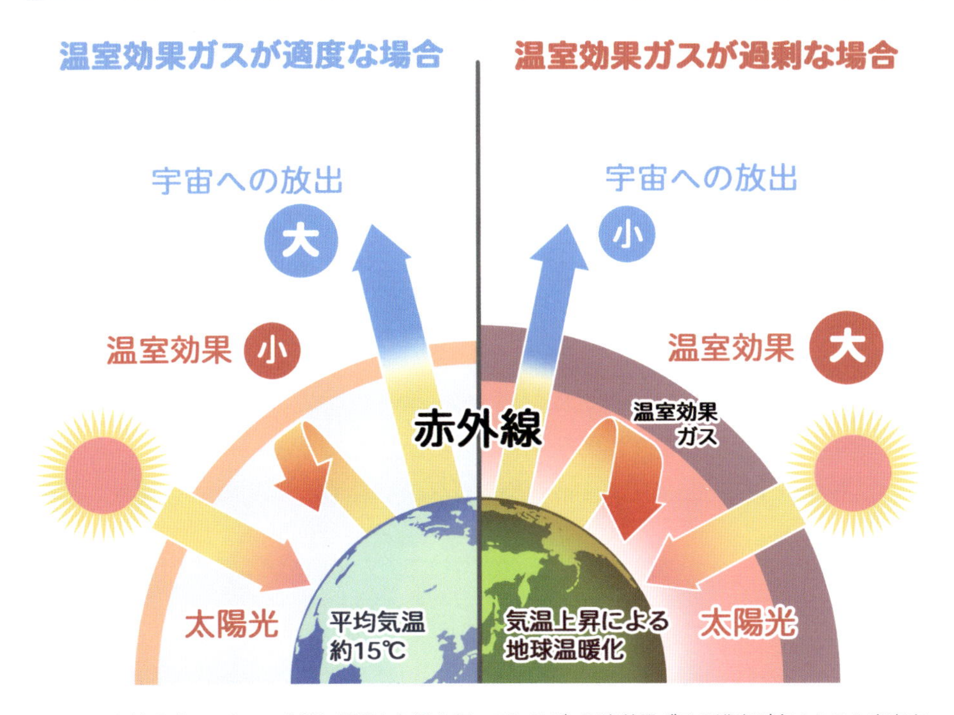

地球は温室効果ガスによって人間に最適な気温を保っているが、温室効果ガスの濃度が高くなると宇宙空間に太陽からの熱がうまく放出されず、地球の平均気温は上昇していく

- **一部地域の降水量の増加**
- **一部地域の干ばつの長期化**
- **今までにないような台風の発生**

など。ただし、これらは気候変動のほんの一部で、これらやほかの要因が複雑に関係し、さらに多岐にわたる気候変動が発生すると考えられている。

気候変動は台風の被害や干ばつを引き起こすだけでなく、それに伴う**生物への影響**も甚大となる。近年、世界各国で異常高温や異常気象による被害が見られるのがその証拠だ。

例えば、2021年7月にはアメリカのカリフォルニア州で、観測史上最も高いレベルの気温54.4度を記録。このため山火事が発生し、約2000キロ平方メートルが焼失した。パキスタンでも2017年6月に53.7度を記録。カナダ西部では49.6度(2021年６月)、イギリス東部では40.3度（2022年7月）を記録して、カナダ、イギリスにおける最高気温を更新した。

また、**台風による被害**も甚大だ。フィリピンでは2022年4月の台風（令和4年台風第2号。アジア名「メーギー」（韓国語でナマズの意味）は死者214人・行方不明者132人を出した。また、2022年4月には、南アフリカ東部では**大雨**で540人以上が死亡。南アジアとその周辺では2022年5月から9月の大雨によって合計4510以上が死亡したと伝えられ、特にパキスタンでは1730人以上が死亡したと報告された。米国南東部から東部では、2022年9月から10月にかけて、ハリケーン「イアン」によって150 人以上が死亡し、途上国だけでなく、先進国にも**大きな被害**が及んでいる。

地球温暖化の今後

気候変動に関する政府間パネルでは、**世界の平均気温**は少なくとも今世紀半ばまでは上昇し続けるだろうとし、**5つのシナリオ**をもとに上昇気温を予測している。

それによると、気候政策を導入し、21世紀半ばに 二酸化炭素排出量を正味ゼロにする**最善のシナリオ**であっても、2021～2040年の平均の気温上昇が1.5度に達する可能性がある。もし、気候政策を導入しない最大排出量のシナリオを進めた場合は、1850年から1900年を基準とした場合、2081～2100年には最大5.7度上昇するだろうと発表している。

このまま対策をしなかった場合、どうなるであろうか。気温の上昇によって水分が大量に蒸発すると、豪雨や洪水、大規模な台風が発生しやすくなり、生活の場が破壊されていくだろ

各地ですでに起こっている異常気象

地球温暖化が進むと地球の気象が変化。極端な気温の上昇での熱波や強力な台風、集中豪雨などの異常気象で災害が多発する。また、干ばつによる食糧危機、海面上昇で居住地を追われるなども考えられる。一部はすでにはじまっている

う。一方、以前から水資源が貧しかった地域の**水不足**はより悪化して、**干ばつ**が増加。農作物に大きな被害を及ぼすことになる。農業だけでなく、気候変動は漁業、畜産業にも大きな被害を及ぼし、**食糧不足**に陥る危険もあるとされる。

もちろん、**人間の健康**にも大きな影響を及ぼす。災害によってケガや病気になる人や死亡する人が増えるほか、熱波による熱中症や、マラリアなどの**熱帯性感染症の拡大**も危惧される。

また、気候変動は人間だけでなく、地球に存在するすべての命を脅かしていることも忘れてはならない。異常気象の影響で、地球上の生物の種類は記録が残っている時期の数と比べて約1000倍のペースで消滅し続けており、このままでは100万種の生物が、数十年以内に**絶滅する危機**に瀕するといわれている。

IPCC第5次評価報告書（2014年）では、このまま気温が上昇を続けた場合のリスクを8つ警告している。

❶高潮や沿岸部の洪水、海面上昇による健康障害や生計崩壊のリスク
❷大都市部への内水氾濫による人々の健康障害や生計崩壊のリスク
❸極端な気象現象によるインフラ機能停止
❹熱波による死亡や疾病
❺気温上昇や干ばつによる食料不足や食料安全保障の問題
❻水資源不足と農業生産減少
❼陸域や淡水の生態系、生物多様性がもたらす、さまざまなサービス損失
❽同じく海域の生態系、生物多様性への影響

世界の平均地上気温の変化予測

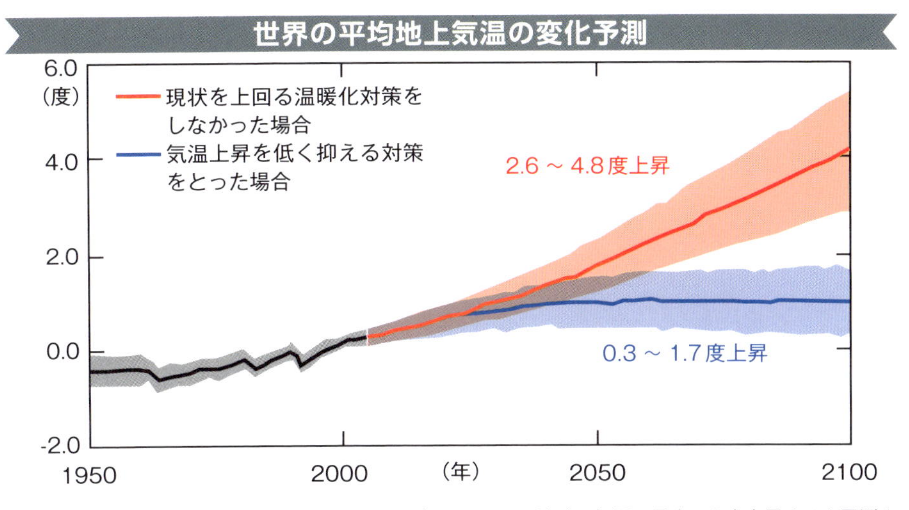

このまま化石燃料を使い続けていくと2100年ごろまでには、地球の気温は最大4.8度上昇すると予測されている（IPCC第5次評価報告書をもとに作成）

過去にもあった!? 大規模な地球温暖化

今から約5600万年前、古第三紀暁新世と始新世のあいだ、もちろんこのころ、人類は存在していなかったので、人為的ではない大規模な地球温暖化があったとされる。これを暁新世始新世境界温暖化極大、略して「P.E.T.M（Paleocene-Eocene Thermal Maximum）」と呼び、約20万年という“短い”あいだに地球の平均気温が5～8度上昇した。現在の地球温暖化と似たような特徴をもっているため、多くの科学者から注目されている。

原因はさまざま考えられているが、海底に堆積したメタンハイドレート、石油や天然ガスのような化石燃料の一種が大量に放出されたことや火山活動によって二酸化炭素が排出されたことなどとされている。

この温暖化により、後期暁新世末に白亜紀から地球の生物界の支配的存在であったベラスコ型底生有孔虫群集の20～40%が絶滅。また、植生も大きく変化し、熱帯雨林が形成されたとされる。生態系に大きな変化がもたらされたのだ。

46億年の地球の歴史からすれば20万年はほんの一瞬だが、現在の人為的な地球温暖化はそれよりもさらに短いスパンで進んでいることを考えると恐ろしい。ただし、P.E.T.Mによる温暖化は現在の温暖化に比べると桁違いに大規模であるとする科学者もいる。また、P.E.T.Mは約1万年でもとの地球環境に戻っていることも指摘されている。

とはいえ、仮に短い期間で地球の「自浄作用」により温暖化が収まったとしても、生態系への大きなダメージを与えることに変わりはない。地球は氷河期と間氷期（氷河期ではない温暖な気候の時期）を繰り返すとされているが、地球の歴史からすれば揺れとしては大きくないだろう。

しかし、人類の科学を伴った豊かな歴史は長く見積もっても、まだ2000年程度。温暖化を放置して、地球の自浄作用を待つことはとてつもなく大きなリスクを背負うことになる。

温暖化により地上の植生が変化し、現在のアマゾンのような熱帯雨林が地球全体を覆ったとされる。また、多くの生物の絶滅や小型化も引き起こしたと考えられている

4 世界と日本の温室効果ガス排出の現状

地球温暖化は地球の環境を大きく変え、人間はもちろん、生物の大量絶滅も招く恐れがある。現在、地球はどの状態にあるのか考えたい。

世界の温室効果ガス排出量

二酸化炭素やメタン、一酸化二窒素、フロンガス類など、**世界の温室効果ガス排出量**は2019年には約59Gt-CO_2だった（Gtは、ギガトンのことで、1トンの10億倍。「IPCC第6次評価報告書WG2」2022年）。このGt-CO_2とは、二酸化炭素以外の温室効果ガスを二酸化炭素の重さとして換算したものだ。**地球温暖化係数（GWP：Global Warming**

国別の二酸化炭素排出量の割合

2020 年

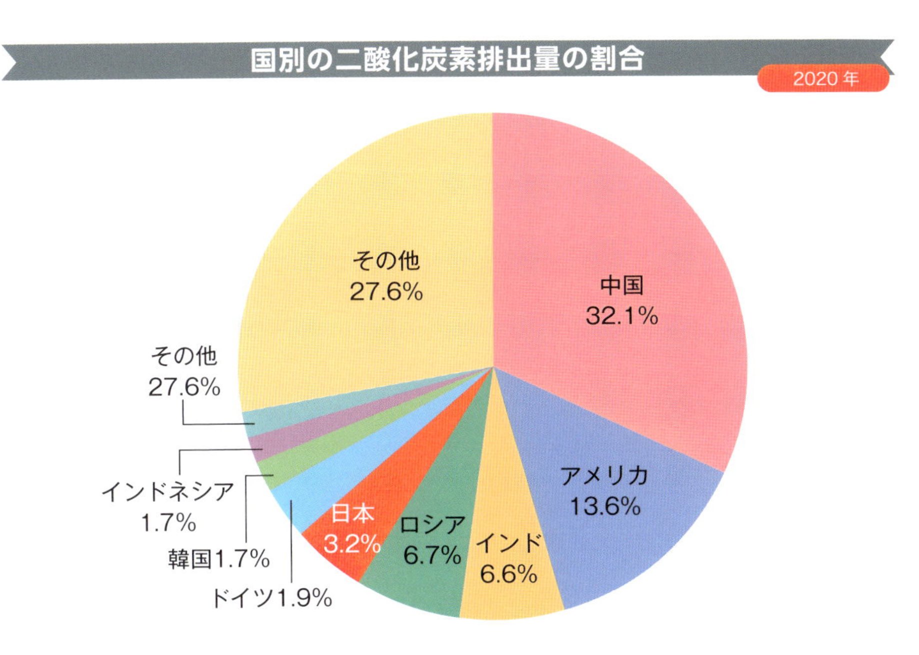

2020 年世界の温室効果ガスの排出の割合は、相変わらず中国がトップ。先進諸国では減少傾向だが、インドやアフリカなどの新興国で増加している（EDMC ／エネルギー・経済統計要覧 2023 年版）

Potential）とも呼ばれ、そのガスが二酸化炭素の何倍の温室効果があるのかを表す。例えば、GWPが2.0であれば二酸化炭素の2倍の**温室効果**があるということだ。

IPCC第6次評価報告書WG2によると、2020年の世界の二酸化炭素排出量は、約314トン。国別では、排出量が多い順に中国、アメリカ、インド、ロシアで、日本は5番目に排出量が多いとされる。

人為的な温室効果ガスの総排出量は2010～2019年のあいだ、増加し続けた。この期間の年間平均温室効果ガス排出量は、過去のどの10年よりも多かったことも付け加えたい。

大気中の二酸化炭素濃度の増加の4分の3以上は、石油や天然ガス、石炭など**化石燃料の燃焼**によるものなので、工業化の進んだ先進国や発展の著しい中国などの排出が多かったといえる。加えて、これら先進国の1人当たりの排出量は途上国を排出量を大幅に上回っていることも忘れてはならない。途上国では、経済発展の進行から排出量が急速に増加しつつある。

温室効果ガス排出の現状

世界の温室効果ガスの排出量の内訳で最も大きいのが**二酸化炭素**で、全体

温室効果ガス総排出量に占めるガス別排出量の内訳

2019年

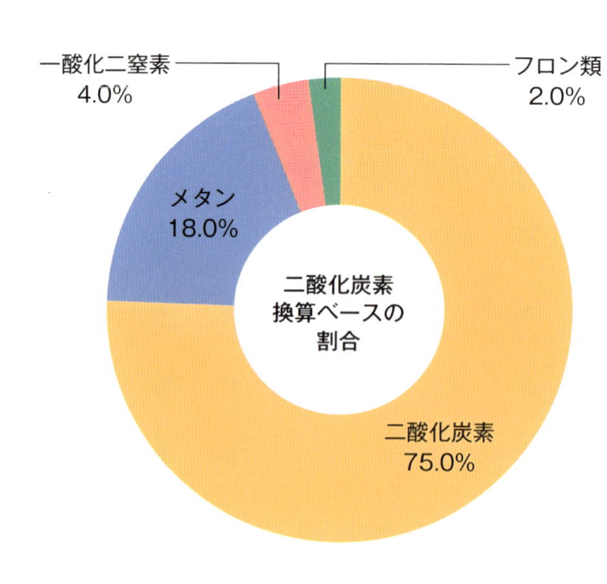

人の活動によって排出される温室効果ガスは、二酸化炭素が4分の3を占める。化石燃料起源で排出される二酸化炭素はそのうちの約85％となる（IPCC第6次評価報告書WG3 Figure SPM.1-a「人為起源GHG排出量の推移」）

の80％弱を占めている。それに次いで、メタンが約15％、一酸化二窒素が5％強だ。

メタンは、その排出量の多さからも二酸化炭素に次いで地球温暖化への影響の大きいガスで、大気中のメタンの濃度は1750年以降150％増加し、現在も上昇し続けているといわれる。メタンの増加も二酸化炭素と同様に化石燃料の使用による排出に加え、牛などの**反芻**(はんすう)**動物**や**人間活動**によるものだ。

また、**一酸化二窒素**は農耕地の土壌、家畜、化学工業などの人間活動によるものが、その3分の1を占めている。

日本の二酸化炭素排出量の現状

二酸化炭素の排出量には、**直接排出量**と**間接排出量**がある。

直接排出量とは石油製品の製造や発電に伴う排出量のことで、間接排出量は会社や家庭などで**最終需要部門**が電力などを消費することにより発生させたと考えられる二酸化炭素の量のこと。**直接排出量と間接排出量は同じ値**になるが、どの分野で排出したのかが変わってくることになる。

例えば、発電などのエネルギー転換部門は直接排出量では全体の二酸化炭素排出量の約4割を占めるが、間接排出量では1割弱。二酸化炭素の排出量を見る場合、直接排出量なのか間接排出量なのかをチェックすることも必要

直接排出量と間接排出量

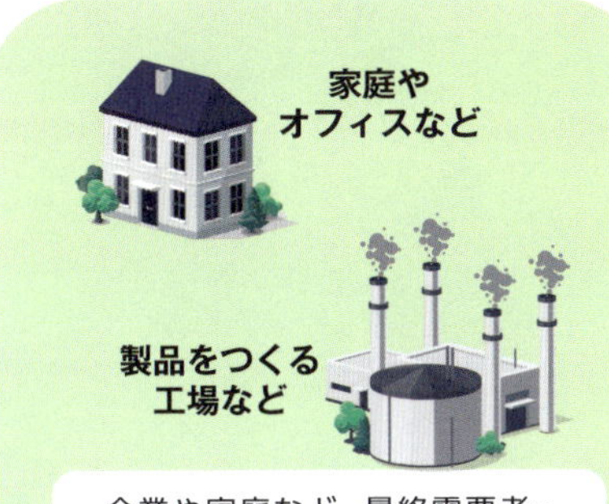

直接排出量はつくった側、間接排出量は使った側の排出量ともいえる

となる。

さて、日本の排出量は2011年の**東日本大震災**の影響で**原子力発電所**のほとんどが停止し、二酸化炭素を大量に排出する**火力発電**などに依存せざる得なくなった。そのため、2013年には二酸化炭素の最大の排出を記録している。その後、太陽光発電など再生可能エネルギーに少しずつシフトすることにより排出量は減少。また、「**第6次エネルギー基本計画**」（2021年10月22日閣議決定）では、2030年度時点で火力発電の比率を4割程度まで減少させることを明記した。2024年には、火力発電所を運営し、石炭火力発電で国内2位、電源構成の4割を占めるJパワーも2030年度までに5基の石炭火力発電所を休廃止すると発表している。

石炭火力からの脱却は世界的な潮流であり、二酸化炭素発生の少ない発電方法への移行は、急務となっている。

日本の部門別二酸化炭素排出量

2022年度

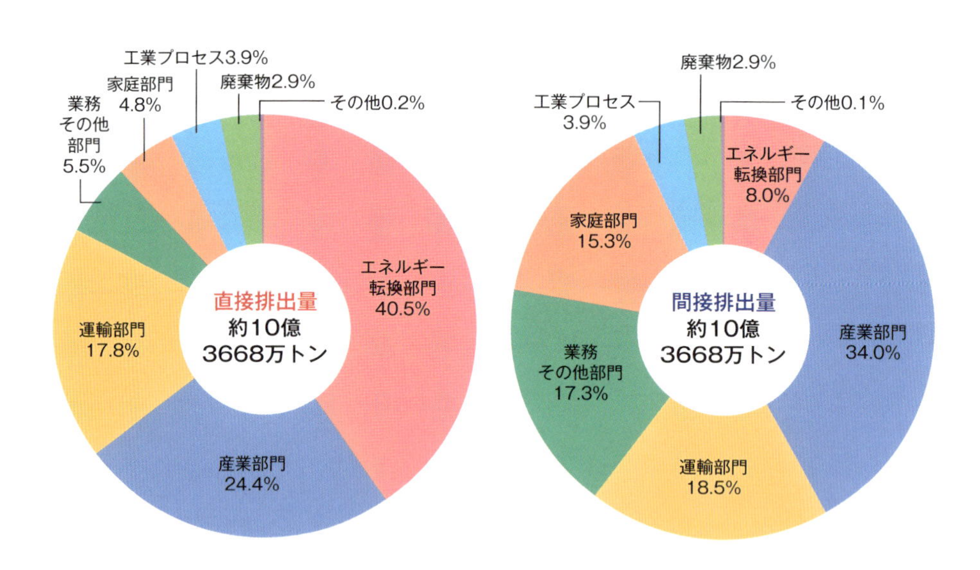

直接排出量は、発電に伴う二酸化炭素をエネルギー転換部門に計上。間接排出量は、発電した電力を使う最終ユーザーに発電に伴う二酸化炭素を計上している（温室効果ガスインベントリオフィス）

家庭も含めて二酸化炭素削減を

2021年の日本における二酸化炭素の排出量のうち、約15%が**家庭から**のものとなっている。1世帯当たりの二酸化炭素排出量は約3700kg-CO_2。その内訳は、照明・家電製品などが約32%、自動車が約24%、暖房が約15%など（温室効果ガスインベントリオフィス）。

2020年「2050年のカーボンニュートラル宣言」を受けて設置された「**国・地方脱炭素実現会議**」では「**地域脱炭素ロードマップ**」を2021年に発表。また、環境省は2021に「**サステナブルで健康な食生活の提案**」を公表している。これらの宣言や提案を受け、各自治体などは電力会社などと協力し、一般家庭での二酸化炭素削減を画策。また、啓発活動も広げている（全国地球温暖化防止活動推進センターウェブサイト）。

消費ベースから見た日本の温室効果ガス排出量 2021年

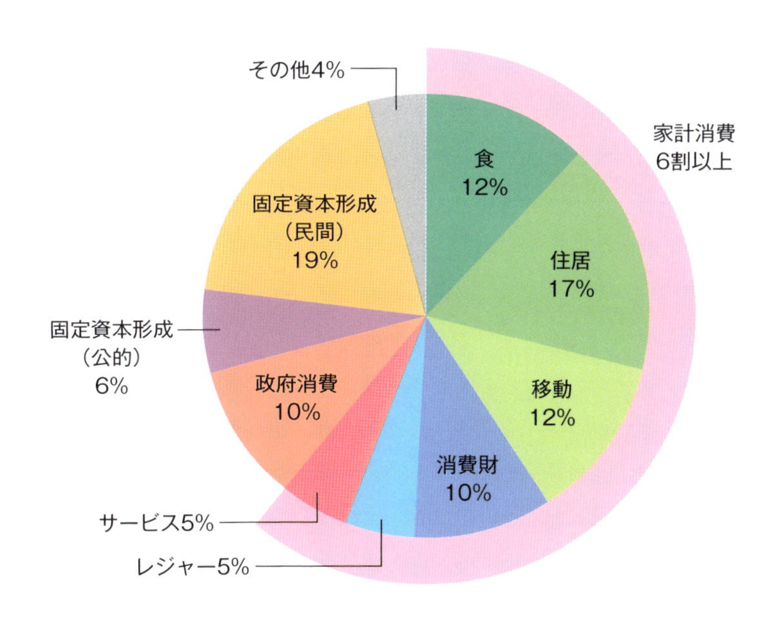

消費ベースで見ると、日本で排出されている温室効果ガスの実に6割が家庭由来となっている（環境省2021年「脱炭素に向けたライフスタイルに関する基礎資料」）

5 日本と世界の近年の動向

地球温暖化への対策は、喫緊の課題だ。日本はもちろん、世界各国は協力して、温暖化防止へ動いている。最近の動きを見てみよう。

カーボンニュートラルの世界の動向

地球温暖化が問題になったのはごく最近のことと思いがちだが、**地球温暖化の議論**は1980年代にはすでにはじまっていた。まず、1985年にオーストリアのフィラッハで約70か国の研究者が参加した学術会議「**フィラッハ会議**」が開催。その会議で21世紀半ばには、人類は**いままで経験したことのない規模の気温上昇**を経験するとの見解がすでに示されていたのだ。

温室効果ガスによる地球温暖化が人類存亡の危機であるとの見解を受けて、**危機感**は高まった。1988年に**世界気象機構**（**WMO：World Meteorological Organization**）と**国際連合環境計画**（**UNEP：United Nations Environment Programme**）の協力により「**気候変動に関する政府間パネル**」が設立されたのはすでに述べたとおり。

その後、1997年の京都で開催されたCOP3で**京都議定書**が議決されるものの、世界最大の温室効果ガス排出国のアメリカが批准を拒否。京都議定書を守ることは経済的な負担が多く、また、中国やインドなどのアメリカ以外の**主要な排出国が参加していない**ことも不平等などの理由だった。

世界中の国々がカーボンニュートラルに真剣に取り組むようになったのは、2015年のフランス・パリでの**COP21**の**パリ協定**を待たなければならなかった。パリ協定は京都議定書に比べると柔軟なしくみであるため、**国連気候変動枠組条約**に加盟する196か国すべてが参加したのだ。

しかし、このパリ協定も完全なものではなく、しかもこれを不服としたトランプ大統領下のアメリカが2019年に離脱、混乱を招くことになる。ただ、2021年には政権を奪還したバイデン大統領がパリ協定に復帰。イギリス・グラスゴーでの**COP26**で**グラスゴー気候合意**が締約国によって合意された。

グラスゴー気候合意は、2100年の世界平均気温の上昇を産業革命前に比べて1.5度以内に抑える努力を追求していくことが盛り込まれ、パリ協定が完全に運用されることになる。

これまでのCOP

1992年	国連気候変動枠組条約（UNFCCC）の採択
1995年	ドイツ・ベルリンでCOP1が開催される
1997年	京都でCOP3が開催。「京都議定書」を採択 先進国は、2012年までに1990年比約5%の削減を求められる
2015年	フランス・パリでCOP21が開かれ、「パリ協定」を採択 世界の平均気温の上昇を産業革命以前比、2度または1.5度に抑える努力
2020年	イギリス・グラスゴーでCOP26を開催 産業革命以前比、平均気温上昇を1.5度に抑えることに合意
2023年	アラブ首長国連邦・ドバイでCOP28を開催 世界全体の進捗状況を評価する「グローバル・ストックテイク」をはじめて実施

COPは毎年開催され、少しずつではあるが地球温暖化を防ぐための具体的なルールを決めている

COP28の開催へ進む

2023年にはアラブ首長国連邦・ドバイで**COP28**が開催された。この会議の焦点は、太陽光や風力といった**再生可能エネルギー**を2030年までに、いまの3倍にまで拡大させる目標やエネルギー効率改善を倍増させることを明記したこと。また、パリ協定での目標達成のため世界全体の進捗状況を評価する「**グローバル・ストックテイク（GST：Global Stocktake）**」がはじめて実施されたことにある。

グローバル・ストックテイクとは、パリ協定で示された長期目標の達成のため、5年ごとに各国の実施状況を国際的に評価するしくみ。

グローバル・ストックテイクは、次の3つのステップで評価される。

①情報収集と準備

国連機関の報告書などをもとに、温室効果ガス排出量やその削減策の実態などについて、情報を取りまとめる。

②技術的評価

収集した情報をもとに、パリ協定

の長期目標が世界全体でどの程度達成されているかなどを専門的・実務的見地から評価する。

③成果物の検討

各国が削減目標などを定めた国際約束である「**国が決定する貢献（NDC：Nationally Determined Contribution）**」や取り組みを強化できるように、技術的評価で得られた知見について議論を深める。そのうえで、政治的メッセージを打ち出す。

COP28の成果

再生可能エネルギー	石炭火力発電の段階的廃止	エネルギーシステム	化石燃料からの移行
2030年までに世界の再生可能エネルギー発電容量を3倍、世界の年間平均エネルギー効率を2倍に	排出削減対策を講じていない石炭火力発電を段階的廃止する取り組みを加速する	ゼロカーボン燃料や低炭素燃料を利用し、ネットゼロエミッション・エネルギーシステムに向けた取り組みを世界的に加速	2030年までに公正で秩序ある方法で、化石燃料から脱却する

排出ゼロと低排出技術	二酸化炭素以外も削減	道路輸送からの排出削減	化石燃料補助金の廃止
排出削減・除去技術、低炭素水素の製造を含む排出ゼロと低排出技術を加速させる	2030年までに、特にメタンの排出を含む二酸化炭素以外の排出量を世界的に大幅に削減	インフラ開発やゼロエミッション車、低排出車の導入を加速し、道路輸送からの排出削減を加速	エネルギーの貧困や公正な移行への対処を行わない非効率な化石燃料補助金を早急に廃止する

（UNFCCC公式ウェブサイト）

グローバル・ストックテイクの導入の背景と日本の対応

グローバル・ストックテイクが打ち出された背景は、パリ協定での「**世界の平均気温上昇を産業革命以前に比べて2度より十分に低く保ち、1.5度に抑えるよう努力する**」との取り組みが十分でないとの声が多く上がったことからだ。世界平均気温の上昇を1.5度に抑えるためには、世界の温室効果ガスの削減量を2019年と比較して2030年までに43%削減し、2050年には**ネットゼロ**にする必要があるとされていた。

しかし、現在の取り組み状況では21世紀中に世界の平均気温の上昇が1.5度を突破する可能性が高い。また、COP28で示された各国のグローバル・ストックテイクの結果でも、とうてい目標を達成することができないとわかった。

目標達成のために日本がする貢献も強化が求められることになる。世界全体での温室効果ガス排出量を2035年までに2019年比で60%削減するためには、より**強力な削減目標**を定めることが必要となるからだ。日本の電力構成は2030年時点でも石炭火力発

グローバルストックテイク(GST)の概念

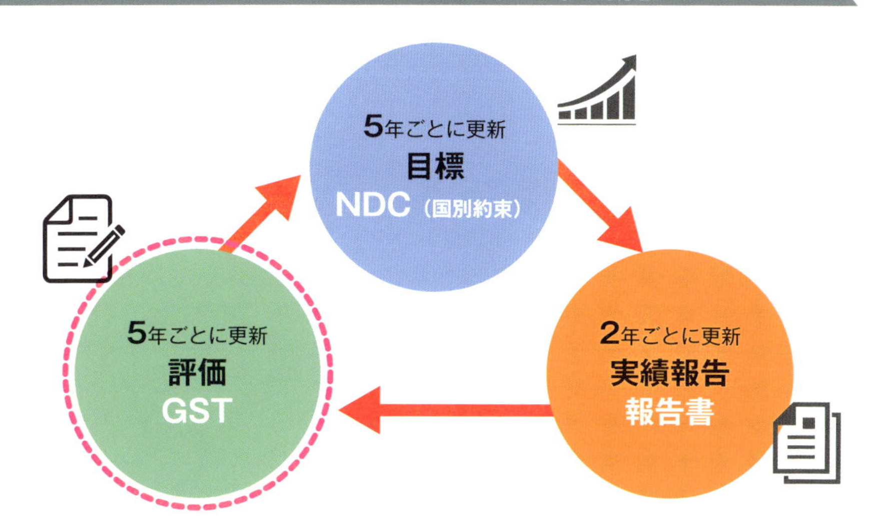

各国は温室効果ガスの削減目標を「国が決定する貢献（NDC：Nationally Determined Contributions）」として自主的に設定。GSTを5年ごとに実施することで、目標達成に向けた改善へとつなげる

電が約2割を占めることになっている（第6次エネルギー基本計画。2021年）。これを早急に改善することが必要だ。

これらに加えて、社会負担が公平となるような変革も必要となる。例えば、**カーボンプライシング**（➡P48）により、温室効果ガスの排出に金銭的負担を求めて削減を加速させることだ。

第6次エネルギー基本計画

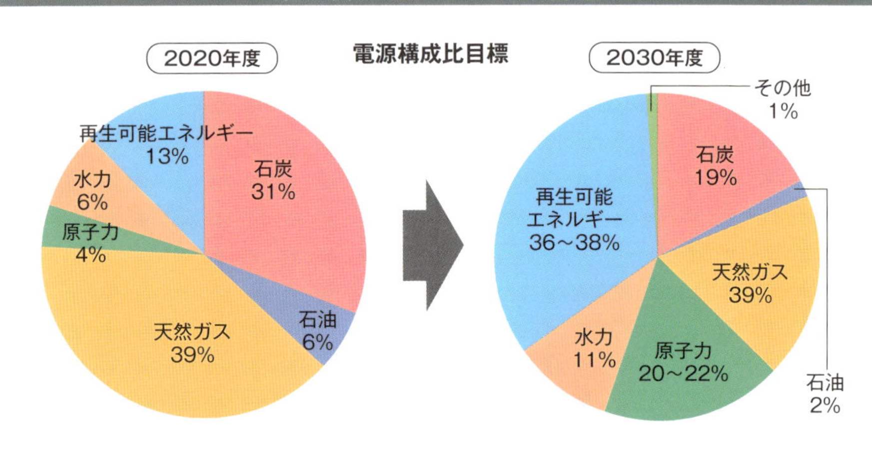

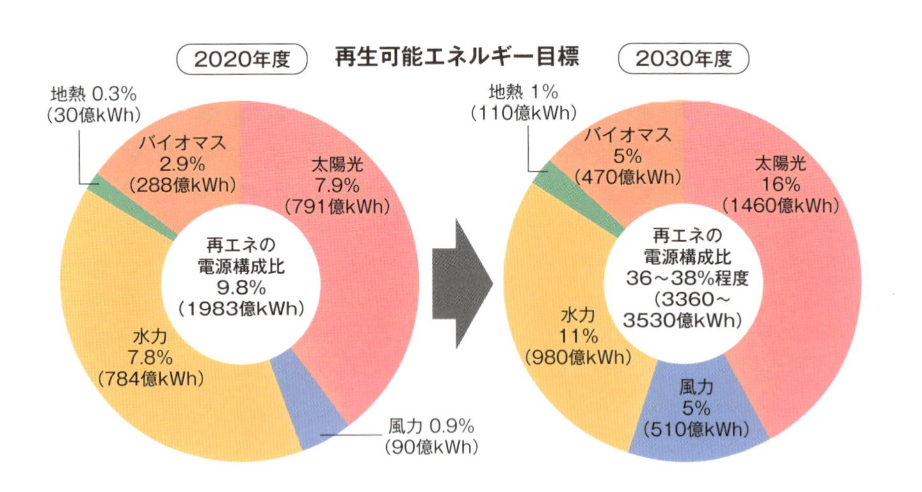

2030年の温室効果ガス46%削減に向けた野心的目標として、電源構成の再生可能エネルギー比率を36～38%を目指すこととした（総務省「2050年カーボンニュートラルに向けたコミットメント」）

6 カーボンニュートラルによる社会影響

カーボンニュートラルを実現することで社会も変わってくる。社会の変容は、国だけでなく企業や個人の意識を変え、積極的に推進することが大切だ。

カーボンニュートラル達成に求められるもの

温室効果ガスの排出を抑えるためにはさまざまな方法があるが、大きく分けて次の3つの柱となる技術がある。

1つめは、**省エネルギー**や**再生可能エネルギー**、**原子力エネルギー**など、**エネルギー**に関するもので、二酸化炭素の排出を抑える技術（➡第2章）。

2つめは、発電所や製鉄所などの大規模な二酸化炭素排出源から**二酸化炭素を分離して回収**したり、**海洋や地中に二酸化炭素を貯留**したりする、**二酸化炭素の回収・貯留技術**（➡第4章）。

そして3つめは、**植物や海洋で二酸化炭素を吸収固定**させる、**二酸化炭素吸収源拡大技術**（➡第4章）だ。

また、節電や、省エネ家電や公共交通機関を利用するなど、日常の行動を変えていく**省エネ活動**も欠かせない。

これらを組み合わせなければ、カーボンニュートラルは実現できない。

4つの未来のシナリオ

三菱総合研究所では、**「行動変容」「電力ゼロエミッション化」「イノベーション」**の3つのキーポイントを踏まえ、**「需要側の行動変容」**×**「供給側の技術革新」**の軸から4つの将来のシナリオを想定している。

シナリオ1は、行動変容も**技術革新**も起こらないまま2050年を迎えるパターンで、3つのキーポイントは1つも実現せず、カーボンニュートラルも達成できない。2050 年までの実質GDP 成長率は年間プラス0.01%、2050 年の最終エネルギー消費量は2013 年比でマイナス34%、温室効果ガス削減量は 2013 年比マイナス48%にとどまるとしている。

シナリオ2は、需要側の省エネルギー、省資源、脱消費によって カーボンニュートラルを達成するパターン。3つのキーポイントのうちの行動変容は起こるが、**電力ゼロエミッション化**については少し進展するものの、飛躍的な技術改革は起こらず、経済的な成長はない見通しだ。**ネガティブエミ**

ッションを活用して、カーボンニュートラルの達成を目指す。2050 年までの実質 GDP 成長率は年間マイナス 0.13%、2050 年の最終エネルギー消費量は 2013 年比マイナス50%、温室効果ガス削減量は 2013 年比マイナス83%と想定。

シナリオ 3は、3つのキーポイントのうち行動変容は起こらないが、**電力ゼロエミッション化**と**イノベーション**が実現するシナリオ。シナリオ2と同様に、ネガティブエミッションを活用してカーボンニュートラルを達成し、経済的な成長も期待できる。2050 年までの実質 GDP 成長率は年間プラス 0.10%、2050 年の最終エネルギー消費量は 2013 年比マイナス48%、温室効果ガス削減量は 2013 年比マイナス89%としている。

シナリオ 4 は、3つのキーポイントすべてを実現してカーボンニュートラルを達成するパターン。バランスのとれた、目指すべき社会のシナリオになっている。2050 年までの実質 GDP

三菱総合研究所が考える4つの未来シナリオ

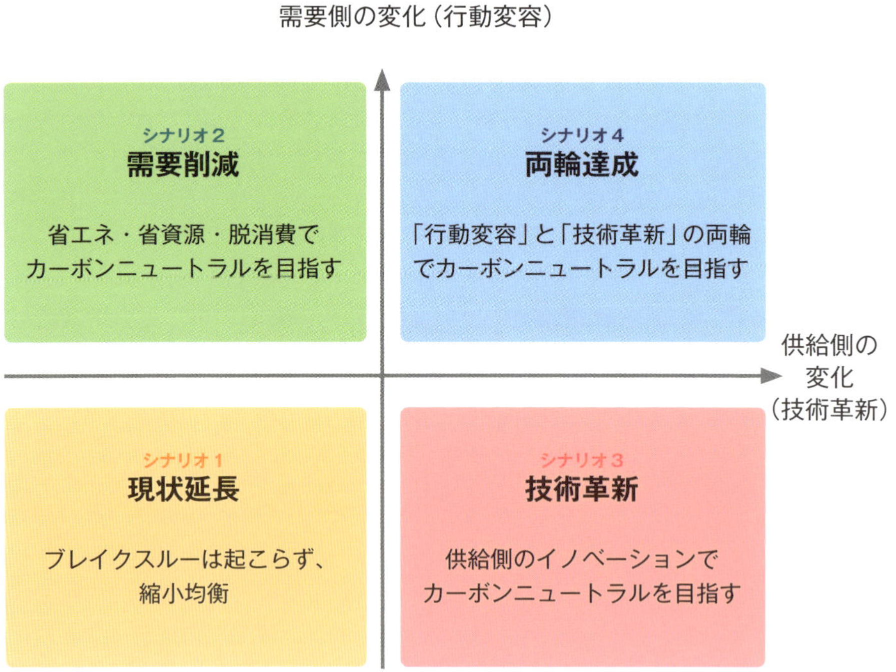

三菱総合研究所が想定した4つのシナリオは、需要側の行動変容と供給側の技術革新の2つを軸として区分している。シナリオ4でカーボンニュートラルが実現する

成長率は年間プラス0.06%、2050 年の最終エネルギー消費量は 2013 年比マイナス54%、温室効果ガス削減量は2013 年比マイナス90%となり、ネガティブエミッションも活用して カーボンニュートラルを達成する。

行動変容と技術革新の両輪を満たすことが必要

この4つのシナリオでわかるのは、**カーボンニュートラル**を目指すうえで大切なのは、**行動変容と技術革新の両方**で進めていくことだ。温室効果ガス排出削減において、ネガティブエミッション以前の温室効果ガスの削減率は、行動変容と技術革新を組みあわせたシナリオ4が最も高く、2013 年度比で 90%減となっている。

技術革新に焦点を当てたシナリオ3でも、二酸化炭素排出削減率は2013年度比で89%と高くなっているが、

4つのシナリオの試算結果

	シナリオ1	シナリオ2	シナリオ3	シナリオ4
実質GDP成長率 (2022～2050年平均)	0.01%	－0.13%	0.10%	0.06%
脱炭素エネルギー比較 (一次エネルギー供給ベース)	34%	67%	76%	77%
最終エネルギー消費 (2013年比)	－34%	－50%	－48%	－54%
温室効果ガス削減率 (2013年比二酸化炭素回収・貯留前)	－48%	－83%	－89%	－90%

シナリオ4が、ほぼすべてのカテゴリーで好成績を収めている

平均削減費用で比較すると、行動変容と技術革新を駆使して進めるシナリオ4が最も安い結果になり、カーボンニュートラルを実現するには両輪で取り組んでいくことの必要性が示されている。なお、シナリオ3では平均削減費用は高いものの**産業競争力**に結び付く可能性もある。全体の**経済影響**としてマイナスという意味ではないことに注意したい。

企業や地域でのカーボンニュートラル

カーボンニュートラルを実現するためには、国だけでなく**企業が積極的に推進**していくことも大切だ。現状でも、特に欧米の企業を中心として、多くの企業が**カーボンニュートラル宣言**をしている。

例えば、アメリカのマイクロソフト社では2030年までに温室効果ガスの排出をマイナス（カーボンネガティブ）とし、2050年までにマイクロソフト社が創業以来排出してきた温室効果ガスをすべて除去（全体としてマイナス）にすると宣言している。

こうした取り組みには、国や地域での**カーボンニュートラルに対する支援**も必要だ。日本でも2050年カーボン

企業とカーボンニュートラルの関係

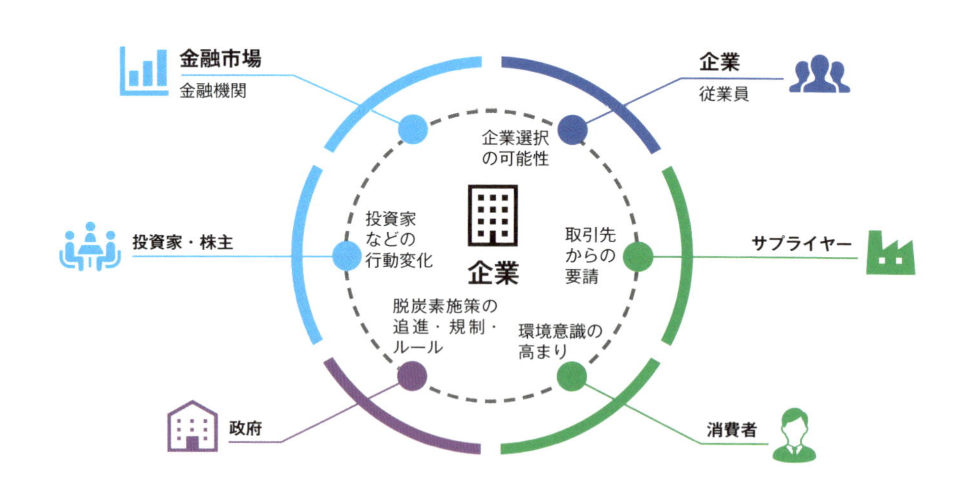

積極的に取り組みをしていた大企業だけでなく、中堅・中小企業も含めたサプライチェーン全体での脱炭素への取り組みが不可欠となる

ニュートラルの実現に向けて、さまざまな支援の施策を打ち出している。特にカーボンニュートラルに取り組みにくい中小企業に向け、2024年に経済産業省は「**中小企業等のカーボンニュートラル支援策**」をまとめ、カーボンニュートラルを支援するとともに、カーボンニュートラルで企業が成長できるよう施策した。今後は、カーボンニュートラルが**企業経営の柱の1つ**となることを示している。

企業経営にも大きな影響がある

2021年、世界で5310億米ドル（約70兆円。1ドル＝135円として）を超える資産を運用するマッコーリー・アセット・マネジメントが、運用資産総額21兆ドル（約2835兆円）を超える180の機関投資家に調査した結果、回答した**投資家の半数以上が気候変動を主要な問題**と捉えていると答えたとされる。

2020年にモルガンスタンレーも同様の調査を実施しているが、「気候変動」と答えた人は95％を占め、やはりダントツで多かった。

PwCの「グローバル投資家意識調査2022」でも、投資家の44％が「気候変動問題への取り組みは企業の優先事項のTOP 5 に入る」と回答。投資家にとって気候変動問題にフォーカスすることはビジネス上の課題であり、3分の2近い投資家は、投資収益の増加を「重要な動機」と回答している。

つまり、気候変動に前向きに取り組む企業は高く評価されて投資も集まりやすく、逆に取り組まない企業は投資を受けにくい状況になるということ。実際、化石燃料を大量に使う企業から投資資金を引き揚げる「**ダイベストメント（投資撤退）**」という動きも目立ってきている。

投資家は、企業にカーボンニュートラルを求め、脱炭素化に向き合わない企業は投資や融資を受けられない。ただ、日本国内では二酸化炭素に高額な税金がかかるため、それを逃れるためにインドなどに工場を移転するなどの企業も現れ、問題となっている。

7 カーボンニュートラルで変わる生活

カーボンニュートラルは国や企業の取り組みだけでなく、私たちの生活にも大きく影響。我慢を強いられる感じだが、実際には多くのメリットがある。

カーボンニュートラルにメリットはあるのか

新しい技術の開発や**新たなしくみづくり**、**生活様式の転換**など、世界はあらゆる方法を駆使してカーボンニュートラルを目指している。これを実現しなければ気候変動は加速し、地球は甚大な被害にさらされるということは多くの人が理解しているだろう。しかし、その一方、**カーボンニュートラルな社会の実現**が私たちの生活にどのようなメリットがあるのかは見えづらい。そこで、**カーボンニュートラルによるメリット**を考察する。

カーボンニュートラルがもたらす恩恵

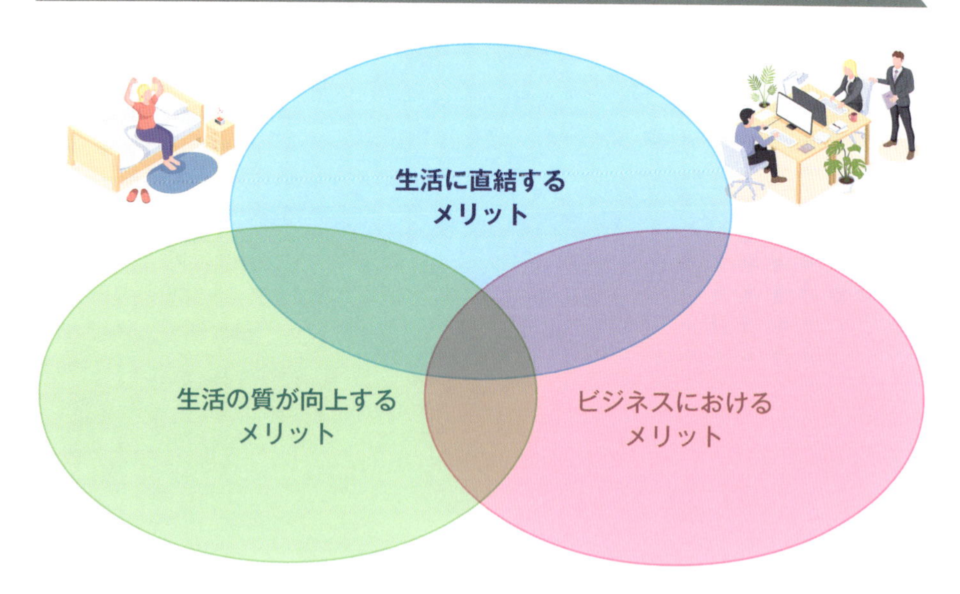

カーボンニュートラルはビジネス面のメリットばかりが強調されがちだが、一般生活者にも大きなメリットがあると考えられる

気候変動によるリスクの軽減と持続可能な社会の実現

温室効果ガスの排出を削減し、地球温暖化による気候変動を抑制するためにはじまったカーボンニュートラル。2050年に地球の平均気温上昇を1.5度に抑えなければ、甚大な悪影響があることはすでに説明したが、逆にいえば、カーボンニュートラルで温室効果ガス排出を削減すれば、**気候変動によるリスクを軽減**できる。

例えば、熱波や干ばつ、大洪水、森林火災などの災害が減れば、それに伴うケガや病気や死亡のリスクも低くなり、生態系を維持することもできる。また、異常気象によって住む場所を奪われる気候難民も減るだろう。これにより支援や復興のための莫大な費用も抑えることができる。

これまで世界は**化石燃料**を大量に消費しながら**経済成長**を続けてきた。現在も世界のエネルギー供給の多くは、石油や天然ガス、石炭の化石燃料に頼っているが、**化石燃料は無限ではなく有限**だ。また、化石燃料はすべての国に平等にあるわけではなく、豊富にある国と、ない国があり、各国間で輸出・輸入をして賄っている。**世界のエネルギー消費量は急増**しており、今後、**エネルギーの枯渇**や国同士の**エネルギー獲得競争**の激化も懸念される。

太陽光や風力、水力発電など、再生可能エネルギーへの転換を図り、**自国で安定した電力を供給**できるカーボンニュートラルな社会では、エネルギーを巡る争いも、枯渇の不安も少なくなる。つまり、**持続可能な経済成長**が可能になるのだ。

新たなビジネスチャンス、産業や雇用の創出

カーボンニュートラルに向けて、さまざまな分野で技術開発が進められている。例えば、再生可能エネルギー分野での新たな技術開発や、**水素燃料電池で動く次世代交通**分野での輸送機器の開発、また、排出した**二酸化炭素を分離回収・再利用貯蓄**する二酸化炭素回収技術開発や、半導体、デジタル領域での技術革新なども進んでいる。このように、カーボンニュートラル社会の実現には新たな技術が必要となり、企業にとっては大きなビジネスチャンスになる。

カーボンニュートラルな社会では、**環境に配慮した産業**が生まれ、成長し、**新たな雇用**が創出されるとともに、以下のようなメリットがあると考えられる。

①コスト削減

電力を太陽光発電などの自家発電による再生可能エネルギーに変えることで、電気代のコストを抑制。

②企業のイメージ向上

経済産業省は、経団連や国立研究開発法人新エネルギー・産業技術総合開発機構（NEDO）と連携し、2050年のカーボンニュートラルの実現に向け、イノベーションの取組に果敢に挑戦する企業を「**ゼロエミ・チャレンジ企業**」と位置づけてリスト化し、**TCFD（気候関連財務情報開示タスクフォース）サミット**にて発表した。ゼロエミ・チャレンジ企業だけが使用できるロゴマークを策定し、**投資家への訴求**を図っている。取り組みが各方面から評価されて企業イメージが上がり、知名度や信頼がアップすることで、**新しい人材確保**にもつながる。

③投資が有利になる

企業がカーボンニュートラルを達成することは、経営リスクの回避につながり、ステークホルダーからの評価が上がる。**EGS投資**（➡P224）などで優先的に投資を得られることが期待できる。

生活の質の向上も期待できる

カーボンニュートラルな社会では、私たちの生活にも多くのメリットがある。環境省では、**日常での脱炭素行動**とそれによるメリットを紹介している。

①光熱費の節約

省エネ家電の使用や、普段の生活のなか節電することが当たり前になり、光熱費を節減できる。

②自宅で電気を供給

太陽光パネルを設置して太陽光発電すれば、自宅で電気を賄える。余った電力は**固定価格買取（FIT）制**

カーボンニュートラルは、ビジネスを有利に進められるか？

カーボンニュートラルを進めることでコスト削減が進むのはもちろん、企業イメージの向上やそれに伴うステークホルダーからの価値の上がることも期待できる

度（➡P96）を利用して売ることもできるし、燃料電池に蓄電することも可能。

③防災レジリエンス（回復）を向上

蓄電地（車載の蓄電池）や蓄エネ給湯機の導入・設置によって、ためた**電気やエネルギーを有効活用**することができ、また、光熱費の節約や**防災レジリエンス**を向上できる。

④自由なライフスタイルを実現

カーボンニュートラルな社会では、テレワークやオンライン会議などがますます増え、**通勤のための時間や費用を節約**できる。その結果、自由な時間を創造する機会ができ、育児や介護との両立も可能。また、通勤時間を気にすることがなくなるので、個人の好むライフスタイルを実現できる。

⑤ZEH（ゼッチ）の快適な暮らし

ZEH（➡P211）は、太陽光パネル付きの**ネットゼロ・エネルギーハウス**で、断熱効果で夏は涼しく、冬は熱が逃げにくく温かい。また、結露予防によるカビの発生抑制や、冬のヒートショック対策、血圧安定化などの効果があるので、健康的で快適な生活を送ることができる。

⑥買い物で、環境保全への貢献

脱炭素型の製品・サービス（環境配慮のマークが付いた商品、**カーボンオフセット・カーボンフットプリント表示商品**）を選んで買うことで、自分の日常的な買い物が環境負荷低減に貢献できていることを実感できる。

カーボンニュートラルで得られる生活の質の向上

光熱費の節約	自宅で電気を供給	防災レジリエンスの向上
節電することが当たり前になることで、光熱費の節減が可能に	太陽光パネルや風車を使って自宅で発電し、余った電力は売ることもできる	蓄電池の導入で防災時のレジリエンス（回復力）が向上

自由なライフスタイル	ZEHに住んで快適な暮らし	買い物で貢献
テレワークなどが進み、自由な時間が増える	断熱効果が高く、夏は涼しく、冬は熱が逃げにくいのであたたかい	脱炭素型の製品やサービスを利用することで、環境負荷低減に貢献

カーボンニュートラルを実現することで、私たちの生活にも上記のような恩恵が考えられる

第2章

カーボンニュートラルを目指す日本と世界の動き

カーボンニュートラルはすでに世界的な潮流となっているのは明らかだが、そのやる気の度合いは国や地域によって違いがある。ここでは現在の世界と日本の状況を見るとともに、国家以外でも進められている地球温暖化を防ぐための取り組みを見てみたい。

UNITED NATIONS NATIONS UNIES

1 カーボンプライシングと国際炭素調査

脱炭素化社会に向けてさまざまな取り組みが行われている。なかでも有効な手段とされるのが国内外で注目を集めるカーボンプライシングだ。

国や企業による差異に対処

2015年のパリ協定では、長期的に考えた場合に、世界の平均気温の上昇を産業革命前途比べて2度以下に抑制すべきだとの目標を掲げた。また、可能であれば1.5度以下に抑える努力をするともされる。これを実現するためには、21世紀後半には**温室効果ガスの正味排出量をゼロ（ネットゼロ）**にしなければならない。

先進国は**脱炭素化**を進める技術や資金があるのに対し、途上国は経済的に無理が生じ、脱炭素の目標を一律にするのは困難だ。そこで考え出されたのが**カーボンプライシング**という手法だ。カーボンプライシングとは、文字どおり、炭素（カーボン）に価格を付ける（プライシング）こと。企業が排出した二酸化炭素に価格を付け、排出者の行動を変えて二酸化炭素の排出を抑える政策手法だ。具体的には「**炭素税**」や「**排出量取引**」と呼ばれる制度がある。

カーボンプライシングの種類

	政府によるもの	民間
国内	・炭素税 ・国内排出量取引	・インターナショナルカーボンプライシング ・国内クレジット取引
国外	・炭素国境調整措置	・海外ボランタリークレジット制

カーボンプライシングの種類はさまざまあり、国家間や企業間の格差を埋めるのに役立っている

炭素税は、炭素を排出した企業に対し税金を課すこと。一方の**排出量取引**は、企業ごとに排出量の上限を決め、それを超過する企業と下回る企業とのあいだで二酸化炭素の排出量を取引することだ。つまり、排出量を抑えるのが困難な場合、他の企業が抑えた分を譲り受けて、結果として排出量の抑えることを目指す。これを「**排出量取引制度**（ETS：Emission Trading System）」という。

また、二酸化炭素の削減を価値と見なして証書化し、それの売買取引を行う**クレジット取引**も注目されている。炭素の排出を抑えたい日本でも、2020年12月に公表された「**2050年カーボンニュートラルに伴うグリーン成長戦略**」の実行計画のなかで、カーボンプライシングへの積極的な取り組みが掲げられている。

価格と数的にアプローチ

各国政府によってかけられている炭素税などは**価格アプローチ**と呼ばれて

国内排出量取引制度のイメージ

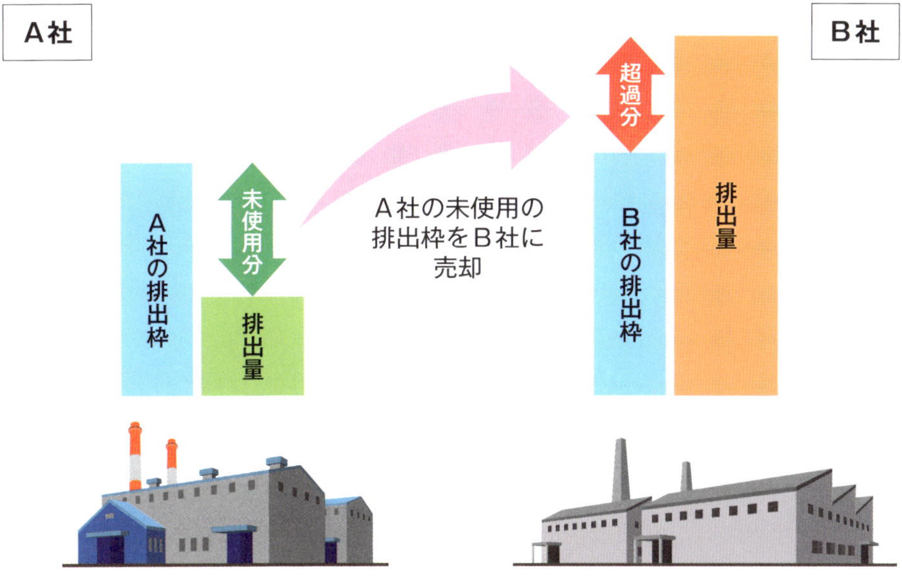

A社
B社
A社の排出枠
未使用分
排出量
A社の未使用の排出枠をB社に売却
超過分
B社の排出枠
排出量

A社の排出枠の余った分をB社が買い取ることで、A社・B社を合わせて排出量を守ることができた。公平で透明なルールのもとで排出削減を担保するとともに、柔軟性も確保できる

いる。一方、国家間や企業間の二酸化炭素の排出量取引は**数的アプローチ**と呼ばれている。

それぞれ詳しく見てみよう。

●価格アプローチ・炭素税

価格アプローチとは、企業などの排出する二酸化炭素に政府が価格をつけるもの。価格アプローチの代表的なものには二酸化炭素の排出量に応じて課せられる**炭素税**がある。

1990年にフィンランドやポーランドが導入したのを皮切りに、その後、欧州を中心に世界各国に広がった。日本は2012年、地球温暖化対策税として導入している。

世界各国の炭素税の価格は、最も高いスウェーデンで二酸化炭素1トン当たり137ドル、続いてスイスとリヒテンシュタインが101ドル、フィンランドが73ドル（2021年4月1日時点）。それに比べて日本の炭素税は、1トン当たりわずか289円（1ドル135円として、約2.1ドル）となっている（2024年現在）。

このように、炭素税には各国・地域で大きなばらつきがある。これでは炭素税逃れもできてしまうことから、有効性に疑問の声も上がっているのも事実だ。

なお、**パリ協定**の気温目標1.5度を実現するためには、炭素価格の水準を2020年に二酸化炭素換算で1トン当たり40〜80ドル、2030年までに50〜100ドルにする必要があるという試算も発表されている（High-Level Commission's report 2017）。

●数量アプローチ・排出量取引制度

数量アプローチでは、価格は排出枠の需給バランスによって市場で決められ、代表的なものに**排出量取引制度**がある。

排出量取引制度では、企業などが排出できる温室効果ガスの排出量を、**排出枠**としてあらかじめ設定しておく。そして、もし超過してしまった場合には、排出枠に満たなかったところから排出枠を購入できるようにして、排出量の上限をクリアできるしくみだ。**環境税**などの直接規制などに比べて柔軟性が高いことから、排出量取引制度は評価されているといえる。

排出量取引制度はもともと、アメリカで発電所から出る二酸化硫黄を削減するためにつくられた制度。これが大きな成果をあげたことから、広く知れわたった。

最も一般的に活用されているのが、2005年からEUが導入している**キャップ・アンド・トレード型**の排出量取引制度。これはその名のとおり、対象者の総排出量にキャップ（上限）をかけ、そのなかで排出枠を取引できるようにしているものだ。

日本でも2005年から自主参加型の国内排出量取引制度を試験的に実施し、環境省を中心に活発な議論が行われてきた。しかし、電力や鉄鋼を中心とした産業界の反対が強く、制度の導入にまでいたらなかった経緯がある。なかなか制度が進まない状況に業を煮やした東京都は独自にキャップ・アンド・トレードを設計。東京都は2010年から導入を開始し、これに触発された埼玉県も他県に先駆け、2011年からキャップ・アンド・トレードを導入した。

炭素国境調整措置

脱炭素化の実現を目指して世界中が動き出してはいるものの、**各国の情勢**もあり、その取り組み方には国によって格差があるのが現状だ。そこで、気候変動対策を進めていく場合に、他国との取り組み方の違いによって生じる**不平等を調整**するのが**炭素国境調整措置**だ。

EUのように二酸化炭素排出を厳しく規制している国でつくった製品は生産コストが高くつき、価格が高くなる。それに反して、二酸化炭素排出の規制が緩い国では生産コストが低く、商品を低価格で提供可能だ。これでは

炭素国境調整措置のイメージ

排出規制が緩いと製品のコストが小さくて済む。
そのため、排出規制が厳しい国の製品の競争力が落ちるのを
防ぐとともに対策強化を促す

排出対策はコストがかかるので、製品価格に上乗せすることになる。そうなると規制が緩い国の製品と競争条件が合わなくなることに。貿易摩擦を招かないように、緩い国からの製品には関税を課すことになる

価格競争での不平等が生まれる。また、企業によっては炭素制約を理由に産業拠点を制約の緩い国に移す懸念もある。この規制の緩い国に拠点を移すことを**炭素リーケージ**という。炭素国境調整措置は、このような炭素リーケージを防ぐことが大きな目的となっている。

炭素国境調整措置は、2021年7月にEUがいち早く導入を発表し、2026年からの実施に向けて準備を進めている。

日本もカーボンプライシング本格稼働か!?

海外では2010年代から導入が進んでいるカーボンプライシングだが、日本は大きく後れをとっている。

しかし、2022年12月に、経済産業省はカーボンプライシングにおける排出量取引を2026年から本格稼働すると発表した。しかし、鉄鋼業界は、国際競争にさらされているなか、日本だけカーボンプライシングを実施するのはゆがんでいると主張。事実、中国や韓国、インドなどはカーボンプライシングを導入していない。その結果、2024年に日本製鉄は国内の高炉を閉鎖し、インドで生産することになったなどの処置をとらざるを得なくなった。これは炭素リーケージにあたる行為といわれてもしかたのないことだが、企業にはそれぞれ事情があり、それを鑑みたうえで、導入していかなくてはならないといえる。

化石燃料を輸入している石油販売会社などには「賦課金（ふかきん）」として、一定の負担を求める制度を実施した。化石燃料を多く使用する電力会社については、2033年度から段階的に有償で排出枠を割り当てることなども告知している。

さらに2023年2月には、エネルギー安定供給・経済成長・脱炭素を同時に実現する政策をまとめたロードマップ「GX実現に向けた基本方針」が閣議決定され、GX実現のための「成長志向型カーボンプライシング構想」が打ち出された。

※GX：グリーントランスフォーメーションのこと。化石エネルギー中心の産業・社会構造をクリーンエネルギー中心の構造に転換することをいう

2 日本のカーボンニュートラルの現状

他国に遅れていた日本だが、2050年カーボンニュートラル宣言で動きが加速。実現に向けた日本の取り組みとは。

カーボンニュートラル元年

2020年10月、当時の菅総理大臣は所信表明演説で、2050年までにカーボンニュートラルを目指すことを宣言したことは述べたとおり。これを踏まえ、2020年12月には、経済産業省が中心となって「**2050年カーボンニュートラルに伴うグリーン成長戦略**」を策定した。

2021年4月に開催された**地球温暖化対策推進本部**およびアメリカ主催の**気候サミット**で、これまで2013年度比26%削減としていた温室効果ガスの削減目標を46%に大幅に引き上げ、さらに50%削減を目指すと表明。2021年5月には、改正地球温暖化対策推進法を成立させた。2050年までのカーボンニュートラルの実現や、地方創生につながる再生可能エネルギー導入の促進などを明記。

日本は1970年代から石油の値段が高騰する2度の**オイルショック**を経験し、物価上昇や物不足など私たちの生活に大きな衝撃を与えた。オイルショックにより日本のエネルギー政策は大きく変貌し、そのなかで省エネルギー技術、再生可能エネルギーの技術の開発と電源種の多様化、つまりエネルギーミックスが打ち出された。このようなことから日本は省エネルギーについては先進国であり、原子力発電などを中心に石油などの化石燃料に頼る発電が少なくなってきた。

しかし、2011年の東日本大震災で**福島第一原子力発電所事故**が発生。これにより、**原子力発電の安全性**が強く求められるようになり、日本にあるすべての原子力発電所は停止に追い込まれた。2024年現在でも、ほとんどの原子力発電所は再稼働できていない。この事故により、日本は**エネルギー供給の比率**を見直さざるを得なくなったのだ。

原子力発電所の停止により、火力発電の比率が上昇したものの、世界的な脱炭素化のなかで2020年のカーボンニュートラル元年ともいえる宣言を出した日本。2030年までに火力発電所100基の休廃止を行うことも発表した。**低炭素から脱炭素へ**のフェーズの変換を行ったといえる。

日本の温室効果ガスの現状

2020年の世界の**エネルギー起源二酸化炭素排出量**（317億トン）のうち、日本の二酸化炭素排出量は9.9億トンで、世界全体の3.1％を占めている（IEA「Greenhouse Gas Emissions from Energy」。2022年）。また、日本の国民1人当たりのエネルギー起源二酸化炭素排出量は7.87トンで、世界平均値の4.08トンを超えている。

日本の温室効果ガス排出量の状況は約90％が二酸化炭素で、そのほとんどが**エネルギー起源**によるもの（直接排出量）。発電所や製油所など、**エネルギー転換部門**による排出が40％以上を占めて最も多く、次に産業部門、運輸部門で、3部門を合わせると80％を超える。間接排出量で見ると、産業部門からの排出が最も多く、次いで業務・その他部門、運輸部門で、家庭部門の排出が約15％占めていることがわかる。

こうした状況から、2050年カーボンニュートラルの実現には、全体の9割以上を占める**エネルギー分野**での取り組みが重要であり、また、政府、企業、国民すべてがカーボンニュートラルに真剣に向き合うことが求められているといえる。

2050年のカーボンニュートラル実現に向けた政策として、日本は**グリーン成長戦略**や**第6次エネルギー基本計画**などをもとにさまざまな取り組みを行っている。そのなかで注目されるのが、**再生可能エネルギー導入の拡大**と**省エネ技術の開発**だ。

世界のエネルギー起源二酸化炭素排出量

2020年

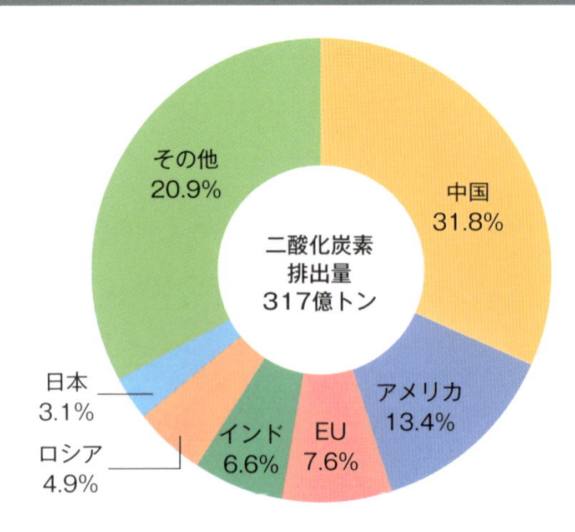

中国とアメリカで世界の二酸化炭素排出量の約半分を占めている。これらほとんどがエネルギー起源によるものだ。なお、EUはドイツ（1.9%）、イタリア（0.8%）など27か国の合計

日本の温室効果ガス削減の中期目標と長期目標

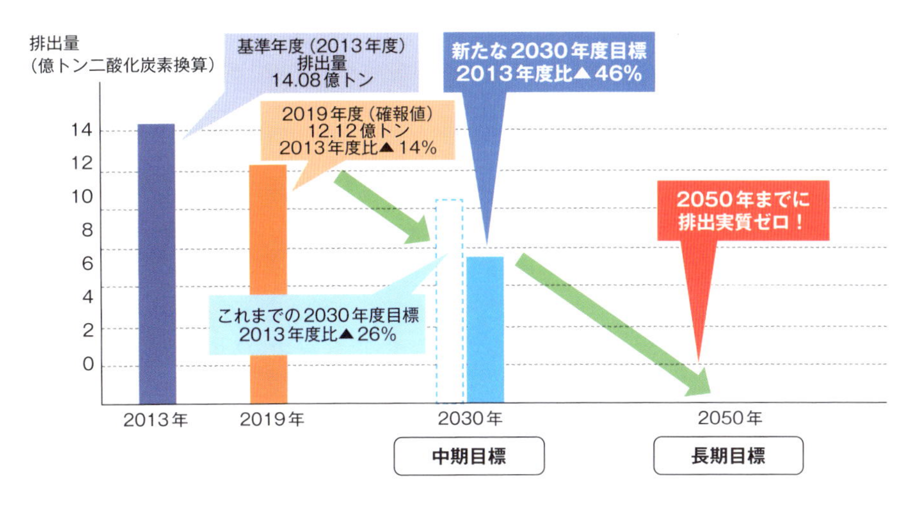

2021年の温対本部・気候サミットで2030年の目標を改訂、さらに2020年の菅首相の所信表明演説で2050年に脱炭素社会となることを実現すると宣言した

再生可能エネルギー導入の拡大

資源に乏しい日本では、**化石燃料がエネルギー供給の8割**を占め、そのほとんどを**海外から輸入**している。特に東日本大震災後、日本のエネルギー自給率は低下し、再生可能エネルギーでの供給を増やしていくことは、**エネルギー自給率**をあげることになり、**エネルギー安定供給**の観点でも重要だ。

経済産業省は、温室効果ガス46％削減に向け、2030年度の再生可能エネルギーの電源比率を36～38％程度と見込んでいる。また、**S+3E**（安全性：Safetyを大前提とし、自給率：Energy Security、経済効率性：Economic Efficiency、環境適合：Environmentの同時達成）を大前提に、**再生可能エネルギーの主力電源化**を徹底して最優先の原則で取り組むことにした。国民負担の抑制と地域との共生を図りながら、最大限の導入をうながしている。

再生可能エネルギーには水力や太陽光、風力、地熱、バイオマスなどがあり、水力発電は最も伝統的なものといえるだろう。昨今、最も急速に導入が進んだのが**太陽光発電**で、2030年に向け、今後も再生可能エネルギーの主軸となると考えられる。

ただし、太陽光発電は発電時間の問題や設置に広大な場所を必要とすること、**耐用年数が過ぎた太陽電池の処理**の問題などがある。そこで注目されるのが**風力発電**だ。風力発電には陸に設置するものだけでなく、海上に風車を立てて発電する**洋上風力発電**が発展している。国土が狭いものの、世界第6位の**排他的経済水域**を有する日本にとって、この洋上風力発電は大きな可能性を秘めており、官民一体となって開発に取り組んでいる。

省エネ技術の開発

省エネルギーの技術戦略として、経済産業省は次の5つを重点分野として特定し、積極的に取り組んでいる。

①超燃焼システム技術

燃焼を省いたり、効率的に行うことにより、製造プロセスの省エネを図る技術。

②時空を超えたエネルギー利用技術

工場の廃熱などを遠方の需要地へ輸送し、有効利用する。余剰エネルギーを時間的・空間的な制約を超えて利用することにより、省エネを図る技術。

③次世代省エネデバイス技術

幅広い分野で利用されている半導体などを高性能化し、省エネを実現する。例えばシリコンカーバイド（SiC）を用いた変圧器やモーターの開発がある。

④省エネ型情報生活空間創生技術

生活スタイルの変化に合わせ、高能率機器とICT技術を融合させて、省エネをする。例えば、人感センサーで、空調、照明などを統合管理する技術がある。

⑤先進交通社会確立技術

輸送機器の効率化とモーダルシフトなど利用形態の高度化により、省エネを図る技術。ICTやAIを利用した信号制御などが考えられる。

時空を超えたエネルギー利用技術

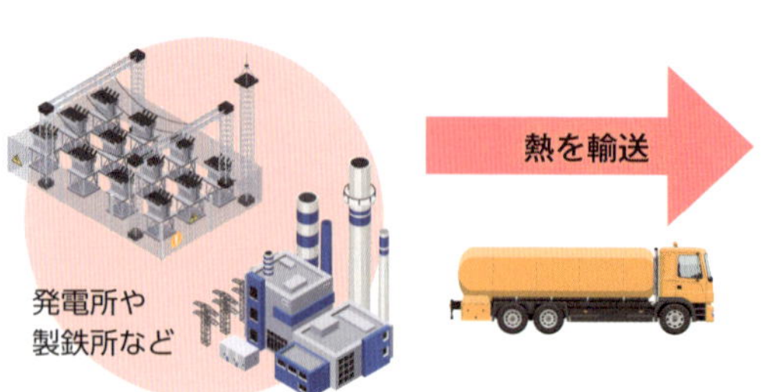

工場の廃熱を遠方の需要地に輸送して有効利用。二酸化炭素を排出しない輸送方法の技術の確立が重要

先進交通社会確立技術「AIを使った信号制御」

渋滞の端緒を検知すると、AIが30分後の渋滞の長さを予測

警視庁の管制システムを通して、**自動で**信号機を制御

走行車両の挙動に応じて信号を制御することで、渋滞などを解消させる。それにより、自動車の燃費向上などを狙う。東京の警視庁は、2023年よりAIを活用して信号機を制御する取り組みをはじめた

省エネの重要技術と個別技術の例

重要技術	省エネルギー個別技術例
低炭素化・脱炭素化を実現する発電技術	水素混焼・専焼GT、アンモニア混焼・専焼、バイオマス混焼・専焼、アンモニア GT、CCUS 等火力発電の低炭素化・脱炭素化技術、SOFC、PEFC、高効率GT・GE
次世代電力流通技術	高圧直流送電、配電技術、超電導技術、パワーエレクトロニクス技術
供給側の調整力	系統用火力発電、エネルギー貯蔵併用システム、コジェネレーション等分散型電源
需要側の調整力	需要量・再エネ発電量の予測技術、DR・VPP 関連技術、DRリソース探索、DR対応機器、蓄電池、蓄熱等
熱輸送技術	オンライン熱輸送（導管熱輸送）、オフライン熱輸送（蓄熱輸送）、熱利用の最適化技術

資源エネルギー庁が2024年に発表した技術戦略にあるエネルギー転換・供給部門における重要技術（省エネルギー庁「省エネルギー・非化石エネルギー転換技術戦略2024」）

3 日本の温室効果ガス削減対策の課題と対策

日本の2050年のカーボンニュートラル宣言により、国だけでなく産業界もさまざまな対策を求められる。産業別の取り組みの状況を探る。

脱炭素化対策の課題

各分野において、**脱炭素化実現**に向けた取り組みが行われているが、新たな**技術開発**や**環境整備**、**革新的な施策の実施**などが求められ、課題も多い。例えば、省エネルギーの技術開発では初期投資が大きく、実効性や安全性を確保するまでのランニングコストも莫大になる。そこで政府は、2020年に2兆円の「**グリーンイノベーション基金**」を国立研究開発法人新エネルギー・産業技術総合開発機構（NEDO）に設置。研究開発・実証

グリーンイノベーション基金事業の基本方針

支援対象

グリーン成長戦略において実行計画を策定している重点分野であり、政策効果が大きく、社会実装までを見据えて長期間の継続支援が必要な領域に重点化して支援

- 従来の研究開発プロジェクトの平均規模（200億円）以上を目安
- 国による支援が短期間で十分なプロジェクトは対象外
- 社会実装までを担える、企業等の収益事業を行う者をおもな実施主体（中小・ベンチャー企業の参画を促進、大学・研究機関の参画も想定）
- 国が委託するに足る革新的・基盤的な研究開発要素を含むことが必要

成果最大化に向けたしくみ

研究開発の成果を着実に社会実装へ繋げるため、企業等の経営者に対して、長期的な経営課題として粘り強く取り組むことへのコミットメントを求める

企業等の経営者に求める取り組み

- 応募時の長期事業戦略ビジョンの提出
- 経営者による分野別ワーキンググループへの出席・説明
- 取組状況を示すマネジメントシートの提出

コミットメントを求めるしくみの導入

- 取組状況が不十分な場合の事業中止・委託費の一部返還等
- 目標の達成度に応じて国がより多く負担できる制度（インセンティブ措置）の導入

グリーンイノベーション基金はグリーン戦略のもと、20にのぼる分野で公募を開始している（経済産業省ウェブページより）

から社会実装まで、10年間、継続して支援することを決めた。

このセクションでは、再生可能エネルギー導入の課題と前セクションで取り上げた分野における課題、それに対する取り組みを紹介しよう。

再生可能エネルギー導入への課題

再生可能エネルギー導入にはおもに次の3つの課題があげられる。

1つめは、日本の**再生可能エネルギーの発電コスト**は低下しつつあるとはいえ、世界水準と比べるとまだまだ高いことだ。2012年につくられた**「固定価格買取制度（FIT：Feed-in Tariff）」**によって、再生可能エネルギーでつくられた電気は、国が決めた価格で電力会社が買い取るように義務付けられている。買い取り費用の一部は電気料金に上乗せされて、利用者が負担（**再エネ賦課金**）。このため、このまま再生可能エネルギーの導入が拡大すれば、国民の負担コストが予想以上に増える恐れがある。

2つめにあげられるのが、再生可能エネルギーのなかでもポテンシャルが高いとされている太陽光や風力による発電は、**発電量が季節や天候に左右**されて安定しないことだ。電力需要以上に発電すると需給バランスがくずれて、**大規模な停電**などを発生させる可能性もある。再生可能エネルギーを主力電力化するには、不安定な発電量をカバーする別の電源（**調整力**）が必要となり、こうした調整にもコストを費やすことになる。

3つめは、日本の**電力系統**の問題。再生可能エネルギーの発電に適した場

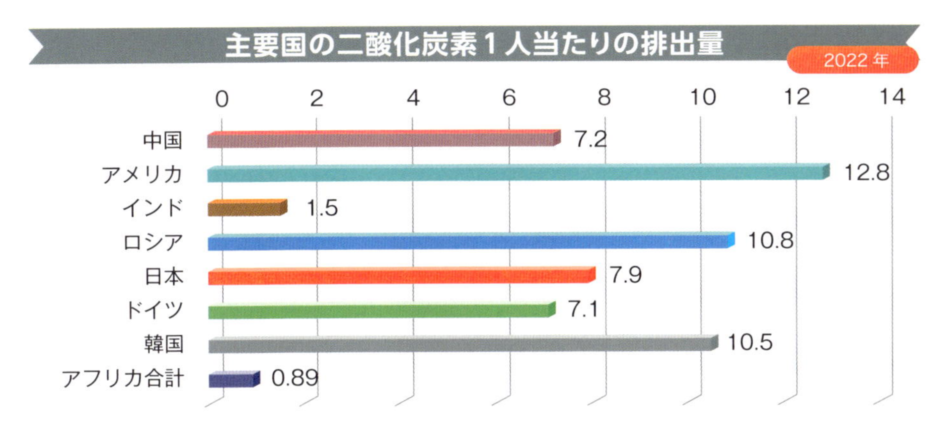

製造業（工場）や企業のオフィスなど、一般家庭とは直接は関係ないところで使われるエネルギーから排出される二酸化炭素の量も含む（EDMC/エネルギー・経済統計要覧2023年版）

所と大規模な需要地が立地している地域は必ずしも一致しない。このため、**送電網の整備**が必要となり、大きなコストがかかるのだ。

以上のような課題を解決するために、大規模な事業用太陽光発電やバイオマス発電については**入札制度**に移行し、競争の促進が行われているほか、**コスト効率**のよい事業者を基準に買い取り価格を設定する「**トップランナー方式**」を導入して買い取り価格を下げている。また、大きなコストダウンが期待される太陽発電のしくみである「**ペロブスカイト太陽電池**」など、新技術の開発も進んでいる。

太陽光や風力など、自然変動再生可能エネルギーの導入に必須の調整力（別の電源の確保など）は、火力発電や揚水発電によって対応していきながら、**電力システム全体の改革**を行い、効率的な調整力の確保を進めていく予定だ。

業種別の排出量削減の取り組みと課題

日本は、人口1人当たりの二酸化炭素排出量が世界平均より多いが、二酸化炭素排出量の多い製造業分野では、積極的に削減への取り組みも行われている。

2013年度から2021年度にかけて実質GDPは増加したものの、製造業部門の二酸化炭素排出量は約9090万トン（20.8%）減少。二酸化炭素の排出量の多い鉄鋼業、化学産業とセメント産業は次のような取り組みを実施している。

業種別の排出量

2021年

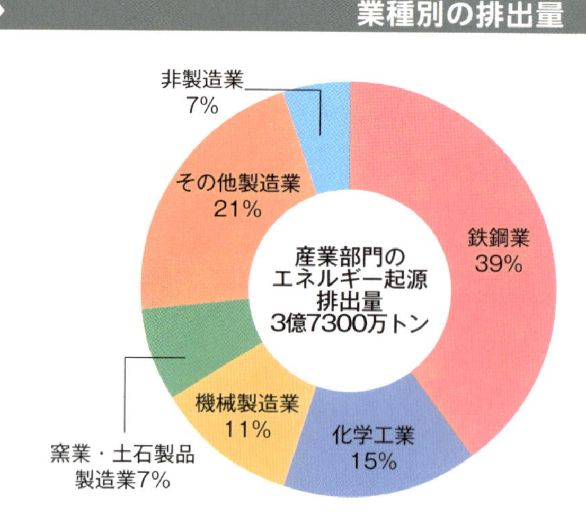

産業部門が全排出量の約4割（3億7300万トン）を占める。そのうち鉄鋼業が39%、化学工業が15%の順となっている（環境省：2021年確報値）

●鉄鋼業

日本の二酸化炭素排出量のうち、産業部門による排出量は全体の約25%で、そのうちの約半分の48%を**鉄鋼業**が占めている。国際エネルギー機関（IEA：International Energy Agency）は、生産される鉄鋼のほとんどが、2070年には生産時に二酸化炭素の排出を抑えた**グリーンスチール**に転換されると予測している。

そうした状況のもと、一般社団法人日本鉄鋼連盟は、2021年に「わが国の2050年カーボンニュートラルという野心的な方針に賛同し、これに貢献すべく、日本鉄鋼業としてもカーボンニュートラルの実現に向けて、果敢に挑戦する」と表明。

日本での一般的な**製鉄方法**は、鉄鉱石やコークス（石炭）を高炉に投入し、鉄鉱石から鉄だけを取り出す（還元）と、鉄鉱石を溶かす（溶解）を一貫して行う**高炉法**（➡P198）だが、この還元反応によって、大量の二酸化炭素が発生する。このコークスの代わりに水素を使って還元すれば、二酸化炭素の発生を削減できる。2008年、日本は世界に先駆けて「**水素活用還元プロセス技術（COURSE50）**」というプロジェクトを開始。製鉄所内で発生する水素を利用して、高炉に直接水素を吹き込む水素還元技術を開発している（水素還元製鉄➡P199）。

また、外部からも水素を取り入れ、より大規模な水素還元を行い、高炉の排ガスから分離・回収した二酸化炭素と、水素を反応させてメタンを生成し、それを高炉に吹き込んで還元剤として活用するカーボンリサイクルや、直接還元法での二酸化炭素排出削減技術も開発中だ。

さまざまな技術を組み合わせて、二酸化炭素を削減することを目指している。これには限界があり、国内生産から**排出規制の緩い国**に工場を移転するなどの弊害が出ているのも事実だ。

大量の二酸化炭素を排出する現在の鉄鋼業

●化学産業

鉄鋼業の次に温室効果ガス排出量が多いのが化学産業だ。その大きな要因は**化石燃料**と**化石原料**の燃焼にある。

化学産業では、主原料であるナフサを高温で熱分解し、エチレンやプロピレンなどの基礎化学品を製造しているが、製造プロセスにおける熱エネルギーの利用がほかの産業と比べて高いことが特徴であり、脱炭素化の高いハードルになっている。

その理由は、化学製品を製造する時には化石燃料を燃やす必要があり、その過程で二酸化炭素が排出されるからだ。燃料は「**低炭素化**（LNGなど）」「**循環炭素化**(バイオマス、メタネーションなど)」「**脱炭素化**（水素、アンモニウムなど）」への転換や、化石燃料を再生可能エネルギー由来の電力に転換するエネルギー転換することで、脱炭素化をはかる。

一方、化学産業は炭素を原料として利用することができるので、発生した二酸化炭素を利用した**カーボンリサイクル**（➡第4章）や分離・回収した二酸化炭素を燃料やプラスチックにつくりかえる技術（**CCU：Carbon dioxide Capture, Utilization**➡P131）に取り組んでいる。

化石燃料を多く使う石油化学工場

●セメント産業

セメントは、石灰石や粘土、また廃材や廃プラスチックといった廃棄物などの原料を調合して焼成し、クリンカという中間製品を生成して、それに石こうなどを加えて製造する。このクリンカを生産する際に二酸化炭素が排出されるが、この**二酸化炭素の回収は非常に困難**とされる。

そこで、ここでも製造プロセスで二酸化炭素を排出させず、効率的に二酸化炭素を回収する、カーボンリサイクル技術の開発に取り組んでいる。

セメントは現代社会に欠かせないものの１つ

運輸部門の取り組みと課題

運輸部門の二酸化炭素排出量のうち、自動車によるものが約86%で、そのうち自家用車による排出量が約45%だ。2008年以降、**次世代自動車**の台数は年々増加しているものの、まだまだ少ないのが実情。

次世代自動車の普及拡大に向けて、コストの削減や利便性向上を図り、政府は**EV充電設備**の公道設置の検討や**走行中給電システム**の研究開発の支援をはじめた。充電設備は、急速充電器3万基を含めた15万基を設置し、2030年までにガソリン車並みの利便性を実現するとしている。

水素ステーションについても2030年までに1000基程度を配置。こうした整備を加速化し、政府は2035年までに、乗用車の新車販売で電動車100%、商用車の8トン以下の小型車は2030 年までに20～30%、2040年までに、電動車・脱炭素燃料対応車100%を目指している。

航空分野では、**電動航空機**や**水素航空機**などの普及が求められるが、バッテリーの安全性の確保や、水素の燃料システムや燃料タンクの開発など課題は多い。今後は、**電動モーター**や**ハイブリッド水素航空機**、**燃料電池**、**水素供給機**などの技術開発を強化していくことになるだろう。

国土交通省では、2030年に燃料使用量の10%を**持続可能な航空燃料（SAF：Sustainable Aviation Fuel）**に転換することを目標に掲げている。しかし現状、供給量が少ないことに加え、生産コストが高いことが課題だ。そこで、国産SAFの低コスト化と、供給確保に向けた開発・実証が進められている。

船舶業界では、2021年、国土交通省と日本船主協会が「**国際海運2050年カーボンニュートラル（=温室効果ガス排出ネットゼロ）**」を目指すことを発表。その実現に向け、海運、造船・舶用および船員、インフラ・燃料供給サイドも含めて課題を提示し、その課題の解決に向けた取り組みスケジュールを発表した（➡第6章）。

運輸部門における二酸化炭素排出量の内訳

2022年度

運輸部門は二酸化炭素総排出量の18.5%を占めるが、なかでも自動車が多く、自動車全体で運輸部門の85.8%（総排出量の15.9%）を占める（「温室効果ガスインベントリオフィス「日本の温室効果ガス排出量データ（1990～2022年度）確報値」など）

4 アメリカのカーボンニュートラル

脱炭素化に向けた流れはトランプ大統領によって一時停滞したが、バイデン大統領の就任を機に急速に進展。企業や機関投資家と連携しながら活発な動きを見せる。

トランプ政権による脱炭素化の停滞

早くから気候変動問題を強調し、**パリ協定**の締結を主導するなど、いち早く脱炭素化に取り組んできたのが2009～ 2017年に在任したオバマ大統領だ。国内でも電力事業者の二酸化炭素排出を規制する「**グリーンパワープラン**」を導入し、2050年の温暖化ガス排出量を2005年比で80%以上削減する**地球温暖化対策の長期戦略**を発表するなど、気候変動対策において世界をリードしてきた。しかし、2017年にトランプ政権に代わると状況は一転。気候温暖化説に否定的だったトランプ大統領は**パリ協定から離脱**し、グリーンパワープランも廃止した。石炭の生産の規制を緩和・廃止し、化石燃料産業を支持するなど、脱炭素化の流れに背を向けた。

トランプ大統領がパリ協定から離脱した理由は、温暖化対策で巨額の支出が迫られるとともに、対策により雇用の喪失や産業界や一般家庭に高額な負

政権の変更で翻弄されたアメリカのカーボンニュートラル

カーボンニュートラルで中心的な役割だったがトランプ政権で離脱。バイデン政権で流れを戻すが、この先は不透明だ(mark reinstein / Shutterstock.com)

担が強いられることとされている。トランプ大統領の試算によると、2025年までに製造業部門では44万人、全産業合計で270万人の雇用が失われ、2040年までにはアメリカのGDPの3兆ドルが喪失するという。

トランプ大統領によるパリ協定からの離脱は、各方面から激しく非難された。州政府は、カリフォルニア州をはじめ、ニューヨーク州、ワシントン州の知事が中心となり、パリ協定を支持する州知事の連合体「**米国気候同盟（United States Climate Alliance）**」を発足。産業界ではP&Gやテスラ、ユニリーバー、ヴァージン、ディズニー、コカコーラ、JPモルガンなど30社がパリ協定にとどまることを求め、ホワイトハウスに書簡を送った。また、パリ協定脱退宣言5日後には、企業や自治体、投資家、教育機関などが集結して、「**We are still in（われわれはパリ協定に残る）**」という声明を出し、GAFA(Google、Apple、Facebook、Amazon)をはじめとする大手企業は**独自でカーボンニュートラル宣言**を行った。

アメリカは、世界有数の企業を多く持つ経済大国であり、脱炭素化に逆行するトランプ政権下においても企業や機関投資家などの**非国家アクター**（➡P86）が中心となり、強い産業力と資本力を強みに、カーボンニュートラルを推し進めていったのだ。

バイデン政権で脱炭素化が加速

トランプ大統領によって、米国の脱炭素化対策は約4年間停滞していたが、2021年にバイデン政権に代わったことで再び加速した。バイデン大統領は1月20日の就任初日に**パリ協定への復帰**を決めるとともに、取り組むべき優先政策課題の1つに気候変動をあげた。就任から3か月後の4月には**気候変動サミット**を主催し、2030年までに二酸化炭素排出量を2005年比で50〜52%削減すると約束。それまでの、2025年までに26〜28%の削減という目標から2倍近くに大きく引き上げた。

加えて、2030年までに新車販売の50%を**ゼロエミッション車**にすると発表し、アメリカの二酸化炭素排出量の4分の1を占める電力部門についても、2050年のカーボンニュートラルを目標に、2030年までに80%の**クリーン電力化**を目指すとしている。

2022年8月には、気候変動対策における米国史上最大の歳出法案「**インフレ抑制法（IRA：Inflation Reduction Act）**」を成立させた。カーボンニュートラルに向けた競争的な市場環境を促進し、歳出予算案の85%を占める3690億ドル（1ドル

135円として約50兆円）をエネルギーセキュリティと気候変動対策に対する投資にあてることを決定。このインフラ削減法は、太陽光や風力、地熱などの再生可能エネルギーと原子力発電などのクリーンエネルギーに転換にあたり**税の優遇**などがとられているものだ。これに加えて、**電化を促進**する方策も示されている。

就任後すぐに**気候変動問題担当大統領特使**のポジションを新設し、国防総省のなかに**気候ワーキンググループ**も創設したことも特筆されるだろう。気候変動問題を、環境や経済に向けた環境・産業政策としてだけでなく、国家安全保障政策や外交政策とも捉えているのだ。

脱炭素化技術を発展させるとともに経済的発展を狙っているのが中国であることも忘れてはならない。経済大国ナンバーワンのアメリカはこうした中国など他国の動きも注視しながら、あらゆる政策の軸にカーボンニュートラルを据える。アメリカは、脱炭素においても世界のリーダーを目指しているのだ。

パリ協定への復帰が決まった直後には、企業や自治体、機関投資家、大学、非政府組織（NGO）など1700機関以上が、アメリカにおける**気候変動対策を支持するイニシアチブ**（目標を達成するために重要な役割を担うグループ）「America is All In」を発足させた。

2050年カーボンニュートラルで結束「America is All In」

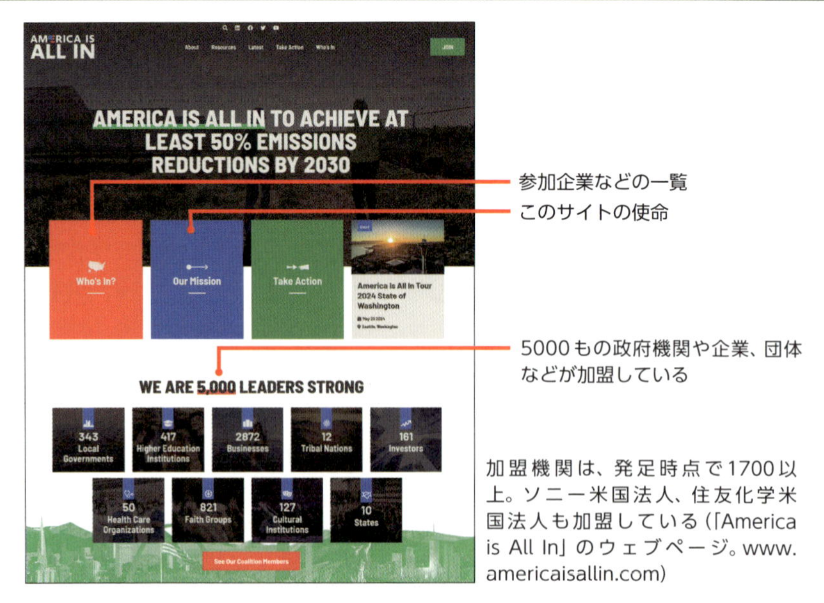

加盟機関は、発足時点で1700以上。ソニー米国法人、住友化学米国法人も加盟している（「America is All In」のウェブページ。www.americaisallin.com）

アメリカを代表する企業の施策

日本貿易振興機構（JETRO）によると、2022年現在、アメリカを代表する企業の数々がカーボンニュートラルの実現に向け、事業転換を進めている。

そのうちのいくつかを紹介しよう。

●デュークエナジー

デュークエナジーの前身であるカタウバ・パワーカンパニーは、1904年に創業。ノースカロライナ州を本拠地としていて、発電や送電、配電のほか、液化天然ガス（LNG）の販売なども行っているアメリカの電力会社。約820万件の顧客にサービスを提供している。

現在、発電事業の2050年のネットゼロ化に向けて、**電源構成の転換**を進めている。再生可能エネルギーは、現行の容量比率8%を2025年までに2倍とし、発電容量を現行の58ギガワット から2050年に 105ギガワットへと大幅に拡大して容量比率を40%以上とする予定だ。脱炭素化先端技術の開発も進めている。

●ゼネラルモーターズ

いわずとしれたアメリカの自動車ビッグ3の一角、創業は1908年。

アメリカでは2030年までに新車の乗用車、小型トラック販売数の 50%を**無排出車**（バッテリーEVやプラグインハイブリッド EV、燃料電池EV）にする大統領令が、2021年に宣言された。これを受けて連邦政府は2023～26 年の**燃費・温室効果ガス排出基準**の強化を開始。

ゼネラルモーターズでもEV 事業で生産工場の新設・転換を進める必要が生じた。そこで同社では、北米のEV 生産容量を2025年までに 20%、2030年までに50%以上にし、2035年までに生産する小型車をすべて無排出車にする。

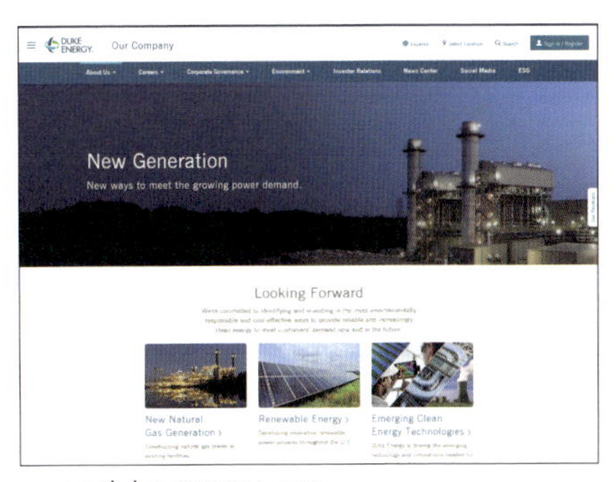

www.duke-energy.com

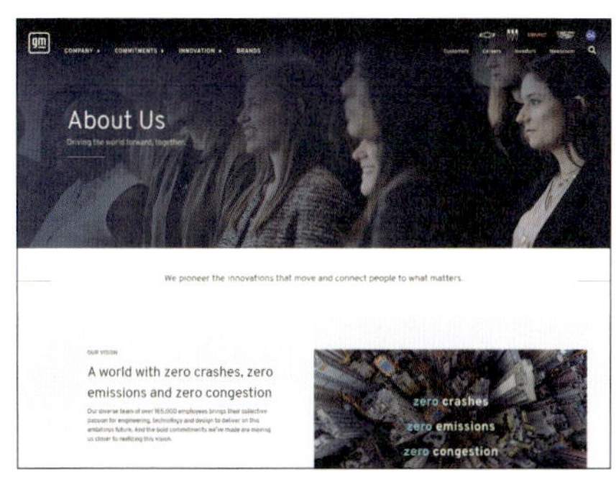

www.gm.com

●アルファベット

Googleなどを運営するICT企業。ICT企業はカーボンニュートラルとあまり関係がないと思われがち。しかし、テクノロジー業界は、**データセンターの電力消費量**が多いことに加え、有能な人材確保のため企業イメージの向上が不可欠なこともあり、積極的に気候変動対策を進めているとされる。

アルファベットは、再生可能エネルギー関連事業や顧客・消費者の低炭素化促進事業・サービスを数多く開発。また、都市の炭素排出量をリアルタイムで測定する **EIE（Environmental Insights Explorer）** など、環境負荷データを測定するツールを開発・提供しているのも特徴だ。

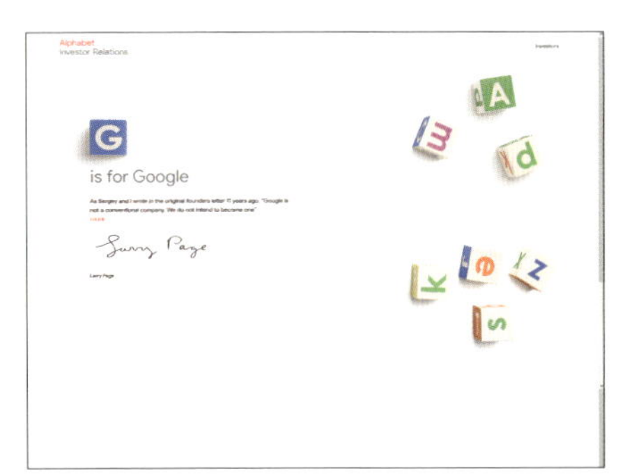

abc.xyz

●ペプシコ

ペプシコーラなどの飲料を手がけるペプシコは、pop＋という環境対応イニシアチブを立ち上げている。これにより、2040年にネットゼロ達成を目指す。

二酸化炭素排出量を減少させ、**土壌肥沃度**や**生物多様性**も考慮した、再生型農業を行うことが特徴。再生型農業は、二酸化炭素を吸収するための植林をはじめ、工場などで使用する電気を再生可能エネルギーに転換したり、電気トラックなどを利用する。

2021年に約1400平方キロメートルだったこの農場だが、2030年までには20倍の約28000平方キロメートルまで広げる計画がある。

www.pepsico.com

きびしいスコアリング機関が存在

多くの企業が自社の施策をPRしているが、本当に対応ができているかどうかそれを判定する機関がある。カーボンニュートラルが進むアメリカでも、ある評価機関によると及第点が与えられるのは20%程度に過ぎないとされる。

5 ヨーロッパのカーボンニュートラル

世界に先駆けて脱炭素を掲げ、カーボンニュートラルで世界をリードする欧州。次々と打ち出す気候変動対策は、欧州の産業力を強化する施策ともなっている。

カーボンニュートラルをリードするヨーロッパ

世界に先駆けて脱炭素を掲げ、カーボンニュートラルで世界をリードする欧州連合（EU）を中心としたヨーロッパ。次々と打ち出す**気候変動対策**は、ヨーロッパの産業力を強化する施策ともなっている。

ヨーロッパは、電力の約7割を原子力発電で賄うフランスと、太陽光・風力発電などの再生可能エネルギーを急速に拡大してきたドイツやイギリスを中心にいち早く気候変動に取り組んできた。その流れをつくっているのはEUで、1997年の**京都議定書**から着々と産業政策を織り込んだ気候変動対策を固めてきている。

EUは2005年から、企業による二酸化炭素排出量の削減を目的に、自主参加型の**欧州連合域内排出量取引制度**（EU ETS：EU Emissions Trading System）を導入した。これは、二酸化炭素排出量の多い部門の企業に対して、強制的に排出量に応じた課金を課すもの。対象企業は年間の無料割り当て排出量が決められ、その量を下回れば余った排出量分の枠を市場で売却することができ、逆に超過した場合は、その分の排出枠を購入しなくてはならないという制度だ。フェーズ1からフェーズ4まで展開しており、フェーズ1（2005～2007年）では発電、石油、生成、製鉄、セメントなどのエネルギー大量消費施設が対象となり、フェーズ2（2008～2012年）では航空部門が、フェーズ3（2013～2020年）からはアルミ、化学が追加された。現在はフェーズ4（2021～2030年）が実施され、海運や建物、道路運送、小規模作業が追加された。

欧州グリーンディール投資計画

2016年に発効したパリ協定を機に、ヨーロッパの脱炭素化はますます加速していく。2018年、欧州委員会は、2050年カーボンニュートラル経済の実現を目指すビジョン「**A clean planet for all**」を発表。2019年に

EU ETSの4つのフェーズ

	第1フェーズ	第2フェーズ	第3フェーズ	第4フェーズ
対象期間	2005 ～2007年	2008 ～2012年	2013 ～2020年	2021 ～2030年
主な根拠法令	Directive 2003/87/EC (EU ETS指令)	Directive 2003/87/EC (EU ETS指令)	Directive 2003/87/EC (EU ETS指令)	Directive 2003/87/EC (EU ETS指令)
対象	エネルギー エネルギー 多消費産業	下記追加 航空 (2012年～)	第2フェーズの対象にアルミニウム製造、非鉄金属製造など多くの産業を追加	下記追加 海運(2024年～) EU ETS II 建物/道路輸送/小規模産業(2027年～)
排出枠の設定	NAP経由 国別にキャップ設定	NAP経由 国別にキャップ設定	EU レベルで キャップ設定	EU レベルで キャップ設定
排出枠の割当	グランドファザリング方式	グランドファザリング方式	ベンチマーク 方式	ベンチマーク 方式
配分方法	無償配分	主に無償配分 (一部ベンチマーク/オークション)	主に有償販売 (オークション) 一部無償配分	主に有償販売 (オークション) 一部無償配分
対象ガス	CO_2	CO_2	CO_2 N_2O PFC	左に メタン(CH_4) を追加
制裁	40ユーロ /トン	100ユーロ /トン	100ユーロ /トン	100ユーロ /トン
方針	京都議定書の削減目標 達成のための体制構築	京都議定書第一約束期 間(2008年～2012年)の削減目標達成	EUの低炭素化政策の実現	EUの気候変動政策欧州グリーン・ディール、「Fit for 55」の実現
削減目標	― (試用期間)	1990年比 8%	1990年比 20%	1999年比 55%以上

2003年に発効したEU ETS指令(Directive 2003/87/EC)6に基づき、2005年から当時のEU加盟国25か国で導入された。現在は、第4フェーズに(European Commission, Development of EU ETS [2005-2020])

欧州グリーンディールの４つの骨子

2050年までに
気候中立を実現

企業がクリーンな
製品と技術の
世界的リーダーに
なることを支援

汚染を削減し、
人間の生活や動植物を守る

気候中立への移行が
公正で包摂的で
あることを担保

2019年に定められ、温室効果ガスの排出削減に加え、経済成長や資源利用法もあり、EU経済に大きな影響を与える内容だ

はそれまでの脱炭素化での実績をもとに、カーボンニュートラル達成とともに経済成長も実現するための「**欧州グリーンディール投資計画**」を立ち上げた。欧州グリーンディールは、EUの新しい成長戦略であり、**雇用を創出しながら、排出量の削減を促進**するとウルズラ・フォン・デア・ライエン欧州委員会委員長（2019年12月1日就任、2024年10月までの任期）は表明している。脱炭素社会を実現するための予算規模は官民を合わせて、約1兆ユーロ（約155兆円。1ユーロ155円として）と巨額だ。

2021年7月には、2030年の温室効果ガス削減目標「**1990年比で55%以上削減**」を達成するための政策パッケージ「**Fit for 55**」を発表。12月には「**Fit for 55第2弾**」も成立させた。Fit for 55で導入を発表した炭素国境調整措置は、カーボンニュートラルへの積極的な取り組みが、多国間との競争で不利にならないためのしくみだが、実質的には関税と変わらないため、脱炭素化を進める欧州の産業戦略の1つともいえる。また、Fit for 55の提案と合わせ、EUの森林を保全する「**EU森林戦略**」も発表している。

モビリティでは、乗用車と小型商用車の二酸化炭素排出基準を2030年は乗用車で55%、小型商用車は 50%に削減する。その後、2035年までに乗用車と小型商用車ともに100%削減すると発表した。つまり、2035年にはガソリン車とディーゼル車、ハイブリッド車すべての販売が禁止されることになり、ハイブリッド車の技術に強みを発揮してきた日本の車産業にとっては大きな痛手となる。

ただし、この方針は2023年に転換され、**環境にいい合成燃料**を使うエンジン車は認めると表明した。背景には、フォルクスワーゲンやメルセデス・ベンツなどを抱えるドイツ政府が合成燃料の利用容認を求めたことがあるとされる。合成燃料の利用が可能となれば、HV技術を生かした日本車は有利になる可能性もある。

方針の変更はあるもののEUは、ヨーロッパのカーボンニュートラルに前向きで、着実に産業競争力の強化を図っているのだ。

ヨーロッパ各国の取り組み

●イギリス

EU非加盟となったので、**独自の施策が**注目される。2021 年の**COP26**直前に気候変動に対する施策や行動指針をまとめ、ネットゼロ戦略を発表。炭素排出量を2035年までに1990年比で78%まで削減し、2050年で**ネットゼロ**にすることを明言している。

●ドイツ

EU加盟国の多くが2050年のネットゼロの実現を目指すなか、5年早い2045年の達成を掲げている。2022年末に**脱原発**、遅くとも2038年には**脱石炭**を完了、2030年には**自然エネルギー発電**で総電力消費の 65%を賄うことを法制化している。

●フランス

2019年に**エネルギー・気候法**を制定し、2050年**ネットゼロ目標**と1990年比二酸化炭素削減85%に加え、**石炭発電停止**などが規定された。**原子力発電の推進**とともに、2023年に再生可能エネルギーを加速させる法律も施行している。

ヨーロッパの企業の取り組み

●シェル（イギリス）

日本でも知られるシェルは2050年までのカーボンニュートラルの実現を宣言し、販売する石油製品の温室効果ガスの排出量を、2023年までに6～8%、2030年までに20%、2035年までに45%の削減を目指すとしている（2016年を基準）。その施策として、2035年まで、毎年2500万トンの**炭素回収貯留**（CCS➡P131)へのアクセス確保や自然由来のソリューションを活用、2030年までに年間約1億2000万トンの炭素排出量の相殺などに取り組んでいる。

また、フランスの大手石油企業、トタル・エナジーズも、2050年まで、もしくはそれ以前のカーボンニュートラルの達成を宣言した。その具体策として、**バイオガス**や**水素**の開発、再生可能エネルギー電力や、**CCUS**（➡P131）などへの投資を掲げている。

●アルセロール・ミタル（ルクセンブルク）

世界最大の鉄鋼メーカー、アルセロール・ミタル社は、同社のゲント工場をより環境に配慮した施設とするために、ベルギー連邦政府とフランダース地域政府とのあいだで、総額11億ユーロの投資計画を実施すると発表した。酸素を取り除くための**直接還元鉄（DRI）プラント**と、2基の電気高炉を建設する。同プラントでは石炭の代わりに天然ガスを還元剤として使用しており、将来的には水素に切り替えていく予定だ。2030年までの年間約300万トンの二酸化炭素排出削減や、2050年までのカーボンニュートラルの達成に向け、材料およびエネルギー効率の向上、**スマートカーボン技術**（廃材活用、廃ガスのバイオエタノール転換など）の活用、**還元工程の水素への置き換え**（最終的にはグリーン水素の利用を目標）を軸に脱炭素化に取り組んでいる。

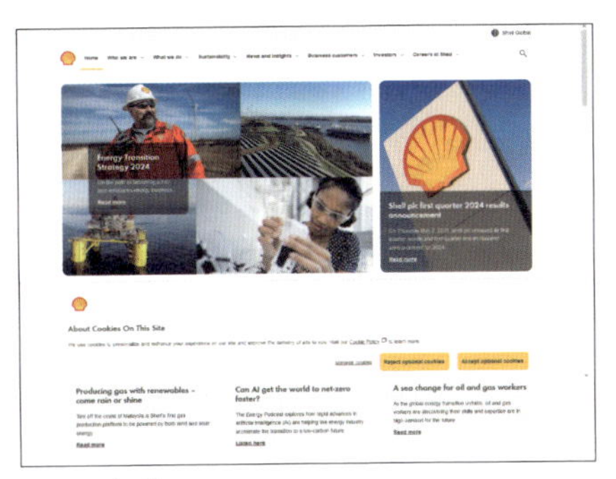

www.shell.co,

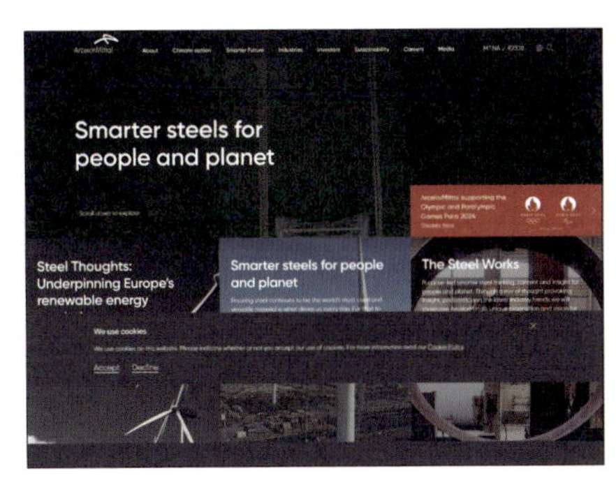

www.pepsico.com

6 中国のカーボンニュートラル

世界で最も温室効果ガス排出量が多い中国。カーボンニュートラルな世界の実現は、中国の動き次第といっても過言ではない。

経済発展と脱炭素化

中国といえば経済発展一辺倒で、環境問題に関しては無頓着と思われがちだ。事実、1978年にはじめた改革開放政策によって急激な経済発展を遂げ、それによって**1980年代年からエネルギー消費量が急増**。そのエネルギー供給を石炭火力発電で賄ってきたことで、温室効果ガスの排出量も激増した。

現在、中国は**世界最大のエネルギー消費国**であり、**温室効果ガス排出量世界ナンバーワン**で突出して多い。中国が、このまま経済発展を優先していくのであれば、世界のカーボンニュートラルの実現はむずかしいと危惧されている。排出は経済の発展に伴い、2000年代前半から短いあいだに急増している。

2020年、習近平（シージンピン）国家主席は国連総会一般討論演説で「2030年までに二酸化炭素排出量をピークアウトさせ、2060年までにカーボンニュートラルを実現することを目指す」と表明。

中国の「カーボンピークアウトとカーボンニュートラルの完全、正確かつ全面的な実施に関する意見」

	2025年	2030年	2060年
単位GDP当たりのエネルギー消費量	2020年比 13.5%削減	—	—
単位GDP当たりの二酸化炭素排出量	2020年比 18%削減	2005年比 65%以上削減	—
非化石エネルギー消費の割合	20%程度	25%程度	80%以上
風力・太陽光の設備容量	—	12億キロワット（kW）以上	—
森林カバー率	24.10%	25%程度	—
森林を構成する樹木の幹の部分の総体積	180億立方メートル	190億立方メートル	—
目標	カーボンピークアウトとカーボンニュートラルの実現に向け堅固な基礎を築く	二酸化炭素排出がピークに達し、安定的に下降傾向となる	カーボンニュートラル目標を順調に実現

（「中国共産党中央委員会と国務院のカーボンピークアウトとカーボンニュートラルの完全、正確かつ全面的な実施に関する意見」からジェトロ作成を引用）

2023年12月に国連が主催した**気候野心サミット（Climate Ambition Summit 2023）**でのビデオ演説でも、改めて2060年カーボンニュートラルを宣言した。しかし、突出した排出量の中国が、多くの国が2050年のカーボンニュートラル宣言しているなかで、10年遅れでいいのかと各国から疑問の声が出ている。

今後は、海外での新たな石炭火力発電プロジェクトを行わないとしたうえで「2030年にGDP当たり二酸化炭素排出量を2005年比で65%以上削減。1次エネルギー消費に占める非化石エネルギーの割合を25%前後にし、森林蓄積量を2005年比で60億平方メートル増加、風力発電と太陽光発電の発電設備容量を12億キロワット以上に増強する」ことを発表した。

2021年10月には「2030年前カーボンピークアウト目標達成に関する行動計画」、同年11月に「第14次5か年計画工業のグリーン発展計画」、2022年1月には「第14次5か年計画の省エネ・炭素排出削減方針」を続けて発表し、具体的な行動計画を提示した。

中国の取り組み

経済成長と脱炭素化を両立しながら、2060年のカーボンニュートラルを実現するために、実際、どのような取り組みを行っているのだろうか。

長いあいだ中国は、気候変動交渉では途上国として発言し、**二酸化炭素排出削減の責任**はいままでの先進国が負うべきだと主張してきた。しかし、そんな中国も、カーボンニュートラルを産業発展のチャンスと捉え、2060年カーボンニュートラル宣言以前から着々とグリーン産業の強化を図っ

中国の2030年のカーボンピークアウトに向けたおもな数値目標

分野	目標
エネルギー分野	2030年までに風力と太陽光発電の設備容量を12億kW以上、揚水発電を1.2億kW。第14次（2025年）・第15次（2030年）5か年計画中にそれぞれ水力発電4,000万kWを建設
工業分野	産業廃棄物のリサイクル利用を奨励。2025年までに石油精製能力を10億トン以下に抑制
交通分野	2030年までに新エネルギーとクリーンエネルギーを動力とする交通機関の割合を約40%にして、陸上輸送の石油消費をカーボンピークアウト。民用航空の車両・設備などを全面的に電動化させる
資源リサイクル	2025年までに大型固体廃棄物の利用量を約40億トン、鉄・非鉄スクラップ、古紙、廃プラなどのリサイクル量を約4.5億トン。2030年にはそれぞれ45億トン、5.1億トンへ。

（中国国務院「2030年までのカーボンピークアウトに向けた行動方案」からジェトロ作成より引用）

てきた。2015年、中国建国100周年（2049年）までに製造大国トップを目指す「**中国製造2025**」政策では、重点政策にグリーン製造の全面的推進が、重点分野には省エネ、新エネルギー自動車、エネルギー設備が含まれている。

カーボンニュートラルと向き合いながら、経済大国ナンバーワンを目指しているといえる。

世界最大の新エネルギー自動車市場に

新エネルギー車の購入者に対する免税措置や助成措置、自動車メーカーへの販売補助金制度などを設け、中国は国内での**新エネルギー車（NEV）**販売数を爆発的に伸ばした。2022年の**電気自動車（EV）販売数**は世界シェア約60%を占めて第1位になった。また、**低速充電器**（出力22キロワット以下）を100万か所以上に設置しており、これは世界の低速充電器の半数以上を占める。

現在、世界のNEV市場のトップを走る中国だが、「**新エネ車産業発展計画**（2021～2035年）」では、2025年までに新車販売における新エネルギー車の割合を20%前後に引き上げ、2035年までに新車販売の主流をEVにすると発表した。

世界を牽引する再生可能エネルギー

太陽電池の世界市場シェアは、1位が通威太陽能（Tongwei Solar）、2

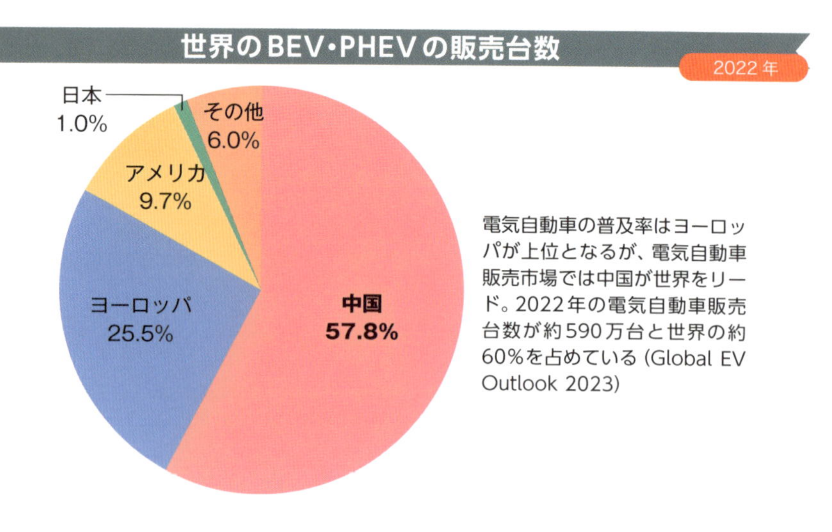

電気自動車の普及率はヨーロッパが上位となるが、電気自動車販売市場では中国が世界をリード。2022年の電気自動車販売台数が約590万台と世界の約60%を占めている（Global EV Outlook 2023）

位がJA Solar（JAソーラー）、3位がアイコ・ソーラー・エナジー（Aiko Solar・愛旭太陽能科技）、4位がロンギソーラー（LONGi Solar）、5位がジンコソーラー（Jinko Solar）で、5位までを中国のメーカーが独占している。さらに9位まで中国メーカーが台頭しており、2022年の**太陽電池出荷量**の世界シェアの1位はもちろん中国で、全世界出荷量の70％を超える。

また、**風力発電**でも新技術を開発して世界をリードし、**風力発電設備容量**でも世界1位を誇る。従来、1基当たり、最大タービン発電量は12メガワットだったが、中国は世界最大の1基16メガワットの風力発電タービンを開発し、次々と建設を進めている。また、海岸線から100キロ以上離れ、水深100メートル以上の深海で稼働する中国初の**深海・遠海浮体式洋上風力発電施設**も稼働した。この施設の年間平均発電量は2200万キロワット時に達し、そのすべてが油田群の生産に使われた場合、1年間に天然ガス約1千万立方メートルの節約と、二酸化炭素排出量2万2千トンの削減が可能となるという。

また、2011年から**二酸化炭素排出量取引制度**を導入し、北京や天津、上海、広東、深圳、湖北、重慶で排出権取引モデル事業をスタートした。重工業や発電所への排出量の課金を実施している。また、2021年には中国全体での二酸化炭素排出量取引制度が導入され、世界最大規模の取引となった。

中国の施策の問題点

しかし、EVの急増に充電スタンドの設置が追いつかないこと、加えてEV生産のための電力やEVに供給する電力を火力発電に頼っていることなどから、カーボンニュートラルへの効果は疑問視されている。

また、カーボンニュートラルへの膨大な投資が必要といったコスト負担や制度の複雑さ、補助金制度の少なさなどもネックだ。

再生可能エネルギーの設備についても、それを設置するのには多くの電力がかかること、また期限を迎えた太陽電池や風力などの設備の回収についても不明確だ。

削減目標の2030年までに二酸化炭素排出をピークアウトするとは、言い換えれば、ピークになるまで削減をはじめないとも思える。加えて、他国が2050年を目標にしているのに対し、2060年と10年の隔たりがあることにも注意したい。

7 アジア各国・インドのカーボンニュートラル

アジア各国・インドがカーボンニュートラルを目指すのはむずかしいとされていたが、2021 年の COP26 以降、次々とカーボンニュートラルを表明した。

化石燃料依存からの脱却

近年、経済発展が急速に進む東南アジアとインドではエネルギー需要が拡大している。世界のエネルギー需要のなかでも大きな割合を占めており、世界の温室効果ガス排出量の構成を見てみると、インドは6.6％で4位、インドネシアは1.7％で9位と上位に位置している。この事実から、**パリ協定**の目標を達成するためには、**インドと東南アジアの脱炭素化が不可欠**だといえるだろう。

今後、ますますエネルギー需要の増大が見込まれ、その供給の多くを石炭燃料に頼っているインド、東南アジアがカーボンニュートラルに踏み切るのはむずしいだろうとされていた。これら各国は前出の中国同様、気候変動の原因は先進国にあり、温暖化対策についてはまず先進国が負担を負うべきで、途上国には開発し成長する権利が

国別の二酸化炭素排出量の割合

2020 年

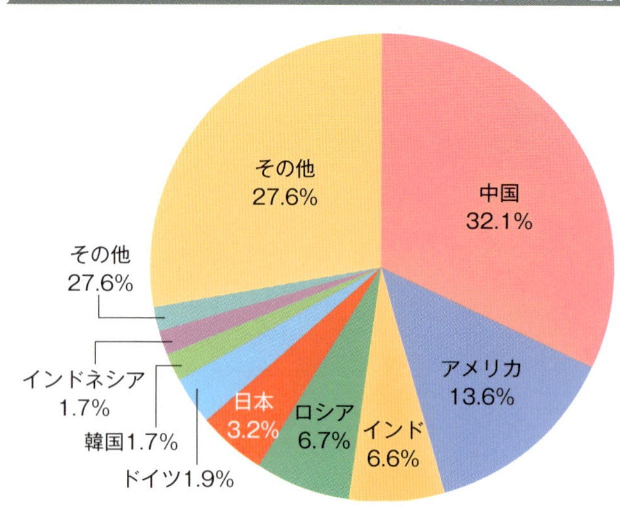

2020 年世界の温室効果ガスの排出の割合は、相変わらず中国がトップ。先進諸国では減少傾向だが、インドやアフリカなどの新興国で増加している（EDMC ／エネルギー・経済統計要覧 2023 年版）

アジア各国とインドのカーボンニュートラル目標

	2030年	2050年	それ以降
インド	対2005年比 33～35%削減	→	2070年 カーボン ニュートラル達成
シンガポール	対2000年比 16%削減	カーボン ニュートラル達成	
インドネシア	対BAU比 29%削減	→	2060年 カーボン ニュートラル達成
フィリピン	対BAU 75%削減		
ベトナム	対2010年比 9%削減	カーボン ニュートラル達成	
タイ	対2005年比 20%削減	カーボン ニュートラル達成	
マレーシア	対2005年比 45%削減	カーボン ニュートラル達成	
韓国	対2018年比 40%削減	カーボン ニュートラル達成	

フィリピンのカーボンニュートラル達成年は未定。BAUとは、特段の対策のない自然体ケース(Business as usual)に較べての効果をいう概念のこと

あり、先進国と同じ負担を追うのは不公平だという「**気候正義**」を主張している。

しかし、2021年11月の**COP26**で、東南アジア各国で大洪水などの被害は出た影響もあってか、タイとベトナム、マレーシアが2050年までのカーボンニュートラルを発表し、インドネシアも2060年までのカーボンニュートラルを目指すと公表。先進国に近い計画を発表した。カーボンニュートラルの**期限目標**を避けてきたインドも、2070年までに**ネットゼロエミッション**の実現を目指すと宣言。2030年までに国内エネルギーの半分を再生エネルギーにすることや、温室効果ガス排出量を10億トン削減することなど、具体的な目標を掲げた。

石炭燃料依存の解決へ向けた目標設定

インド、東南アジア地域での温室効果ガス**排出量が最も多いセクターは電力部門**であり、その原因は**石炭火力発電**を多く利用しているからだ。このため、化石燃料への依存度を下げながら、経済成長に必要なエネルギーを調達することが今後の大きな課題。インド、東南アジア各国は、再生可能エネ

ルギーの活用に積極的な計画を打ち出している。

インドは2015年に提出していた温室効果ガスの排出量の見直しを行った。**非化石エネルギー**による電力の調達を50%程度とすることを閣議決定している。

タイは、**国家エネルギー計画枠組み**のなかに、**クリーンエネルギー**への段階的移行とカーボンニュートラル達成を目指す政策方針を盛り込み、再生可能エネルギー比率の50%以上の引き上げや、電気自動車の促進、プロシューマを増やすための規制緩和などを進めるとしている。カーボンニュートラル化は、2050年だ。

マレーシアは、国家中期計画である「第12次マレーシア計画（2021～2025年）」を発表し、新規の**石炭火力発電所建設の凍結**を図り、再生可能エネルギーやバイオエネルギーが31%に到達することを目標として掲げた。

また、ベトナムの第8次国家電力マスタープランの草案でも、新規の石炭火力発電所の開発計画に制限を設け、2030年までに、電力需要の約30%を再生可能エネルギーで賄う計画を立てている。インドネシアでも、2024年から石炭火力発電の新設を全面禁止する方針を発表するなど、石炭燃料からの脱却を図っている。

EV市場でも急成長を見せる

インドネシアとタイを中心に、東南アジアの**EV市場**が急成長。2022年からEV生産を本格化したインドネシアでは、低炭素排出車の販売数が2020年の1234台から2022年には1万5437台に急増した。2025年までに生産台数の20%をEVにすることを目指している。

タイ運輸省陸運局によると、2021年のEV車の国内新規登録数は、前年比で41%増と急伸。タイはEV車の普及に積極的に取り組み、2030年までに国内の総自動車台数の30%をEV車にするとし、EV車やバッテリーの生産の投資優遇制度をスタートさせた。

インドは2030年までに新車の乗用車販売の3割をEVとする目標を掲げ、政策を推し進めている。**電気自動車振興策（FAME：Faster Adoption and Manufacturing of Electric Vehicles）**を導入し、2019年4月から第2期（FAME II）のスキームを展開。EV購入者に対する**補助金給付**や**充電ステーション**数の拡充、**公共バスの電動化支援**を実施している。

マレーシアでは、EV普及に向けた行動計画「低炭素モビリティー・ブループリント2021～2030」を発表。2022年の国家予算に、EV関連の事業者のための**税制優遇**を盛り込んだ。

韓国のカーボンニュートラル

お隣の国・韓国では文在寅(ムンジェイン)前大統領が発した前政権のカーボンニュートラル宣言は不十分だとして、2022年に尹錫悦(ユンソンニョル)大統領はカーボンニュートラル政策の中心的役割を担う「**カーボンニュートラル・グリーン成長委員会**」を発足させた。その初会合では「**カーボンニュートラル・グリーン成長推進戦略**」と「**カーボンニュートラル・グリーン成長技術革新戦略**」を発表。意欲を見せたのだ。

カーボンニュートラル・グリーン成長推進戦略では、温室効果ガス削減の施策が不十分との産業界の声から、原子力と再生可能エネルギーのバランスを確保したうえ、**エネルギーミックス**の新たな戦略として発表されたものだ。前政権の脱原発を大きく転換させたことが注目される。また、カーボンニュートラル・グリーン成長技術革新戦略は、カーボンニュートラル達成に向けた技術開発の基本的方向性を定めている。

これまで遅れているといわれていた韓国のカーボンニュートラル施策が、どこまで進展するかを見守りたい。ただし、自然エネルギーの推進に対する現政府の計画は、原子力発電と火力発電に依存し続けてしまう危険性を秘めている。

韓国の尹錫悦政権のエネルギー政策目標

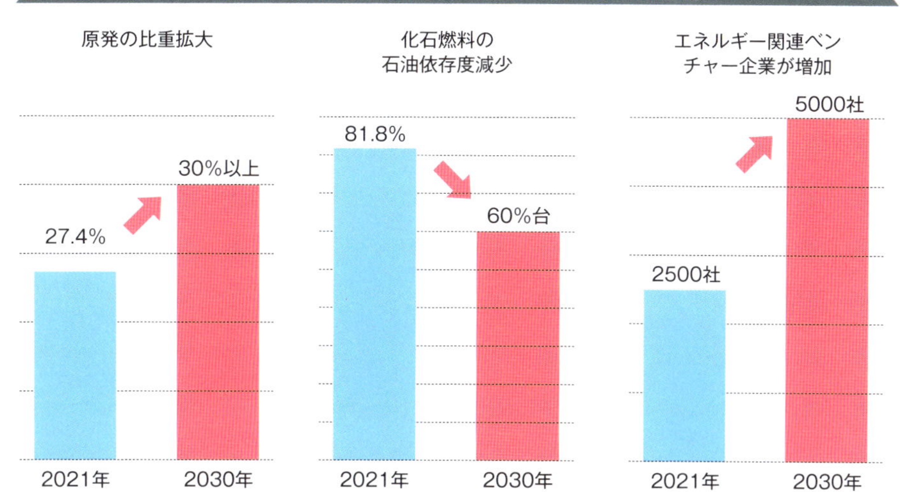

原子力発電所を増やし、原子力と再生可能エネルギーの調和によるカーボンニュートラルを推進する方針が中心。エネルギー関連の新産業創出と輸出産業化により、エネルギー関連ベンチャー企業を増加させることで雇用を10万人増やすとしている（「新政権のエネルギー政策方向」2022年）

8 途上国のカーボンニュートラル

これから工業化を進め、経済成長を目指す発展途上国にとって脱炭素化はむずかしい課題だ。しかし、気候変動による大きな被害を被っているのも発展途上国だ。

経済成長と気候変動のジレンマ

東南アジア各国同様、これまで先進国がたどってきたようにこれから工業化を進め、**経済成長を目指す途上国**にとって**脱炭素化**はむずかしい課題だ。そのうえ、**気候変動による大きな被害**を受けるのも途上国。経済成長と脱炭素化のジレンマを解決するには、先進国を中心とした**国際的支援**が重要だ。

世界全体の二酸化炭素排出量のうち、途上国・新興国が占める割合は約60%に及ぶ（2016年）。近年の二酸化炭素排出量の増加率でも、先進国がほぼ横ばいであるのに対し、途上国・新興国は、人口の増加やインフラの整備、経済成長に伴うエネルギー需要の増大などに伴い、急増しているのが実情だ。

その一方で、気候変動の被害を最も受けやすい地域が多いのも発展途上国。気候変動による被害は年々甚大になっており、発展途上国は経済発展を目指しつつ、気候変動対策にも注力しなくてはならないという厳しい状況にある。

気候温暖化で被害を受ける途上国

上昇した海水が内部に侵入するのを防ぐ巨大防波堤。インドネシア・ジャカルタ

途上国の温室効果ガス排出量は全体の4分の1

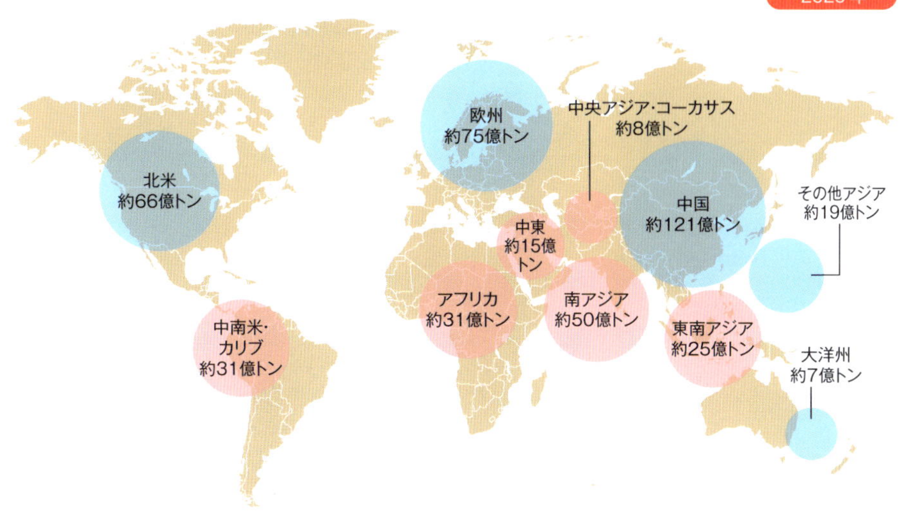

今後発展していく途上国の温室効果ガス対策は待ったなしだ

国際協力で打開を探る

先進国だけに温室効果ガス排出の削減を義務付けた**京都議定書**と異なり、**パリ協定**では**すべての国に対して排出の削減を義務付け**ている。しかし、脱炭素化には、新たなシステム導入や技術開発などにかかる莫大な資金、専門的な知識や技術力などが必要となり、なかには自力で取り組んでいくことがむずかしい国もある。

そこで、パリ協定では開発途上国の温室効果ガス削減（緩和）と、気候変動の影響への対処（適応）を支援するための「**緑の気候基金（GCF：Green Climate Fund）**」が設置された。おもに先進国が資金を提供し、2015年から2018年までの初期拠出金は総額で103億ドルに達し、日本も15億ドルを拠出した。2020年から2023年の第1次増資では、日本を含む31か国・2地方政府が総額約100億ドルの拠出を表明するにいたった。発展途上国のカーボンニュートラルをあと押ししている。

また、2022年、世界銀行グループの**気候投資基金（CIF：Climate Investment Funds）**は、発展途上国の温室効果ガスの排出量が多い鉄鋼やセメントなどの業種の排出量削減のために、5億ドルの基金を発表した。

「緑の気候基金」の概念

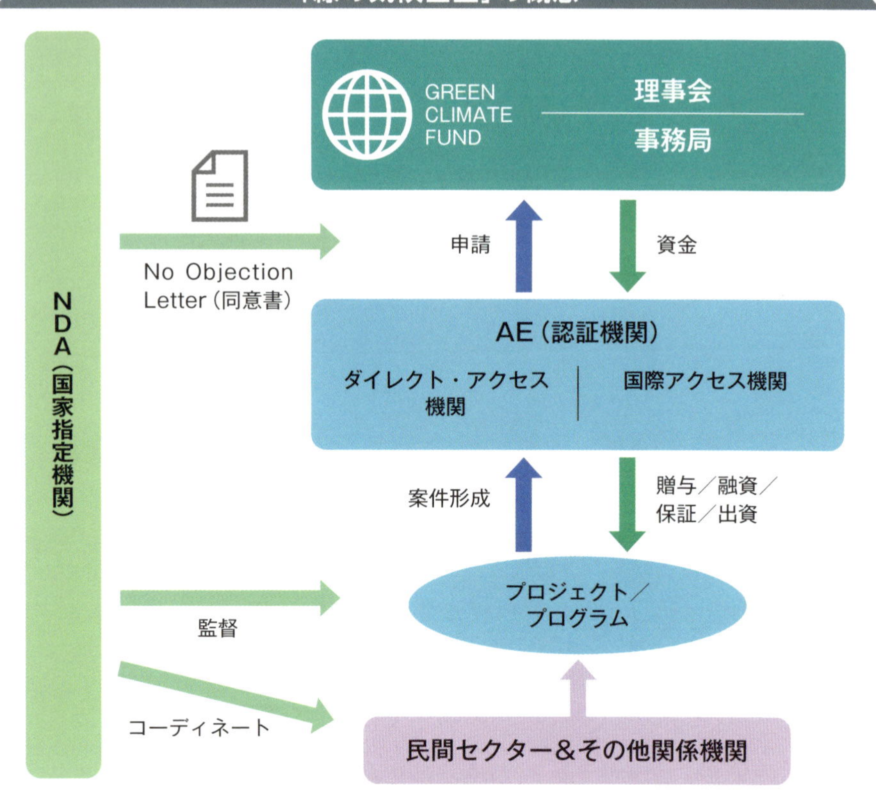

国際アクセス機関の例：独立行政法人国際協力機構（JICA）、株式会社三菱東京UFJ銀行、世界銀行、アジア開発銀行（ADB）、国連開発計画（UNDP）、国連環境計画（UNEP）、ダイレクト・アクセス機関の例：PT. Sarana Multi Infrastruktur（インドネシア・インフラ金融公社）、Infrastructure Development Company Limited（バングラデシュ・インフラストラクチャー開発公社）

途上国の取り組み

途上国における隔年更新報告書（BURs：biennial update reports）には、途上国のカーボンニュートラルに対するさまざまな取り組みが報告されている。

南アメリカのトリニダード・トバゴ政府は、化石燃料に大きく依存しているエネルギー、産業、運輸部門の脱炭素化を目指している。そのために水素燃料電池自動車用の**ブルー水素**と**グリーン水素**（➡P159）を製造することで、化石燃料発電に必要な電力を相殺させている。

また、多彩な地形に恵まれている東

ヨーロッパのモルドバ共和国では、「**低排出開発戦略2030**」を通じて、植林での大規模な取り組みを実施。年間3800ヘクタールの植林、12000ヘクタールの保護林帯の植林、10000ヘクタールの**森林エネルギー作物**の植林によって、2030年までに、1990年比で国の炭素隔離能力を62%、温室効果ガス吸収量を76%まで増加させることを目指している。

そのほか、アフリカ・ナイジェリアでは、送電網を持たない太陽光発電（**オフグリッド発電**。発電場所と供給場所を接近させて実現する）での電力が普及。ブラジルでは農務省が「**カーボンニュートラル牛肉**」の認証制度を創設し、畜産大手が認証取得に向けて、**低温室効果ガス排出飼料**（エサに含まれる窒素量を少なくして、家畜からの温室効果ガス排出を抑制）を使ったブランド牛の発売をはじめた。フィリピンでは、農務省が国連開発計画と連携し、間断かんがいの普及支援を行うなど、低炭素化に向けた取り組みが官民双方で進められている。

日本は気候変動に関する資金拠出策や、2国間クレジット制度の活用、「**グリーンイノベーション基金**」の成果を活用した技術開発と実証支援など、さまざまな施策を用意して、発展途上国のカーボンニュートラルの実現を支援している。

「ロス&ダメージ」基金

2007年に開催されたCOP13で「損失と損害（ロス&ダメージ）」がはじめて交渉のテーマにあがった。ロス&ダメージとは、気候変動による災害による損失と被害のことを指す。温室効果ガスの大量排出と引き換えに発展してきた先進国より、排出量の少ない途上国が大きな被害を受けているという事実を背景に、途上国は先進国に、ロス&ダメージに関する資金支援を求め続けてきた。しかし、先進国は、気候変動に対する「緩和（温室効果ガス排出削減・吸収・回収、再エネ・省エネ推進など）」や「適応（干ばつ対策、洪水対策、生態系保全など）」の支援は認めたものの、気候変動における損失や損害に対する補償については議論を避けてきた。

それがようやく、2022年11月、エジプトのシャルム・エル・シェイクで開催されたCOP27で容認され、ロス&ダメージ支援基金の設立が合意され、2023年のCOP28で、対応するための新たな資金措置（基金を含む）の運用化に関する決定が採択された。

国家以外のカーボンニュートラル

パリ協定が成立し、2050年までのカーボンニュートラルの実現が世界共通課題となるなかで、非国家アクターの取り組みが急速に拡大している。非国家アクターとは、企業や投資機関、自治体、市民団体、学生を中心とした団体・ユースなど政府以外のあらゆる利害関係者のことだ。

例えば、アメリカでは、トランプ大統領がパリ協定からの離脱を表明した数日後、企業や投資家、大学、州や都市などの非国家アクターが結束し、WASI（We are still in：われわれはパリ協定に残る）というイニシアチブ（構想・戦略に同調する団体のこと）を発足したことは述べたとおり。

WASIは現在、約4000人のリーダーが参加する大きな取り組みになっている。非国家アクターは、UNFCCCの会議でも意見や取り組みが重要視され、その存在感と影響力はますます大きくなっている。そのなかでも、「Race to Zero」や「RE100」などが大きな影響力を持つとされているのだ。

●Race to Zero

国連ハイレベル気候行動チャンピオンがリードするキャンペーンの1つで、2020年6月に発足した。国連ハイレベル気候行動チャンピオンとは、気候変動対策の特使として政府、非政府アクターによる気候変動イニシアチブを推進していくリーダーで、UNFCCCと政治交渉を行い、実際の気候変動行動につなぐ重要な役割を担っている。COP22からスタートしたもので、毎年2人ずつ任命される。

Race to Zero は2050年までのカーボンニュートラルを目指し、5つのP（Pledge：2030半減、2050年ゼロ、Plan：2030年までの移行計画、Proceed：すぐに行動、Publish：年1回の公開報告、Persuade：対外方針等を目標に整合）を約束する。8000を超える企業と都市、金融機関、教育機関などに加え、11000以上の非国家アクターが集まり、日本からも日産自動車や日立製作所、丸井グループや東京都、東京大学など多くの機関が参加している（2022年現在）。

●RE100

「Renewable Energy 100%」の略称で、事業活動における消費エネルギーを、100%再生可能エネルギーにすることを目標としているのが特徴だ。2014年に発足し、24か国、356社が参加している。

アップルやグーグル（アルファベット）、マイクロソフト、スターバックスなど290社が参加するアメリカに次ぎ、日本からもリコーや積水ハウス、イオン、アスクル、富士通、ソニーグループなど66社が参加している（2022年現在）。

●TCFD（Task Force on Climate related Financial Disclosures）

2015年、G20からの要請を受け、金融安定理事会（FSB）によって設置された民間主導の特別チーム である「気候関連財務情報開示タスクフォース（TCFD）」で、気候関連の財務情報開示を行う企業を支援するための提言を行う。現在、31人のメンバー（日本より1人）によって構成されている（2023年現在）。

●SBTi（SBTイニシアチブ）

SBT（Science-based target）とは、パリ協定が求める水準と整合した、5年から10年先を目標年に、企業が設定する温室効果ガス排出削減目標のこと。企業に対してどれだけの量の温室効果ガスをいつまでに削減しなければいけないのか、科学的知見と整合した目標（SBT）を設定しているのが、WWF、CDP、世界資源研究所、国連グローバル・コンパクトの4機関で設立されたSBTiだ。

2023年7月までに2668社がSBTi認定を取得し、日本の企業では、2015年10月にソニーがはじめて認定を取得した。「1.5度」と「ネットゼロ」の基準が設けられ、1.5度基準で認定を取得しているのは世界全体では2668社で、そのうち461社が日本の企業だ。また、ネットゼロ基準では、世界全体で331社のうち、日本の企業は18社となっている。

●JCI（Japan Climate Initiative）

JCIは、気候変動対策に積極的に取り組む企業や自治体、NGOなどの情報発信を活発化し、意見交換を強化するために設立された日本のイニシアチブだ。105の団体でスタートし、現在（2023年8月時点）は597の企業をはじめ、自治体や大学・研究機関、NPOやNGOなど、781団体が参加している。

●

こうしたイニシアチブをまとめるプラットフォームとして発足したのが、WMB（We Mean Business）だ。なかでもWMBは、企業や投資家の温暖化対策を推進する国際機関やシンクタンク、NGOなどが構成機関となって運営しており、構成機関はこのWMBを通じて連携しながら、「経済」「エネルギー」「輸送」「環境と産業の構築」の4つの領域で6種類の取り組みを行っている。現在、世界で4655社が参加している（2023年現在）。

e Mean Businessのページには、日本語版も用意されている（www.wemeanbusinesscoalition.org／日本語：www.wemeanbusinesscoalition.org/we-mean-business-japan/）

第3章

カーボンニュートラルとエネルギー

カーボンニュートラルを実現するうえでキーとなるのが、現代の中心エネルギーである電力をつくるときに温室効果ガスを発生させないようにすることだ。再生可能エネルギーを用いた発電は、発電自体では温室効果ガスを発生させないため注目されている。

1　日本のエネルギー事情

カーボンニュートラルを達成するためには、エネルギー利用で二酸化炭素を排出しないことが重要だ。特に発電部門は、化石燃料からの脱却がかなめだ。

化石燃料に依存した日本の発電

日本は水資源が豊富で、**水力発電**が他国に比べて優位だが、1955年ごろから石炭や石油などの化石燃料が安く購入できるようになり、**火力発電へと切り替わって**いった。しかし、1970年代から80年代にかけて2度の**石油ショック**を経験し、**エネルギーの安定的な供給**を確保することが国の将来を左右する最重要課題であると改めて位置づけられることとなる。1970年代から1980年代に3つの施策が打ち出され、日本は世界でも有数の**省エネ国**となった。例えば、1973年の**化石燃料依存度**は94.0%だったが、2010年度は81.2%まで低下。これをさらに低くさせるために、**原子力発電**を推進し

日本の電源別発受電電力量の推移

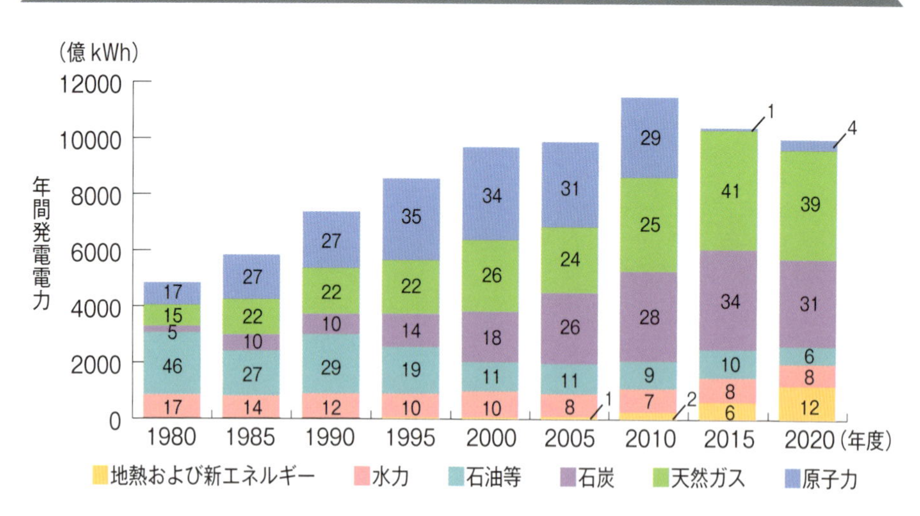

この先の2021年度でも再生可能エネルギーなどを含んだ「地熱および新エネルギー」の割合は13%にとどまっている（資源エネルギー庁）

ていったのだ。

しかし、**東日本大震災**により原子力発電の電力供給がストップしたため、化石燃料の依存度が再び増加することになる。また、2022年の**ロシアによるウクライナ侵攻**の影響で、世界のエネルギー情勢は混迷を深め、エネルギー価格の上昇が続いてきた。

2022年現在の発電構成を見ると、石油や天然ガス、石炭など化石燃料による発電が70％以上（天然ガス33.7％、石炭30.8％、石油8.2％）を占めている。太陽光などの**再生可能エネルギー**は、約22％だ。日本は、依然として火力発電に依存する体質が続いており、G7をはじめとする周辺諸

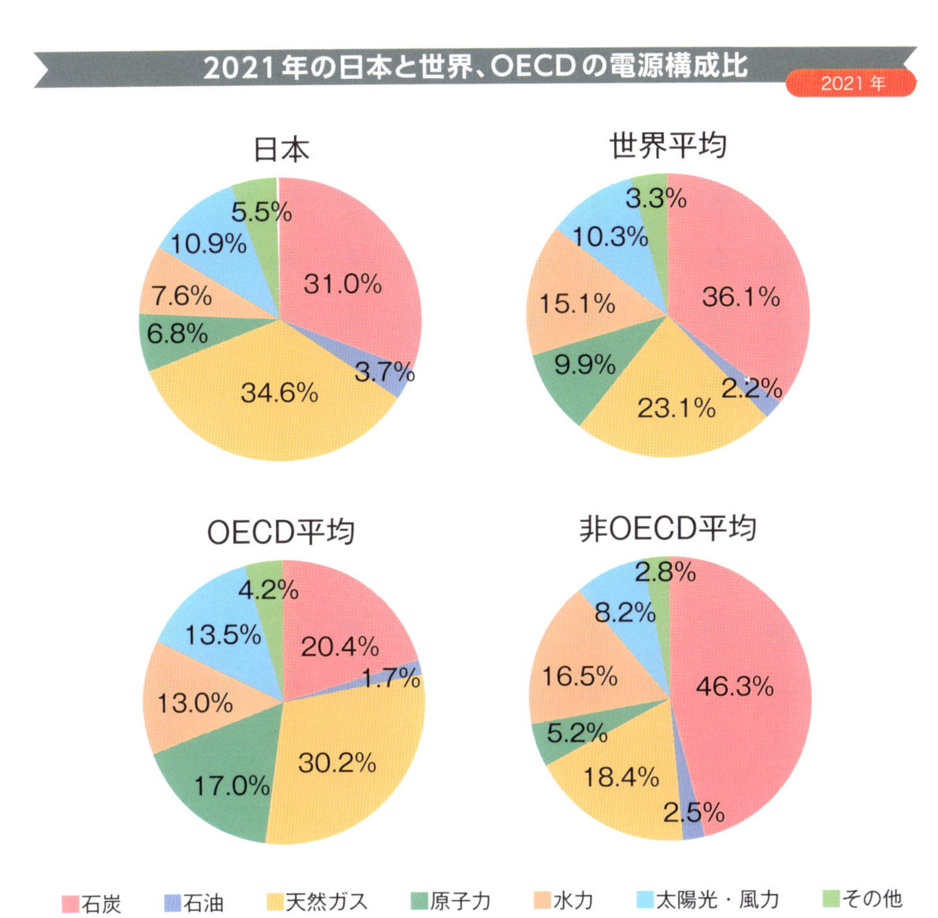

2021年の日本と世界、OECD（経済協力開発機構）各国の電源構成比を比較。日本は世界平均よりも化石燃料依存度が高いのがわかる（IEA「World Energy Balances 2023」）

国と比べてみると、再生可能エネルギーへの移行が遅れているといわざるを得ない。

また、**化石燃料調達のリスク**も忘れてはいけない。石油ショックを経験したものの、現在でも化石燃料は海外からの輸入に頼るしかなく、**一次エネルギー自給率**はわずか11.3%（2020年）と、先進国のなかでも群を抜いて低い（「エネルギーの今を知る10の質問」資源エネルギー庁。2022年）。輸入先も極端に偏っており、例えば原油は約92%を**中東からの輸入**に頼っている。石炭の60%以上、LNGも全体の3割以上を**オーストラリアから輸入**。問題なのは政情が不安定な国からの輸入で、LNGの約9%、石炭の11%は**ロシア**からだ。

気候変動問題でエネルギー構成を見直すのはもちろん、化石燃料に依存した状態では経済安全保障上でも問題があると指摘する声もある。

日本が掲げる「エネルギー基本計画」

日本のエネルギーの構造を変え、安定的かつ温室効果ガスの排出を最大限に抑えるための計画があり、それが**エネルギー基本計画**だ。これは「**エネルギー政策基本法**」という法律が定めているもので、エネルギーの「**安定供給の確保**」「**環境への適合**」「**市場原理の活用**」という**3つの柱**を掲げている。政府は、エネルギー政策基本法により、長期的で総合的なエネルギー政策を計画的に進めるための「**エネルギーの需給に関する基本的な計画**」、すなわち「エネルギー基本計画」を定める必要があるのだ。

この基本計画は、少なくとも3年ごとに見直しを行うことを定めており、2024年9月現在で最新のものは、2021年に政府が発表した「**第6次エネルギー基本計画**」だ。ここでは、気候変動問題への対応とともに、日本の**エネルギー需給構造**が抱える課題の克服をテーマに掲げている。具体的には、2050年のカーボンニュートラルの達成、カーボンニュートラルを実現するための中間目標として二酸化炭素の排出量を2030年度には46%削減、さらに50%の高みを目指して挑戦を続ける新たな削減目標の実現に向けたエネルギー政策の道筋を付けることだ。ただし、再生可能エネルギーの比率は36〜38%とされ、第5次計画の22〜24%から10ポイント以上の引き上げとなっている。これは再生可能エネルギー推進で日本を先行するヨーロッパやアメリカの50〜70%という目標に比べれば見劣りする。

そこで、2024年度に進められているのが、第6次エネルギー基本計画をさらに推し進めた「**第7次エネルギー基本計画**」だ。

第6次エネルギー基本計画で策定された2030年エネルギー構成比

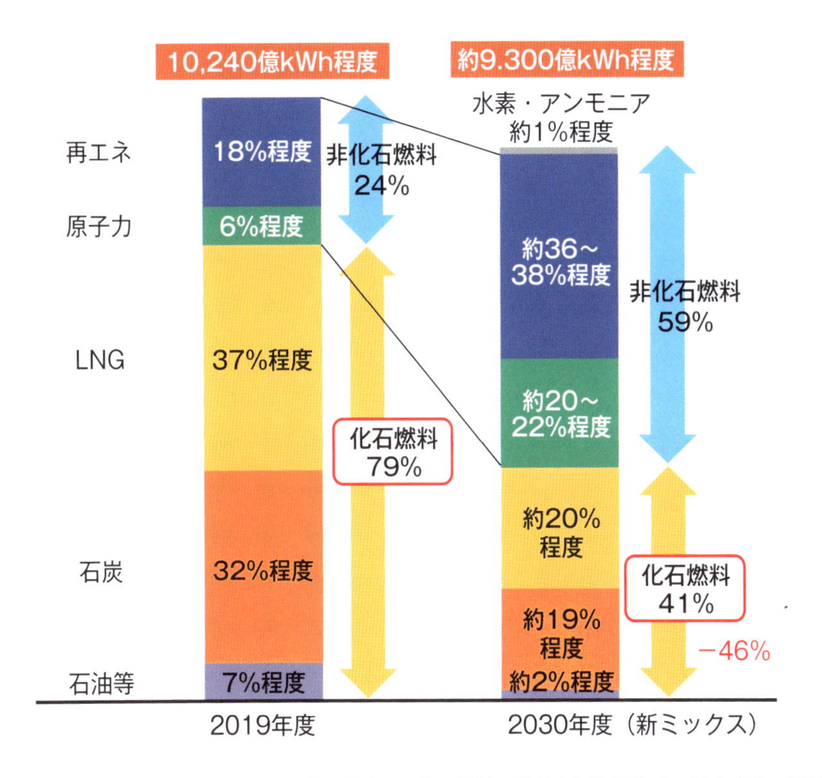

第6次エネルギー基本計画では、2015年に策定した化石燃料の使用率を約56%まで減少させる計画を大幅に見直し、2030年度には化石燃料の使用率を46%まで減少させる（資源エネルギー庁「もっと知りたい！エネルギー基本計画」）

「第7次エネルギー基本計画」が目指すもの

第7次エネルギー基本計画のなかで示されるもののうち、温室効果ガス削減目標は**日本の国際公約**（国別決定貢献＝NDC： Nationally Determined Contribution）に対応するものとなる。2025年末の**COP30**に提出される予定だ。

第6次エネルギー基本計画が策定されたのは2021年のことであり、それ以降、世界の**地政学的情勢**は大きく変化。エネルギーの脱炭素化はもちろんのことだが、**エネルギー安全保障**に寄与すると期待される原子力発電が再び注目されることになった。COP28では、日本を含む25か国が、世界の原子力発電設備容量を3倍にする宣言文を支持。ただし、第6次エネルギー基本計画では、福島第一原子力発電所の事故もあり、原子力発電所は可能な限り依存度を下げる方針だった。しかし、岸田政権は「**GX基本方針（GX実現に向けた基本方針）**」（2023年2月閣議決定）で、脱炭素電源として**原子力発電の最大限活用**を掲げ、齟齬が生じている。GXとは、**グリーントランスフォーメーション（Green Transformation）**のことで、化石エネルギー中心の産業構造や社会構造をクリーンなエネルギーを中心に転換していく取り組みのこと。

第7次エネルギー基本計画で、原子力発電の位置づけについてどこまで踏み込むかが注目される。また、複数の発電方法を効率的に組み合わせて、社会に必要な電力を供給する「**エネルギーミックス**」（→次セクション）にどこまで踏み込むことができるかも見守る必要があるだろう。

第7次エネルギー基本計画までの流れ

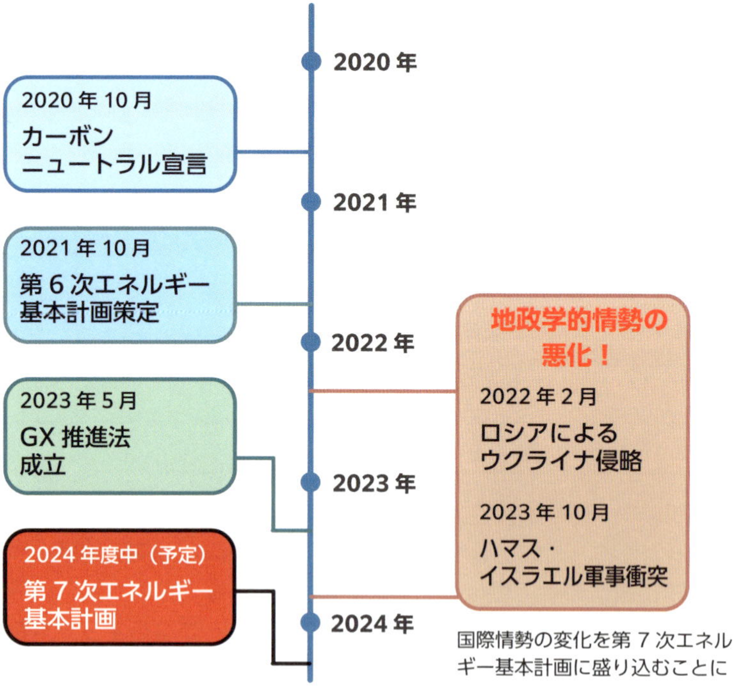

第6次エネルギー基本計画ののち、国際情勢が悪化し、エネルギーの調達方法も問題となってきた。第7次エネルギー基本計画では、エネルギー安全保障の問題を盛り込みつつ、この先の電力需要の変化なども盛り込む予定だ。

2 電力システムのエネルギーミックス

化石燃料からの脱却がカーボンニュートラルを進めるうえで重要だ。ここでは、日本と世界各国の取り組み状況を見る。

エネルギーミックスの必要性

日本政府は、日本のエネルギー需給構造が抱える課題克服の基本方針として、「**S+3E**」を掲げている。S+3Eとは以下の頭文字からきている。

- Safety
  安全性のことでS+3Eの大前提となっている。
- Energy Security
  安定供給のこと。エネルギーの輸入リスクに備えたり、自給率を高めていく。
- Economic Efficiency
  経済効率性。少ない燃料で大量のエネルギーをつくる効率性。
- Environment
  環境適合。二酸化炭素を排出しないクリーンエネルギーへの転換。

S+3Eによって実現するのが**エネルギーミックス**で、複数の発電方法を効率的にミックスして、社会に必要な電力を供給することをいう。

S+3Eの考え方

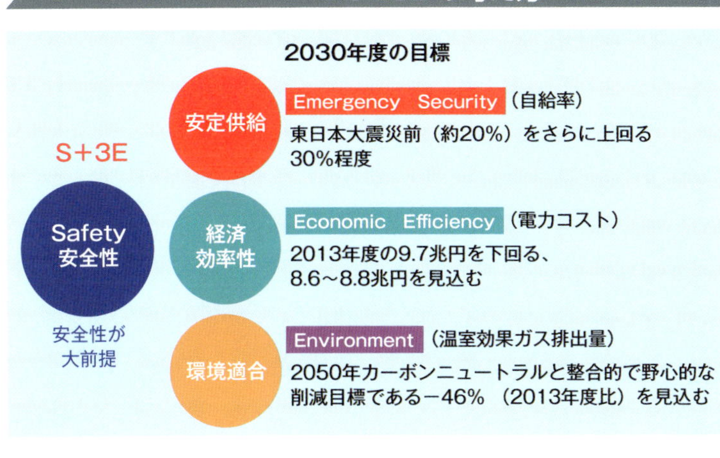

安全性を大前提として、2030年度までに2050年度に確実にカーボンニュートラルを達成できるような施策を立案した

地球温暖化を抑制するためにも、太陽光を利用するなどの再生可能エネルギーをはじめとした電力源を組み合わせて、安定した電力供給が求められているのだ。

エネルギーミックスの1つの目的は、特定のエネルギーに頼ることで、国際情勢などの変化に対応しづらくなることを避けることにある。これに加え、**発電規模の小さな再生可能エネルギーをいくつか組み合わせる**ことで、これまでより環境負荷の少ない発電へと移行していくことに意義があるといえる。また、自然の力を利用しているだけに、再生可能エネルギーは天候によって発電量が左右されるなどのデメリットがあり、それを分散させる意味もあるのだ。

日本のエネルギーミックスの現状

日本政府が掲げる2030年度の全エネルギーに対する再生可能エネルギーの割合は36〜38%というのはすでに述べたとおり（2021年「2050年カーボンニュートラル宣言」）。これを達成するためには、**再生可能エネルギーと原子力の比率を上げていく**ことが必要とされている。

ただし、遠い将来には可能かもしれないが、近い未来で現在の依存度が高い火力発電から完全に脱却することはできないだろう。そのため、化石燃料を使う火力発電は、いっそうの**高効率化**が求められる。

一方、原子力発電は、福島第一原子力発電所の事故以来、日本国民の不安や海外からのいわれのないバッシングや風評被害を受けることもあり、慎重な姿勢を崩すことはできにくい。とはいえ、昨今の燃料費の高騰や二酸化炭素を排出しないという利点などもあり、早急に対策を進めなければならないだろう。

再生可能エネルギーには、太陽光をはじめ、風力、水力、バイオマス、地熱を利用するものなどがあるが、日本の利用率は欧米各国に比べて、どれも高いとはいいがたい。

ところが、**太陽光発電**の導入は年々増加し、現在は日本の発電量の約1割を占めているといわれている。国土が狭い日本でここまで増えているのには驚きだが、この背景には2012年からスタートした**FIT（Feed-in Premium）制度**があるとされる。FIT制度とは、発電した電気を電力会社が一定価格で一定期間買い取ることを国が約束する制度のこと。この制度により太陽光発電の設備容量は、2021年までの10年間で約12倍にも膨れ上がったのだ。

しかし、FIT制度の運用のために徴収される**再生可能エネルギー賦課金**は、ウクライナ危機や円高などの影響

FIT制度のしくみ

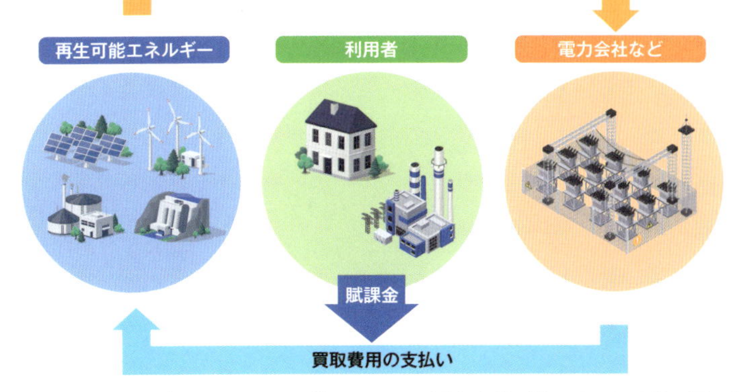

FIT制度は再生可能エネルギーによる発電を増やすために電力会社が決められた高値で買い取り、その差額を利用者が賦課金として支払う

で高騰した電気料金をさらに押し上げる結果となり、一般市民の生活を圧迫している側面もある。再生可能エネルギーは、環境負荷が少ないメリットのほかにデメリットがあることも忘れてはならない。しかし、そのデメリットをいかに少なくしたうえで、デメリットを受け入れていけるかどうかが今後の再生可能エネルギー普及のカギとなるだろう。

世界のエネルギーミックス

●アメリカ

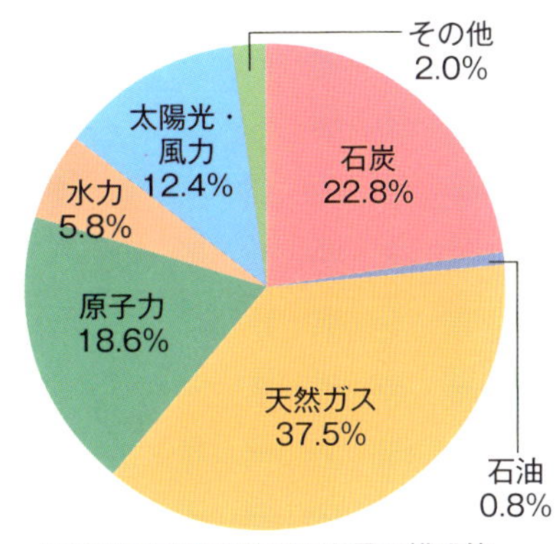

2021年電源別発電電力量の構成比

アメリカの2021年のエネルギーミックスの状況は、火力発電が61.1%、原子力発電が18.6%、再生可能エネルギーが18.2%。アメリカは日本同様、石油や天然ガス、石炭をおもなエネルギー源としてきた。しかし、ここ数年の再生可能エネルギーの拡大とともにシェールガスの利用が増えた結果、この10年で石炭の消費量は減少している。

アメリカエネルギー省（DOE：

United States Department of Energy）はバイデン政権下の2021年に、2035年までに電力部門の脱炭素化を達成するためには、太陽光発電による構成比が2035年までに40%程度にする必要があると試算を発表。

●フランス

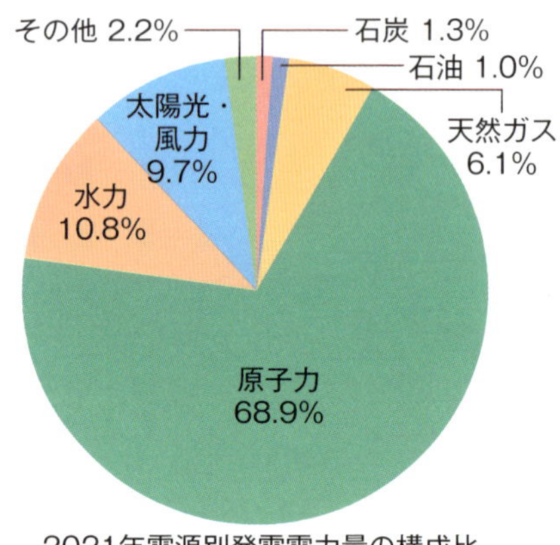

2021年電源別発電電力量の構成比

原子力発電が1980年代後半以降、7割超で推移してきた。しかし、2012年に発足したオランド政権は、福島第一原子力発電所事故の影響も鑑み、電源構成の多様化を掲げ、原子力発電への依存度を下げる政策を打ち出した。しかし、エネルギーの低炭素化と安定供給、経済性の両立から、原子力発電の拡大抑制を見直す動きが強まった。2021年現在の電力構成は原子力発電が68.9%と最も高く、電力構成比のほとんどを占めている。

●ドイツ

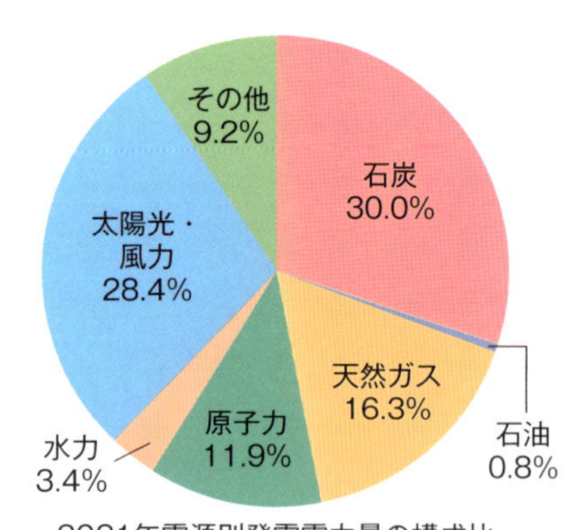

2021年電源別発電電力量の構成比

2000年から、一定期間電力会社が買い取る制度・FITを導入し、2021年再生可能エネルギーの比率が40%を超えた。しかし、日本と同様に再生可能エネルギー賦課金が高騰、国民の不満を抑えるかたちで2014年にFITに代わるFIP（Feed in Premium）制度を導入。FIPとはFIPが固定買い取り価格に対して、電力市場に連動した変動価格で買い取る制度のことだ。

2022年末までの脱原発を宣言し、再生可能エネルギーの比率を大きく上げてきた。石炭火力発電は2038年までに全廃することを掲げている。

●カナダ

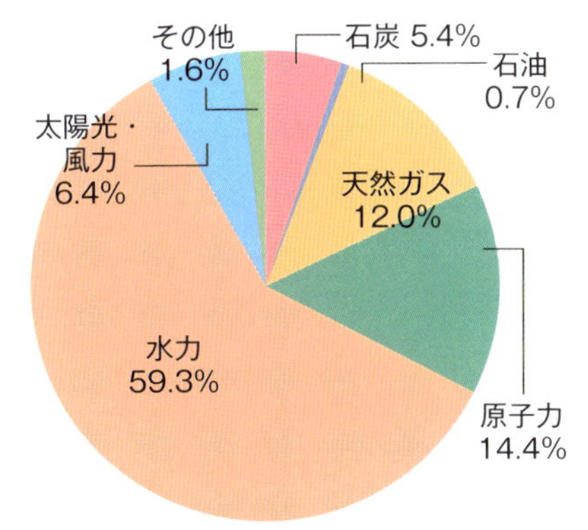

2021年電源別発電電力量の構成比

国土が豊かな森林で覆われているカナダの再生可能エネルギー比率は世界トップクラスで、そのほとんどを水力発電で占めている。また、エネルギー資源国でもあり、石油や天然ガス、石炭、ウランなどが豊富で、シェールオイルやシェールガスの開発も盛んだ。

2022年のエネルギー自給率は世界第5位（IEA）。ただし、水力をのぞいた国内の発電量に占める再生可能エネルギーの割合は低く、1割に満たない。また、連邦政府による導入目標もない。

●中国

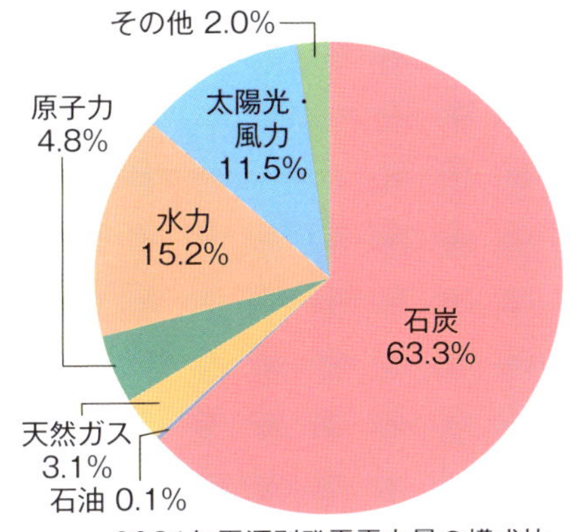

2021年電源別発電電力量の構成比

2021年のデータでは、火力発電が約67%、原子力発電が約2%、再生可能エネルギーが約26.7%で、化石燃料への依存度が高い。世界平均と比べてもいまだに石炭依存度が高いのが特徴だが、比率は年々低下している。

日本の内閣に相当する中国国務院が発表した「2030年のCO_2排出ピークアウトへの行動方針に関する通知」（行動指針）では、2025年までに石炭消費量の増加を相当量抑制し、2025年以降に減少に転じる方針を決めている。ただし、数値目標の設定はない。

3 再生可能エネルギーの種類と特徴

エネルギー部門のカーボンニュートラルを実現するためには、現在の火力発電への依存から再生可能エネルギーへの移行が欠かせない。

再生可能エネルギーとは

あらためてここで再生可能エネルギーについてまとめよう。
「エネルギー供給事業者による非化石エネルギー源の利用および化石エネルギー原料の有効な利用の促進に関する法律」第2条３で「再生可能エネルギー源」とは、『太陽光、風力その他非化石エネルギー源のうち、エネルギー

政令で定められている再生可能エネルギー

太陽光	太陽光発電は、シリコン半導体などに光が当たると電気が発生する現象を利用し、太陽の光エネルギーを太陽電池（半導体素子）により直接電気に変換する発電方法。日本が世界をリードしている
風力	風のエネルギーを電気エネルギーに変える発電。欧米諸国に比べると導入が遅れているといわれているが、近年、伸びを見せている
水力	大規模から、中小の規模のダムで水の位置エネルギーを利用して発電。大規模水力発電はほとんど開発済みだが、中書規模のものはまだまだ開発できる地点が多く残されいる
地熱	日本は火山帯に位置するため、地熱利用は戦後早くから利用されてきた。まだまだ発電量は少ないが、安定して発電ができる純国産エネルギーとして注目されている
太陽熱	太陽の熱エネルギーを太陽集熱器に集め、熱媒体を暖め給湯や冷暖房などに活用するシステム。屋上太陽熱温水器など歴史が古く、実績も多い
大気中の熱・その他自然界に存在する熱	大気の持つ熱エネルギーを利用するシステム。海水の温度差や地中と地表の温度差を用いて、冷暖房や発電を行う
バイオマス	動植物などから生まれた生物資源を用いて、発電。技術開発が進んだ現在では、さまざまな生物資源が有効活用されている

「再エネ特措法（再生可能エネルギー電気の利用の促進に関する特別措置法）」は、2012年に施行された。FIT制度で適用される再生可能エネルギーを施行令で指定した。なお、再エネ特措法は2023年に改正が行われ、2024年４月より改正再エネ特措法が施行されている

源として永続的に利用することができると認められるものとして政令で定めるもの』と定義している。

つまり、資源量に限りがある化石燃料と違って、繰り返し利用でき、国内で調達可能、かつ発電時に二酸化炭素をほとんど排出しないエネルギーのことだ。別の言い方をすれば、利用する以上の速度で自然界からエネルギーが補充されるエネルギーを指す。

資源エネルギー庁のウェブページでは、**太陽光発電**をはじめ、**風力発電、バイオマス発電、水力発電、地熱発電、太陽熱発電、雪氷熱利用、温度差熱利用、地中熱利用などを再生可能エネルギー**として紹介している。

このうち、水力発電や地熱発電などは出力が安定している。しかし、太陽発電や風力発電などは、天候や時間により発電量が変動してしまうものだ。このような電力量が不安定なものを**変動性再生可能エネルギー**と呼ぶ。通常、再生可能エネルギーという場合は、変動性再生可能エネルギーを指すことが多い。ただし、その名のとおり、電力の供給が安定しないので、メインの発電としては利用しづらいのが特徴だ。

利用されている再生可能エネルギーの特徴

●太陽光エネルギー（➡P104）

実用化が最も進んでいる再生可能エネルギーだ。

化石燃料と違って**太陽光は無限**であり、資源が枯渇することはないが、発電できるのは昼間だけ、天候に左右されるというデメリットがある。また、現状、太陽電池には有害物質も含まれているので寿命後の廃棄問題も解決しなければならない。

●水力（➡P119）

日本でもっとも古い発電形式であり、二酸化炭素を排出しない再生可能エネルギーの1つ。

水を高い場所から低い位置へ落とし、その水の落下するエネルギーでタービンを回転させ発電する方式で、エネルギー効率は非常に高い。

しかし、新たにダムを建設する費用や用地もほとんどないため、頭打ちの状態だといえる。

●風力エネルギー（➡P109）

太陽光発電とともに再生可能エネルギーの代表。

風の力で巨大な**風車の羽の部分（ブレード）**を回転させて発電。太陽光発電と違って風さえ吹けば夜間でも発電できるが、平地の少ない日本では安定した電力を生み出す風が吹く場所が少ない。そこで注目されているのが、海上で発電をする**洋上風力発電**だ。

●地熱エネルギー（➡P115）

世界有数の火山国の日本では、その地質の特徴を生かした発電方法として、注目されている。

地熱発電は地中の**地熱貯留層**にある高温高圧の蒸気や熱水を取り出し、そのエネルギーで発電機のタービンを回すしくみ。二酸化炭素排出の抑制効果が高いとともに、風力や太陽光と違い、安定して発電することができる。

また、地中に二酸化炭素を圧入し、高温になった二酸化炭素で発電する方法も研究中。これなら、大気中の二酸化炭素の一部を炭酸塩鉱物などとして地熱貯留層に固定することも可能だ。

●バイオマスエネルギー（➡P117）

バイオマスとは、家畜のフンや建築廃材、農産物の廃棄物、下水の汚泥など、**動植物由来の生物資源**の総称。これを燃焼するなどしてガス化することで発電するのが、バイオマス発電だ。

廃棄物の再利用、減少につながるが燃焼時に二酸化炭素を排出する。しかし、バイオマスは化石燃料とは異なり、利用時に排出される二酸化炭素は、植物が光合成で吸収したなど、もともと大気中にあったもの。つまり、バイオマスを利用しても、結果として大気中の二酸化濃度には影響を与えないことになる。

バイオマスエネルギーを使った発電には、バイオガス発電や木質バイオマス発電などがある。

そのほかの再生可能エネルギーによる発電

規模は小さいが太陽光や風力以外にも、さまざまな再生可能エネルギーによる発電が提唱、研究されている。発電量は小さくとも、エネルギーミックスの観点から見れば、有用だ。

なかでも日本で注目されているのが、**海のもつエネルギーを利用**したものだ。

●波力発電

波の上下運動を利用して空気の流れをつくって、発電機のタービンを回して発電する方法。航路標識用ブイに使う電源など、小規模なものはすでに実用化されているが、発電コストが高いので大規模な発電にはいたっていないのが現状だ。

●潮汐発電（潮力発電）

満潮・干潮時の海水の動きで発電する。二酸化炭素の排出がないのはもちろん、水の密度が大きいためエネルギーの集中が可能であることがメリットだ。また、潮汐現象を利用するので、出力の正確な予測による電力供給も可能。ただし、発電機器などのメンテナンスに莫大な費用がかかる（例えば、付着した貝の除去や塩害による劣化）ため、コストパフォーマンスが悪いといわれている。海の生態系を損なう危険性も指摘されていることも忘れてはならない。

●海洋温度差発電（OTEC：Ocean Thermal Energy Conversion）

海面近くの温かい海水と深海の冷たい海水の温度差を利用して発電する方法。アンモニアなどの沸点の低い物質を温かい海水で蒸発させ、その蒸気でタービンを回し発電。蒸気は冷たい海水で冷やされ、再び液体に戻る。発電コストの問題を解決できれば、大きな電力源となるとされる。

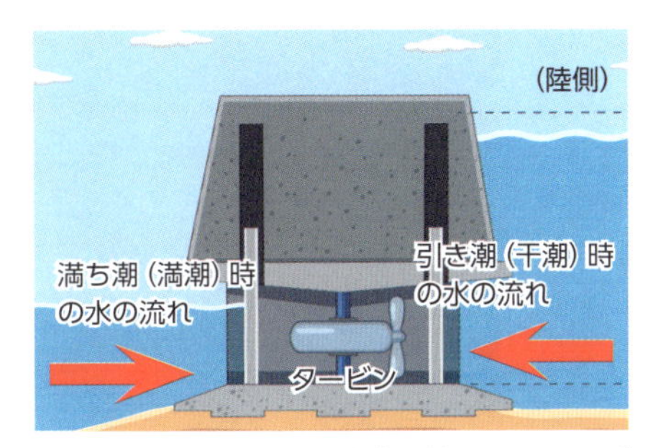

満ち潮・引き潮時の水の移動を利用して、タービンを回して発電する潮汐発電

4 太陽光発電の活用

再生可能エネルギーによる発電といえば、太陽光発電と思い浮かべるほど日本では一般的。しかし、用地の問題のほかにも表面化しないデメリットが存在する。

太陽電池と発電の現状

太陽光エネルギーは地球上で最も一般的かつ潤沢なもので、しかも普遍的に存在。地球に降り注ぐ太陽光の1平方メートル当たりのエネルギーは、約1.0kW（中緯度地域の夏の晴天時）といわれていて、仮に100%太陽光を利用できたとすれば世界で使われる年間エネルギーをわずか1時間で賄うことができるといわれる。もちろんこれは理論上のことであって、地球上に**太陽光パネル（ソーラーパネル）**を敷き詰めることも、太陽光を100%の変換効率で利用することも不可能だ。

太陽光発電に使われる太陽電池の歴史は古く、原理は19世紀には確立されている。1883年にはアメリカの発

大規模太陽光発電所が次々と建設される

2023年に運転を開始した日本最大の発電量（約260メガワット）を誇る「パシフィコ・エナジー作東メガソーラー発電所」（岡山県佐久市。2024年8月現在）

太陽電池の発電のしくみ

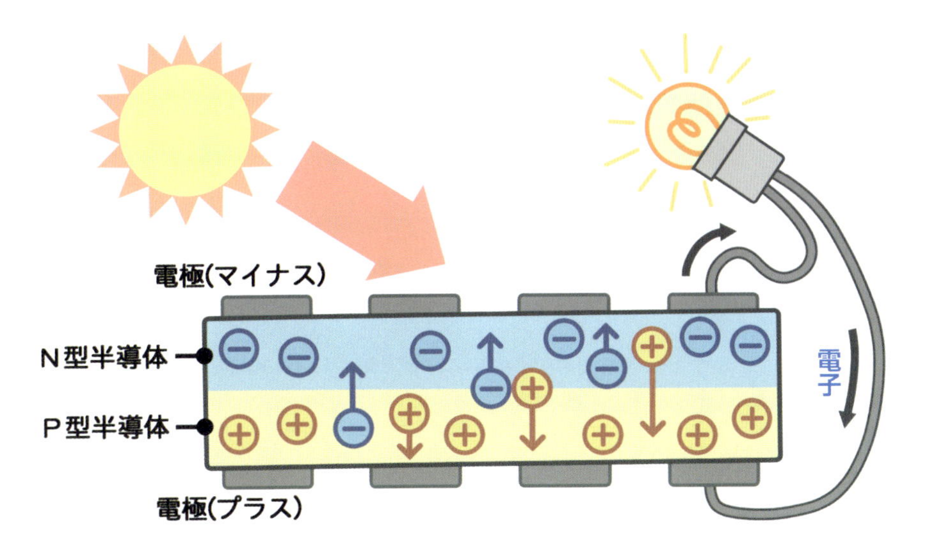

太陽光発電は、太陽光パネル内にある太陽光電池で電気をつくっている。電池といっても蓄電機能はない。電気的に性質の異なるP型半導体とN型半導体から構成され、この半導体に光があたると電子が移動して電力を発生することになる。

明家が太陽電池の原形を開発したが、エネルギー変換効率は1%未満で実用化はされなかった。使用に耐えられるようになったのは、第二次世界大戦後のことで、その後、急速に発展していったのだ。

現在、最も利用されている太陽電池は**シリコン系太陽電池**だ。しかし、変換効率は理論上29%が上限といわれている。変換効率が低いことは大きな出力を得るために必要な面積が多くなることなので、シリコン以外の新規材料で変換効率を向上させる技術開発が続けられている。

日本の切り札となるか!?　ペロブスカイト太陽電池

ペロブスカイト太陽電池は、発電効率は約20%で突出してはいないが、軽量で柔軟性がある点で注目されている点だ。

日本では、平地面積当たりの太陽光発電の導入量が主要国で1位となっており、今後は設置場所をどのように確保するかが課題。その点、ペロブスカイト太陽電池なら、**折り曲げやゆがみに強く、軽量化が可能**なので、ビルの壁面などにも設置することができる。資源エネルギー庁によると、ペロブス

注目されているペロブスカイト太陽電池

ペロブスカイトとはハイチタン石のこと。結晶構造は「ペロブスカイト構造」と呼ばれるが、基本的な発電原理はシリコン系太陽電池と同じだ。軽量で自在に曲げることもできるので、ビルの壁面などに設置もできる（NEDOプロジェクト情報）

カイト太陽電池には次のメリットがあるという。

①低コスト化が見込める

材料をフィルムなどに塗布・印刷してつくることが可能。また、製造工程が少なく、**大量生産ができる**ため、低コスト化が見込める。

②軽くて柔軟

重くて厚みのあるシリコン系太陽電池に対し、小さな結晶の集合体が膜になっているため、折り曲げやゆがみに強く、**軽量化が可能**。

③主要材料は日本が世界シェア第2位

おもな原料である**ヨウ素**は、日本の生産量が世界シェアの約3割を占めている。これであれば原料の供給を海外に頼らずに安定して確保できる。**経済安全保障**の面でもメリットがある。

④微弱な光でも発電可能

例えば、夜の繁華街程度の光でも発電できるので、さまざまな場所に設置して、**昼夜を問わず発電**することができる。

太陽光だけで日本の電力を賄えるか

環境省の2019年度の太陽光発電の**導入ポテンシャル**の推計によると、日本の電力需要8774億kWh（キロワットアワー）に対し太陽光発電はその約57%を賄えるであろうとうたっている（最大約5041億kWh）。

この導入ポテンシャルとは、太陽光パネルの設置可能面積や自然要因などから求められる理論的なエネルギー量から、自然要因や法規制などの開発不可となる地域をのぞいて算出されるエネルギー量の最大理論値。これに対し国は、政府実行計画で「**2030年度には設置可能な建築物（敷地を含む）の約50％以上に 太陽光発電設備を設置することを目指す**」としている。

ただし、これは「理論値」なので、エネルギーの価格を含めた国際状況や日本の経済状況、この先のエネルギー政策によって大きく変わるが、太陽光だけでも日本の電気事情を大きく変える可能性があるということだ。

現在、ポテンシャルが高い、つまり今後導入が見込める地域は、日本全国に分布している。なかでも平野と山間部にかけての地域の**中山間地域**への展開が期待されている。中山間地域は、日本の総国土の約7割を占めているものの、過疎化などで経済が停滞している場合が多い。ここに太陽光発電所を設置することで、**地域経済の活性化**と**雇用創出**も期待されている。

太陽光エネルギーのデメリット

太陽光発電のいちばんのデメリットは発電時間が日光が届く昼間に限られることと、天候や季節によってエネルギー量が変動してしまうことだろう。

社会活動によって利用するエネルギーは、日中の経済活動や冷房、冬季の夜間の暖房など、さまざまに変化。しかし、太陽光エネルギーの供給はそれに合わせてはくれず、**需要とのずれ**が生じる。これは送電ロスの少ない送電線や無線送電によって遠隔地に電気を送ることや大規模な蓄電によって解決できるが、そこまで人類の技術は発展していないのが現状だ。

設置場所が限られていることもデメリットといえる。しかも、それに加え

浮き彫りになってきた太陽光発電のデメリット

環境や人体に有毒な成分も含まれているので、太陽光パネルは産業廃棄物としてきちんと処理されなければならない。処理がめんどうなため、不法投棄が問題になってきている

て、ソーラーパネルの設置で**景観を損ね**たり、パネルによる**反射光**が問題となることもある。

しかも、パネルを設置するために森林を切り開いて樹木を伐採することはカーボンニュートラルの動きに逆行することにもなりかねない。これに加えて、農地は一度転用すると再び元のように戻すことはむずかしく、食糧自給の点から課題が残る。ソーラーパネルを十分な安全対策を施さずに山の斜面に設置したことで土砂崩れを起こした事故も記憶に新しい。

これらは設置時に十分に地域住民と話し合いをもつ必要があり、環境省でも指針を示している。

忘れがちなソーラーパネルの処分

太陽光発電の寿命が迫っている

太陽光発電に使われる部材も「製品」なので、寿命がある。太陽光発電の主要部品のソーラーパネルは、ほとんどのメーカーが出力保証期間を25年としている。つまり、設置から25年後にはゴミとなるかもしれない。厄介なことに、ソーラーパネルには鉛をはじめ、セレン、カドミウムなどの有害物質を含んでいるものが多い。つまり、産業廃棄物だ。

太陽光発電が普及してから約20年後の2030年ごろから、太陽光発電設備のゴミ問題が発生するといわれているが、現状、処理方法は明確に定められていない。現在でも太陽光発電か過剰気味で廃業する業者も出るなか、一刻も早く廃棄処理の方法を定めなければ、大量に不法投棄される懸念がある。環境省は2018年に「太陽光発電設備のリサイクル等の推進に向けたガイドライン」（2022年に改訂第2版）を示し、2022年7月から事業用の太陽光発電設備が使用済みになった際の廃棄などの費用を積み立てることを義務化。しかし、現在でも使用済みの太陽光パネルは産業廃棄物全体の約6%を占めており、今後は不法投棄の厳罰化やリサイクルを含め、施策を進めていく必要があるだろう。

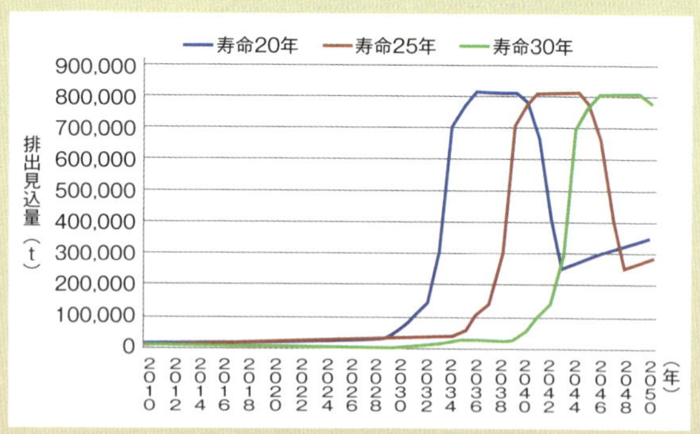

2030年ごろから寿命を迎える太陽光パネルが増えはじめる。ピーク時には、使用済み太陽光パネルの年間排出量が、産業廃棄物の最終処分量の６％におよぶという試算もある（環境省「太陽光発電設備のリサイクル等の推進に向けたガイドライン（第一版）」）

5 風力エネルギーの活用

日本の再生可能エネルギーの切り札といわれているのが風力発電のなかでも海上で発電する洋上風力発電。すでに海外では、大きな電力源として稼働している。

風力エネルギーの利用

風力エネルギーは人類が太古から利用してきたもので、船の推進力として、また風車として製粉のための動力としても活用されてきた。風力エネルギーによる発電は、風の力で**風車（ブレードという）**を回転させ、その回転運動で発電機のタービンを回して電気エネルギーをつくり出すというものだ。風力で直接タービンを回転させることから、エネルギー効率が約40％と高いのも特徴とされる。

風力発電は、**陸上風力発電**と**洋上風力発電**の2通りがあり、洋上風力発電は発電機を海底に固定する**着床式**と洋上に浮かべる**浮体式**がある。もちろん、どの風力発電も太陽光発電と同様にエネルギー資源は無尽蔵、かつ発電時に二酸化炭素を排出しない。

夜間でも発電できる風力発電

風力発電は太陽光発電と違って、風さえ吹けば夜間でも発電ができるのがアドバンテージといえる。ただし、国土の狭い日本では設置場所や景観破壊、騒音も課題となる

遅れている日本の風力発電

欧米に比べ、日本の風力発電は後れをとっているといわれる。2022年の全電力量に占める風力発電の割合は2016年の約2倍になっているというものの、わずか0.9％（電源調査統計）。最も高い割合を誇るポーランドでは約35％の電力を風力発電で賄っている。発電量の多さでは、中国が最大で約37MW（メガワット）、次いでアメリカの14万MWで、日本はここでも4500MWにとどまり、桁が違う。

日本で陸上風力発電が普及しないのは、**立地の悪さ**によるところが大きい。風力発電は、当たり前だが風が強いと発電量が増えるため、設置する場所は強い風が常に途切れることなく吹いていることが必要。施設はかなり大きく、前述のとおり30階建てのビルに相当する高さ（約120メートル）にもなる。しかも、風力発電はブレードが回転することにより**大きな騒音**を発生するため、人が密集している地域には設置しにくい…。となると、日本ではこれらの問題をクリアできる場所が非常に少ないことになる。これらに加え、台風が多い日本では**突風による設備の倒壊**も懸念される。

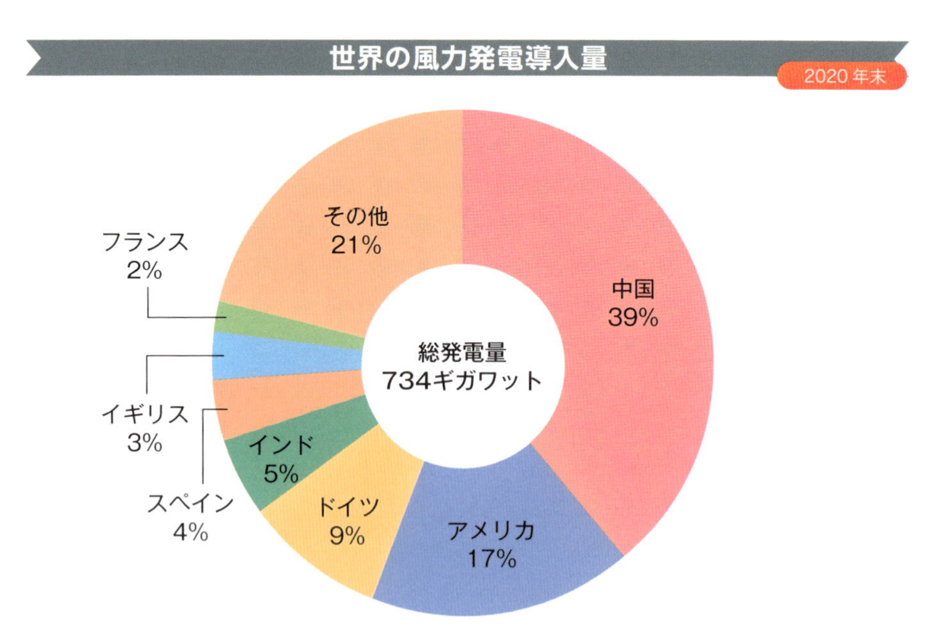

中国とアメリカで全世界の発電量の５割以上を占める。日本の総発電量は、わずか35ギガワットで全世界の１％にも満たない（日本風力発電協会）

台風級の風にも耐えられるマグナス式

国際研究開発法人新エネルギー・産業技術総合研究所が民間企業・チャレナジーとともに開発したマグナス式風力発電。台風などの強風にも耐えられるため、災害時などに安定した電力を供給できると期待されている

強風でも風向きが変わってもOK！ 垂直軸風車

そこで考え出されたのが、**垂直軸風車**だ。一般的な風力発電はプロペラを回転させて内部の発電機を水平の向きで回転させていたが、垂直軸風車では円筒状のブレードを組み合わせて、垂直方向の回転で発電機を回す。これによってプロペラ式に比べ、**安全性が向上**するとともに、**低コスト化**、**静音化**も期待できるのだ。

国立研究開発法人新エネルギー・産業技術開発機構（NEDO）は、強風にも耐えられる設計の**垂直軸型マグナス風力発電**を世界ではじめて実用化。風速毎秒4メートルから発電ができ、最大風速毎秒40メートルまで発電を継続することができる。

既存の風力発電が風速毎秒25メートル程度までしか発電できないことと比べると、発電可能な風速域が大幅に広がった。台風のような場合にも非常用としても発電が可能となり、日本の風力発電の普及に弾みがついた。

日本の究極風力エネルギー利用・洋上風力発電

ただ、現状のマグナス風力発電は発電効率がややほかの風力発電よりも低いことと、規模が小さいことがネックだ。離島などでの活用は大いに考えられるが、日本全体の電力を補うのには心もとない。そこで脚光を浴びている

さまざまある風力発電のブレード

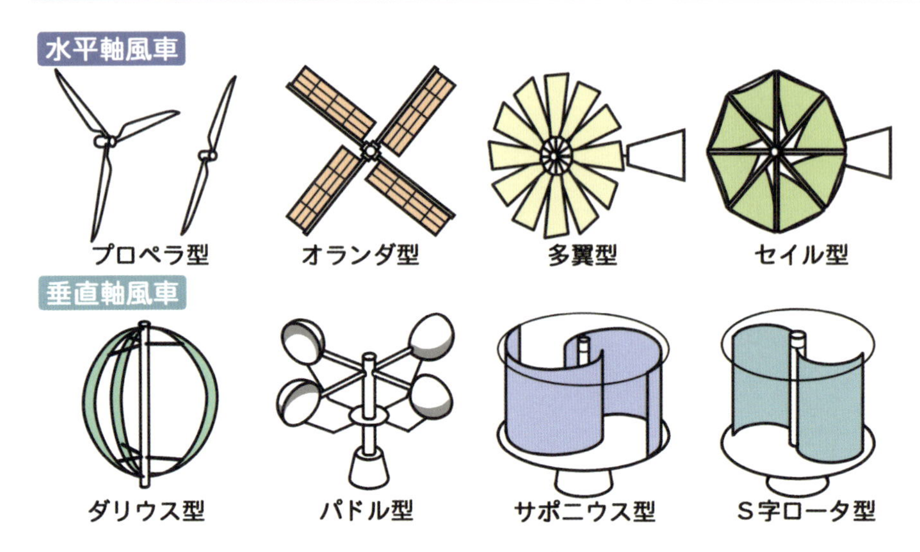

国土の狭い日本では、垂直軸の風車が適しているとして開発が進められている

のが海上で発電を行う**洋上風力発電**だ。洋上であれば、陸地には平地が少なく人口が密集している日本でも、広大な**排他的経済水域**があるので展開しやすい。日本の排他的経済水域は世界6位の広さを誇り、洋上風力発電のポテンシャルは非常に大きい。

海岸線を長くもつヨーロッパ各国ではすでに多の洋上風力発電が導入されている。1990年代にスウェーデンやデンマークを皮切りに、日本と同様に島国であるイギリスはすでに世界で最も洋上風力発電が普及している国として知られている。イギリスの2020年時点の洋上風力の累積導入量は世界首位で、全電力量の約1割が洋上風力発電を含む風力発電で賄われている。

また、2019年に全発電に占める洋上風力発電の割合を2030年までに30%（40ギガワット）以上とする目標を発表した。

日本で洋上風力発電が少ない理由は、環境調査が複雑なことに加え、洋上風力発電の技術が確立していなかったことがあげられる。しかし、**第6次エネルギー基本計画**で洋上風力発電の規模を2030年までに1000万キロワット、40年までに3000～4500万キロワットに引き上げると決定したことで、弾みがついた。太陽光発電に比べれば、まだまだ小さいが、現状の約500倍の規模となる。

現在、日本でも洋上風力発電の風車は大型化している。2019年には高さ

174メートルで10メガワットの発電をする洋上風車が稼働していたが、2030年には230〜250メートルもの巨大な洋上風車が登場する予定だ。

政府や自治体が主導して洋上風力発電を

日本政府は2018年に「**再エネ海域利用法（海洋再生可能エネルギー発電設備の整備に係る海域の利用の促進に関する法律）**」（2019年4月施行）を成立させた。この法律の運用で、洋上風力発電の海域利用のルール整備などの必要なルール整備を実施した。この法律の施行により次の点が実現することになる。

❶国が、洋上風力発電事業を実施可能な促進・区域を指定。公募を行って事業者を選定、長期占用を可能とする制度を創設

→これにより十分な占用期間（30年間）を担保し、事業の安定性を確保する。

❷**関係者間の協議の場である協議会を設置し、地元調整を円滑化。また、**

再エネ海域利用法に基づく区域指定・事業者公募の流れ

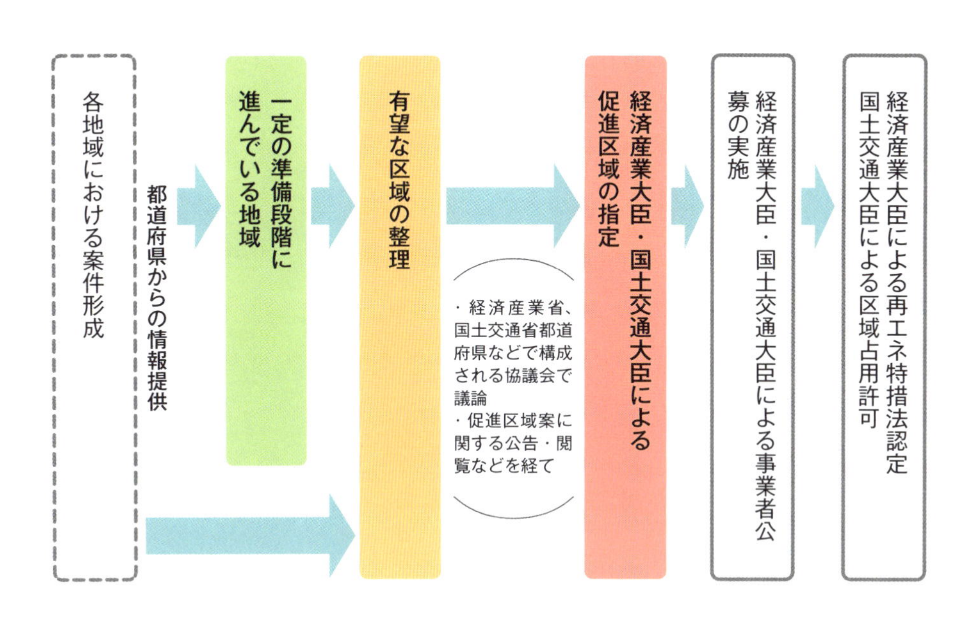

2023年10月時点で、促進区域、有望区域、準備区域を合わせて27の事業者が指定または整理されている

区域指定の際、関係省庁とも協議して、他の公益との整合性を確認
→これにより、事業者の予見可能性向上し、負担が軽減される。

●

この公募で選ばれた事業者は、独立行政法人エネルギー・金属鉱物資源機構（JOGMEC）が行う発電事業の採算性分析などに必要な情報の提供を受けることもできる。日本政府はこの制度によって、日本の洋上風力発電の導入を後押しするのだ。

日本近海で注目される「浮体式洋上風力発電」

洋上風力発電には、海底に固定する「着床式」と海面に浮かぶ「浮体式」があることはすでに述べたとおり。外洋を比較的深い海に囲まれた日本では着床式を設置する場所が限られるので、深い海でも設置が可能な浮体式に注目が集まっている。

これには、設置場所が限られた着床式だけでは、カーボンニュートラルを達成できないのでは…というお家の事情もある。また、着床式のポテンシャルが約1億2800万キロワットに対し、浮体式は約4億2400万キロワットと3倍以上になると考えられていることもあげられるだろう（日本風力発電協会）。

日本の浮体式風力発電の技術は2020年当初まで日本が優位を保っていたが、2022年ごろから欧米各国が開発や事業に参画。この様子からも、洋上風力発電の世界的なトレンドが着床式から浮体式に移行しつつあることがわかる。

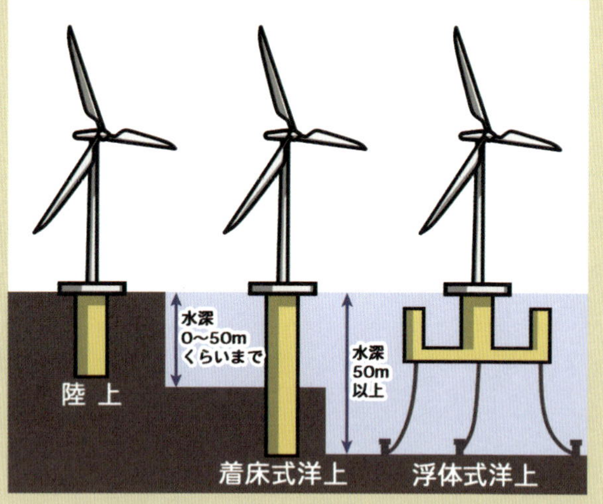

洋上風力発電には、着床式と浮体式がある。浮体式は、広範囲な場所に設置が可能であることや海底環境に与える影響が小さいことがメリットだ

6 その他の再生可能エネルギーの活用

再生可能エネルギーには、太陽光や風力のほかにも、地熱エネルギー、バイオマスエネルギーなどがある。ここでは、地熱とバイオマス、水力、アンモニアついて見てみる。

地熱エネルギーの活用

火山の多い日本は、地熱発電のための資源量が豊かだ

地熱エネルギーを利用した地熱発電は、地下のマグマだまりの熱によって加熱された**高温高圧の蒸気**を井戸（蒸気井）に通して地上に噴出させ、そのエネルギーでタービンを回す発電方式。天候などにかかわらず**安定的に発電**でき、エネルギー源の枯渇の心配がなく、二酸化炭素もほとんど排出しないことが特徴だ。

また、発電に使う熱水は、農業栽培や養殖、暖房などにも再利用できる点も特徴だ。地熱発電は、日本を含む29か国で行われてる（2020年現在。日本地熱協会）。

世界有数の火山国である日本は、世界第3位の2347万キロワットの地熱資源量を誇る（資源エネルギー庁2016年資料）。1位のアメリカの3000万キロワットにも見劣りしない量だ。すでに、大分県九重町には、発電出力は11 万キロワットで、日本最大の地熱発電所である九州電力八丁原地熱発電所が稼働している。

しかし、これを含めて全体での地熱の発電量は55万キロワット（2020年）で、アメリカの370万キロワットやインドネシアの230万キロワットなどと比較してかなり少ない規模にとどまっている。世界順位としては、熱量が3位に対して、発熱量は10位という結果だ。その理由として、掘削調査に費用や時間がかかることに加え、現在の技術では調査の精度が一定しないため、リスクとコストの両方が高いとい

地熱発電のしくみ

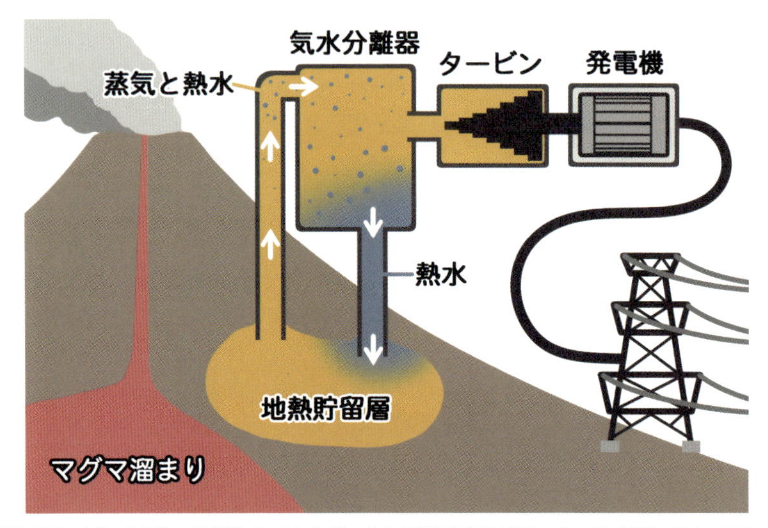

地熱流体でタービンを回し、直接的なエネルギーとして利用するフラッシュ方式のしくみ。フラッシュ方式のほかにバイナリー方式があるが、地熱が低温の地域に適している方式だ

地熱発電のメリット・デメリット

メリット	●化石燃料を利用しないので、外国からのエネルギー供給に依存することがない ●地熱発電に使用した蒸気を農業用ハウス、魚の養殖、温泉、暖房など再利用できる ●天候や昼夜を問わず安定して発電できる
デメリット	●土地が発電に向いているか、長い時間をかけた調査が必要 ●導入コストが大きい ●大量の発電量は期待できず、必要な施設規模から考えると、発電効率がいいとはいえない ●用水の還元によって地下水が汚染されるケースもある

デメリットも多いが、エネルギーミックスの観点から導入を推進していきたいもの

うことがあげられる。また、条件にあった場所が見つかったとしても、国立公園内にあったり、温泉観光地になっていたりして、地元の理解が得られないということもあり、調整に時間と労力がかかる。

ただし、日本のメーカーは早くから地熱発電機器の製造技術を確立し、世界をリード。地熱発電所の心臓部といえる**地熱発電用タービン**は、日本のメーカー3社で全世界の7割近くのシェアを占めている。

独立行政法人エネルギー・金属鉱物資源機構が先行して熱源の調査を行い、データを提供して事業者の開発を支援、リスクとコストの低減を図るようにした。また、立地にまつわるさまざまな規制を、関係省庁と連携して緩和していく方向で調整を進めている。

そんななか、2024年、日本の東洋エンジニアリングは、インドネシア政府とエネルギー計画を共同で策定することが決まった。この計画は、地中のマグマの熱と水の力で発電する地熱発電を用いたもの。インドネシアは、地熱の資源量がアメリカに次ぐ第2位なので、地熱は豊富だ。**日本の地熱発電の技術**が海外のカーボンニュートラルに貢献するとともに、その知見を日本でも生かせるようになるだろう。

バイオマスエネルギーの活用

バイオマスは燃焼を伴うが、そこで排出された二酸化炭素は植物が合成したものなので、温室効果ガス増加にはかかわらないとされる

バイオマスとは、動植物に由来する再生可能な有機性資源のことで、大きく分けると**廃棄物系**（木くずや建築廃材、家畜排せつ物、生ゴミなど）と**栽培作物系**（さとうきびやトウモロコシなど）がある。これらを固体燃料やアルコール発酵させた液体燃料やガス化させた気体燃料などの燃料にして、そ

れを燃焼させることで発電するシステムが**バイオマス発電**だ。バイオマス燃料の利用時に排出される二酸化炭素は、もともと植物が光合成で吸収したものであり、結果として二酸化炭素の増加にはつながらないことはすでに述べたとおり。

現在稼働中のバイオマス発電所は、木くずを利用したグリーン発電大分、牛の排せつ物を発酵させたメタンガスを使うくずまき高原牧場畜ふんバイオマスシステム、下水処理の汚泥をガス化させた豊橋市バイオマス利活用センター、生ごみなどを資源とするコープこうべ破棄物処理施設などがある。

廃棄物の量を削減できたり、地域の活性化にもつながるバイオマス発電だが、**発電コストが高い**ことや**エネルギー変換効率が低い、安定してバイオマス燃料を確保できるかどうか**に課題がある。また、バイオマスボイラーに関わる事故やサイロの火災が多いのは見逃せない。バイオマスは化石燃料のように普及していないので、扱いに慣れていない事業者があるのが理由の1つだ。一度に大量に輸入される場合も可燃性があり、**マニュアルの整備や規制**なども必要となる。

なお、世界のバイオマス発電容量は、約143ギガワット。中国、ブラジル、米国、インド、ドイツの順となっている。

バイオマス発電のメリット・デメリット

メリット	●安定した発電量が得られる ●二酸化炭素の排出があるものの、吸収された二酸化炭素なので影響はない ●資源循環性の観点から環境負荷の低減に寄与する
デメリット	●原料の収集や運搬、管理が必要でコストがかかる（その際、温室効果ガスを排出） ●発電効率は低く、木質バイオマス発電の発電効率は20%～25%程度 ●廃液処理にも一定のコストがかかる

廃棄物を利用するうえ、二酸化炭素の増加にはならないメリットがあるが、利用前後にコストがかかる（二酸化炭素を排出）するデメリットがある

水力エネルギーの活用

日本を代表するダムの1つ「黒部ダム」

水力を利用した発電は、ダムなどで貯水して**水の位置エネルギーを利用**して発電する**水力発電**だ。日本ではじめての水力発電所ができたのが1891（明治24）年。以来150年にわたり水力発電は、山と川が多い国土に合った発電システムということで、**日本の産業の発展に大きな貢献**をしてきた。

水力発電は、水資源が純国産であること、二酸化炭素の排出量が極めて少ないこと、エネルギーの約80％を電気に変換でき**発電効率が非常に高い**こと、**安定的に電力を供給**でき、しかも需要に合わせた**発電量の調整が可能**であることなど、すぐれた**再生可能エネルギー**。しかし、水力発電にはダムなど大規模な発電施設が必要で、開発可能な地域はほぼ出尽くしており、今後新たに水力発電所を建設することはなかなかむずかしい。

昨今は、原子力発電所がほとんど停止し、昼間の電力は太陽光で賄うことができるものの逆に夜間の電力が不足しがち。そんななか、注目されているのが**揚水式水力発電**（ようすいしき）だ。

火力発電や原子力発電は、こまめに発電をオンオフできない。そのため、電気の消費量が少なくなる夜間にはこれらの発電所で発電した電気が余剰となっていた。そこで、深夜に揚水式発電所の下部調整池から上部調整池に余った電力を使って水をくみ上げ、昼間に電力が不足したときに上部調整池から下部調整池に水を落として水力発電をしていた。

これが従前の揚水式発電の流れだったが、現在では昼間の太陽光発電で余った電気で水を上部調整池にくみ上げるケースが増えてきた。

上部調整池に水をためるのはある意味、**大きな充電器**を持つことになる。揚水式水力発電をうまく使うことで、電力の需要と供給に合わせた配電ができるのだ。ダムの新設が困難な近年では、**既存の2つのダムをつないで揚力発電**をすることも検討されている。

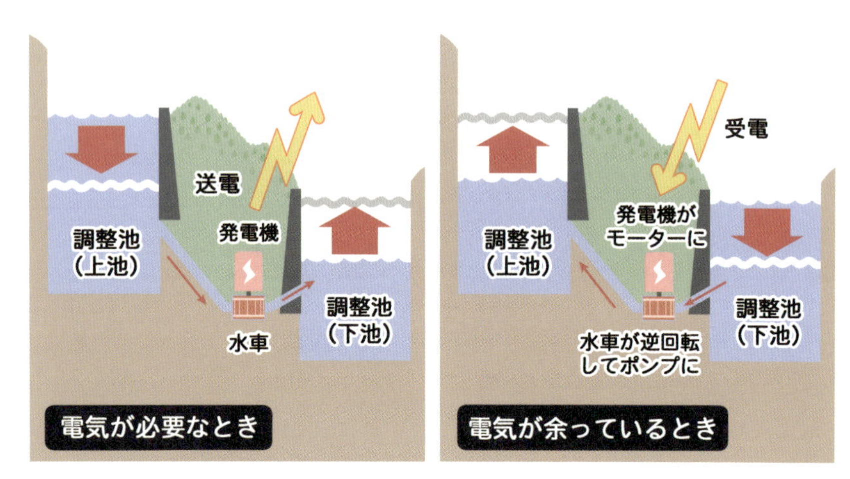

揚水式発電は、余剰電力を利用して水をくみ上げ、電力需要が多いときに水を落として発電する。究極のカーボンニュートラル発電ともいえる

アンモニアの活用

アンモニアは燃焼しても、温室効果ガスを排出しない

水素（➡P157）とともに、脱炭素社会のエース的役割を担うといわれているのが**アンモニア**だ。

窒素と水素で構成されるアンモニア

は、**燃焼しても水と窒素になり二酸化炭素などの温室効果ガスを排出しない**。このアンモニアと石炭を混ぜて燃やす**混焼**（こんしょう）を行えば、発電量はそのままで二酸化炭素の排出量を減らすことができる。既存の火力発電所も少ない改造で利用可能だ。

ただし、デメリットもあり、現状まだコストが高いことに加え、混焼でも二酸化炭素は排出する。排出量ゼロにするにはアンモニアだけの**専燃**（せんしょう）が望ましいが、まだ技術的にむずかしいこと、現在アンモニアの多くは肥料の製造に使われていて、発電にも使うとなると安定供給と価格の維持が困難であることなどがあげられる。

しかし、現在ある火力発電所をいますぐに再生可能エネルギーに切り替えることは不可能であり、これらのことを考えるとアンモニアの混焼は極めて現実的な対応策だ。

国内最大の火力発電事業者のJERAは、2030年までに実証実験を済ませて、混焼率20％の火力発電の本格運用を開始すると発表した。また、2040年までに混焼率50％、50年までにアンモニアの専燃開始を計画している。

アンモニア発電のメリット・デメリット

メリット	●燃焼しても二酸化炭素を発生しない ●安全面のガイドラインが確立されている
デメリット	●燃料が十分に確保できない ●アンモニア生産過程で二酸化炭素を発生する ●価格高騰の可能性がある ●酸性雨の原因でもある窒素酸化物を排出する

デメリットはあるものの、2030年代前半には保有石炭火力全体で混焼率20％を達成、2040年代の専焼化開始を目指して混焼率を拡大していくことを目標としている

7 原子力の利用

東日本大震災での原子力発電所事故により、日本国内での原子力発電の割合は激減。しかし、カーボンニュートラルの側面から見れば、有効なエネルギー源だ。

原子力発電の今

日本の福島第一原子力発電所での事故以来、国内はもちろん、全世界で**原子力発電の安全性**への目が厳しくなり、原子力発電は減少していった。しかし、地球温暖化という点からは原子力発電は発電中には温室効果ガスの排出がほとんどなく、また化石燃料に依存しないため、エネルギー安全保障の面からも優秀といえる。ただし、日本ではウランをカナダやオーストラリア、イギリスから全面的に輸入しているので、原子力燃料の再利用を含めた確保も問題となってくるだろう。

2023年のロシアによるウクライナ侵攻は、さらに**エネルギー安全保障**の重要さを浮き彫りにした。その結果、原子力発電は再び注目され、2024年にベルギー・ブリュッセルで開催された「**原子力エネルギーサミット**」では、化石燃料の使用の削減やエネルギー安全保障の強化、持続可能な開発の促進という世界的な課題に対処するう

世界の原子力政策を一変させた原発事故

2011年3月の東京電力・福島第一原子力発電所の事故は日本と世界の原子力政策を一気に縮小させた。安全対策にも厳しい目が降り注がれるようになった。写真は2022年の福島第一原子力発電所を洋上から写したもの

えで、**原子力が果たす役割**が重要であると再確認。その直前に開かれた、2023年の**第28回国連気候変動枠組条約締約国会議（COP28）**でも原子力発電が炭素排出量を削減するための重要なアプローチの1つとして明記されている。

現状、日本では**原子力発電所の再稼働**に国民の理解が得にくく、あまり進んでいないのが実情だ。しかし、政府は2050年のカーボンニュートラル実現のため、2030年には原子力発電の発電量を全体の20〜22%にすることを目指している。

一般財団法人日本原子力文化財団は、日本人の原子力発電の再稼働についての調査を行っている。その調査によると、即時廃止こそ4.4%にとどまっているが、日本人の原子力発電の再稼働についての最も多い意見が「徐々に廃止」というもの（42.3%）。電気料金の大幅値上げの影響もあってか、再稼働をが必要と考える意見も近年増加し、35.3%ある。その理由は、電力の安定供給だ。また、安定供給以外でも、地球温暖化対策と答える人も多い（20.5%）。一方で、原子力発電の再稼働を進めることに国民の理解が得られていないと考える人も多く、46.9%を占めた。

世界の原子力発電導入国

2022年末

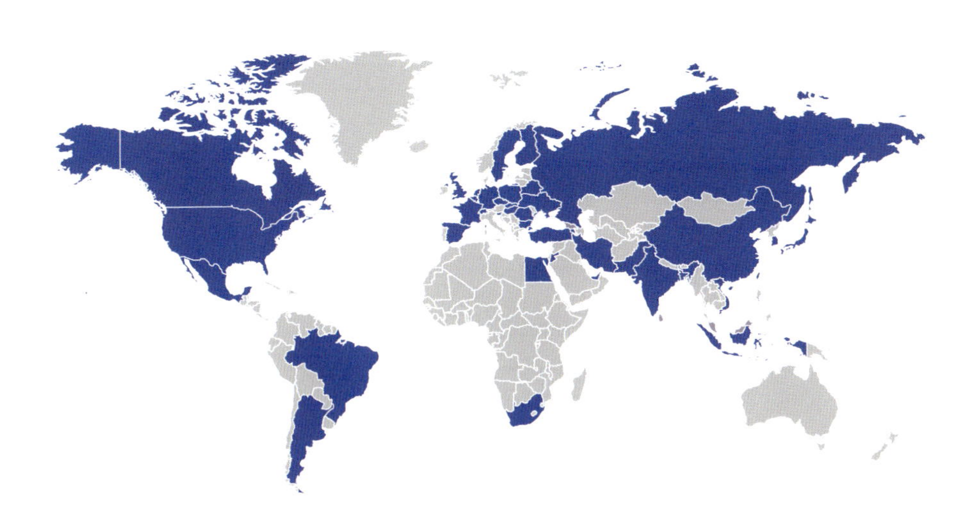

青色に着色した国が、2022年末に原発を１基以上運転している原子力発電所がある国。日本をはじめ、世界32か国で原子力発電所は稼働している。世界の原子力発電での総発電量は２兆6530億kWhで、2022年度の全世界での総エネルギー発電量は約29兆kWhなので、約１割を占める

原子力発電とカーボンニュートラル

日本の2050年のカーボンニュートラル実現時には、発電による二酸化炭素の排出をほぼゼロとすることになる。しかし、電力需要の増加度合いなどから鑑みて、原子力発電なしでこれを達成することは容易ではない。

原子力発電は発電時に二酸化炭素を排出しないが、厳密にいえば燃料のウランの製造時やプラントの建設時、解体処分時に二酸化炭素を排出するので、**完全なゼロエミッションではない**。しかし、これは再生可能エネルギーの発電所でも同じことで、発電所のライフサイクルを考えると、原子力発電が突出して劣っているいるとはいえない。ただし、発電コストの面でいえば、建設に莫大な費用がかかることから、ほかの発電よりも上回っている。

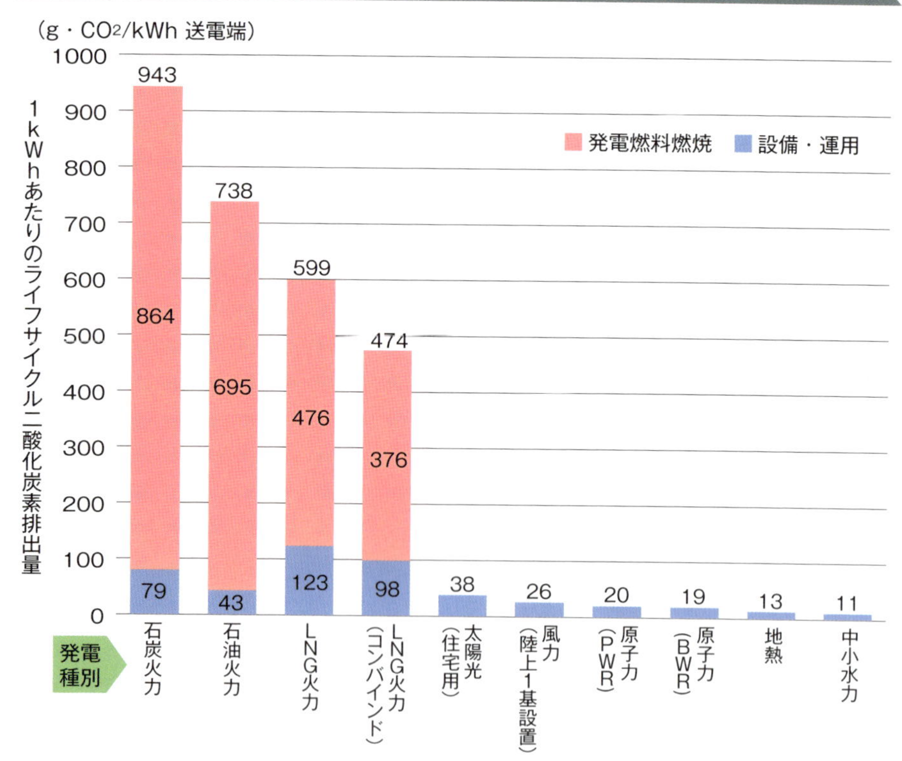

建設時や廃棄時などに若干の二酸化炭素を排出するが、火力発電などと比べてライフサイクルでは格段に少ない(日本原子力文化財団原子力・エネルギー図面集)

また、原料の調達費用に加え、安全対策や発電所地元の理解を得るための協力費などの存在も発電コストを押し上げている。

デメリットもある原子力発電だが、安定的かつ効率的な発電としては、他の方法を抜きん出ている。例えば、カーボンニュートラルを実現するために必要な水素は現状、化石燃料を燃焼させたガスから抽出するグレー水素（➡P158）で、**本当の意味の脱炭素**にはならない。ただ、原子力発電は水素製造設備に**ゼロエミッション電力**を供給すれば、水素の製造にひと役買える（**イエロー水素**）。原子力発電所で得られた高温熱で水素を製造する方法も考えられていて、この場合、発電と水素製造を一度にできるので効率的だ。

世界の原子力発電の現状

●アメリカ

92基／811.6TWh（テラ）／18.6%

運転中の原子力発電所の原子炉が92基で、基数・出力とも世界一。2021年にバイデン政権は、原子力を重視する方針を示し、2050年までに200ギガワットの原子力発電所を建設することを提言した。同時に運転期間の延長にも取り組む。

●フランス

56基／379.4TWh／68.9%

2015年、原子力による発電比率を2025年までに50%まで引き下げ、現行の発電容量を上限とするとしたが、2017年に原子力比率引き下げの目標年次を2035年まで延期を決定。

●ドイツ

3基／69.1TWh／11.9%

2002年に成立した改正原子力法で2020年ごろまでに全廃するとしたが、2009年に運転延長を認める法案を閣議決定。しかし、福島原発事故を受け、再び脱原発へと政策を変更。

●中国

53基／407.5TWh／4.8%

2013年、2020年の原子力設備容量を5800万kWとする目標を提示。2025年までに設備容量を7000万kWに達する見通しだ。建設中は24基で世界全体の約3割を占めている。原子力輸出も積極的。

●ロシア

34基／223.4TWh／19.3%

1986年のチェルノブイリ原子力発電所事故以降、新規建設がなかったが、2001年に新たな原子力発電所が運転を開始。2045年までに発電割合を25%に上昇させる計画がある。

※国名の下の数値は「運転中の基数／原子力発電量／電力総発電量に占める原子力発電の比率」。基数は2023年1月現在（一般社団法人日本原子力産業協会）、発電量・比率は2021年現在（IEA World Energy Blance 2023）。TWh（テラワットアワー）は、Whの1兆倍

夢の核融合原子力発電は実現するか？

現在の原子力発電が、ウランなどの放射性元素が核分裂するときに発生する熱を利用しているのに対し、核融合原子力発電は水素と水素が核融合してヘリウムになるときに発生する熱を利用するものだ。この核融合反応は、太陽など恒星が生み出すエネルギーと同じしくみ。核分裂原子力発電と違って、人体に危険な放射線や放射性物質を出さないのも特徴といえる。もちろん、核融合原子力発電も発電時には二酸化炭素などの温室効果ガスは排出しない。

核分裂原子力発電の燃料となる放射性元素は、プルサーマル技術を用いることで再利用ができるとはいえ、ウランなど有限の資源が必要となる。しかし、核融合原子力発電で燃料となる水素（重水素）はほぼ無限に存在するといっても過言ではない。もし、実現できれば、エネルギー問題と環境問題を根本的に解決するものと期待されている。

「もし」と書いたのには、理由がある。1970年、いまから約55年前に核分裂原子力発電が日本ではじまった当初、核分裂原子力発電は核融合原子力発電実用化までの「つなぎ」の発電といわれていた。しかし、実験室レベル（というには、大規模な実験室だが）や核兵器としての核融合は成功しているが、核融合で安全に安定して熱を取り出すレベルまでにはいたっていない。なお、核兵器での成功というのは、核融合反応を制御できずに核融合反応を暴走させ、爆発させるという武器としての成功にすぎないといえる。

核融合原子力発電を実現するには、想像を絶するような強磁場が必要だったり、

核融合反応と核分裂反応

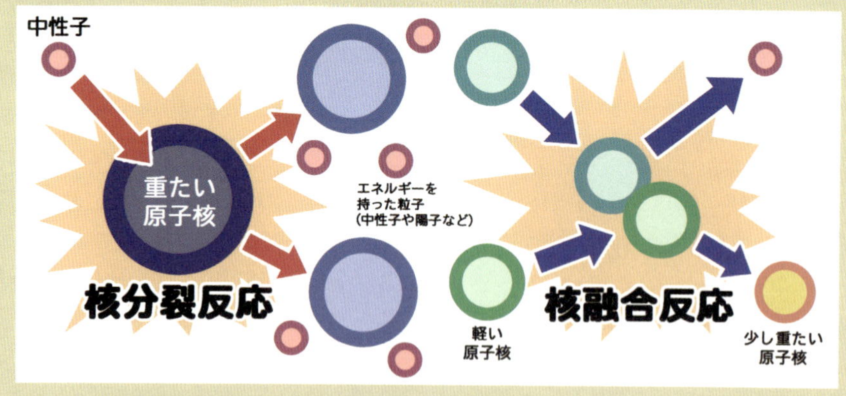

核融合反応は原子核同士が融合して、そのときに莫大なエネルギーが発生する。対して、核分裂反応はウランなどの重い原子核に中性子をぶつけて分裂させ、エネルギーを得る

超低温と1億度の超高温を共存させなければならないなど、高度な技術的問題が多数存在する。これは余談であるが、現在の核分裂原子力発電は反応で得られた熱で水を沸騰させ、その蒸気でタービンを回して発電している。つまり、核融合反応という進んだ技術を使っているのに、発電の方法は18世紀の産業革命当時となんら変わりない。これは核融合原子力発電でも同様だ。せっかく高度な技術が必要な核融合を実現しようとしているのだから、核融合反応を用いたもっと効率的な発電方法の開発も進めたいものだ。

ところが、ここ数年、2030年ごろには核融合原子力発電が実用化できる可能性が見えてきたなどのニュースが飛び交い、やや保守的な評価でも2050年かそれ以降には核融合による原子力発電のシステムが完成しているだろうと報道された。2024年にも、核融合反応を使って発電をはじめると打ち立てるベンチャーもあるが、これはやや眉唾ものだ。

前述したように核融合反応は太陽など恒星で起こっている現象で、恒星ならば宇宙空間であり、自由に大量のエネルギーを放出しても問題はない。人類が実現しようとしている核融合反応は、反応を閉じられた系の中で行わなければいけないところに、難点がある。技術としては超伝導状態のなかに閉じ込める方法などが考えられているが、残念ながらどこまでその技術が進んでいるのかは、最高の国家機密、企業秘密であるので、ほとんど公表されていない。人類の未来のため、一国や一企業の利益のためだけの研究とならないことを願いたい。

筑波大学で進む核融合を閉じ込める実験

筑波大学プラズマ研究センターは世界最大のプラズマ閉じ込め装置「GAMMA10 ／ PDX」（ガンマ10）の運用をはじめた。実用化が待たれる

第4章

カーボンリサイクルとは

カーボンニュートラルを実現するためには、二酸化炭素など温室効果ガスの排出量を抑制することはもちろんだが、排出してしまったカーボン、すなわち炭素の再利用で減少させることも考えなくてはならない。この章では、カーボンニュートラルとカーボンリサイクルの関係と現在のカーボンリサイクル技術の一端を見る。

1 カーボンニュートラルとカーボンリサイクル

カーボンニュートラルとカーボンリサイクルの違いを明らかにするとともに、なぜカーボンリサイクルが必要なのか、そのあたりを見てみよう。

ニュートラルとリサイクル

まずは**カーボンニュートラルの概念**について、おさらいしよう。カーボンニュートラルは、二酸化炭素などの温室効果ガスの排出量と吸収量、除去量の差し引き合計がゼロである状態にしようという考え方だ。カーボンニュートラル実現のため、温室効果ガスの排出量をゼロにすることは現実的ではない。そのため、再生可能エネルギーやバイオ由来の原料を使うことで温室効果ガスの排出量を減らす一方で、光合成で二酸化炭素を除去する植物を育てていくことなどが求められる。

それに対し、**カーボンリサイクル**は、排出された二酸化炭素を資源として再利用する取り組みだ。例えば、生

カーボンリサイクルとカーボンニュートラル

カーボンニュートラル	Carbon Neutral	排出する二酸化炭素などの温室効果ガスと吸収する温室効果ガスの量を等しくし、温室効果ガスの排出量を実質ゼロとする
カーボンリサイクル	Carbon Recycle	二酸化炭素を資源として再利用する技術を指す。地球温暖化対策の1つのカーボンニュートラルを実現するための1つの手段
CCUS	Carbon dioxide Capture, Utilization and Storage	二酸化炭素を分離・回収し、地中に貯留した二酸化炭素を利用・活用する取り組み
CCS	Carbon dioxide Capture and Storage	発電所や工場などから排出された二酸化炭素を分離・回収して、地中に貯留する
CCU	Carbon dioxide Capture, Utilization	二酸化炭素の回収・利用という意味で、分離・回収した二酸化炭素を利用する技術

各言葉の意味をきちんと把握しておきたい。カーボンリサイクル以下は、カーボンニュートラルを実現するための技術のことだ

産・利用して大気中に排出された二酸化炭素を**分離・回収**したり、燃料や**製品として利用**する。

二酸化炭素を**分離・回収**する技術をCCS（Carbon dioxide Capture and Storage）といい、例えば発電所や化学工場などから排出された二酸化炭素を**分離**して集め、地中深くに**貯留・圧入**するというもの。

また、**分離・貯留**して二酸化炭素を利活用する技術を**CCUS**（Carbon dioxide Capture, Utilization and Storage）といい、例えば二酸化炭素を古い油田に注入して油田に残った原油を圧力で押し出すとともに、二酸化炭素を地中に貯留する技術などがある。簡単にいえば、**分離貯蔵までの技術がCCS**で、その後、**利活用までするのがCCUS**だ。

ただし、CCUSとカーボンリサイクルは若干、ニュアンスが違う。CCUSが回収した二酸化炭素を利活用につなげる技術の総称であるのに対し、カーボンリサイクルは回収した二酸化炭素を化学製品や燃料、鉱物などに転換して利活用することを指す。つまり、**カーボンリサイクルはCCUSのくくりのなかの1つ**ということだ。

カーボンリサイクルとCCUSの必要性

日本の温室効果ガスの排出量は11億7000万トンで、このうち90.9%の10億6400万トンを二酸化炭素が占めているのは述べたとおり（環境省、

CCUSのイメージ

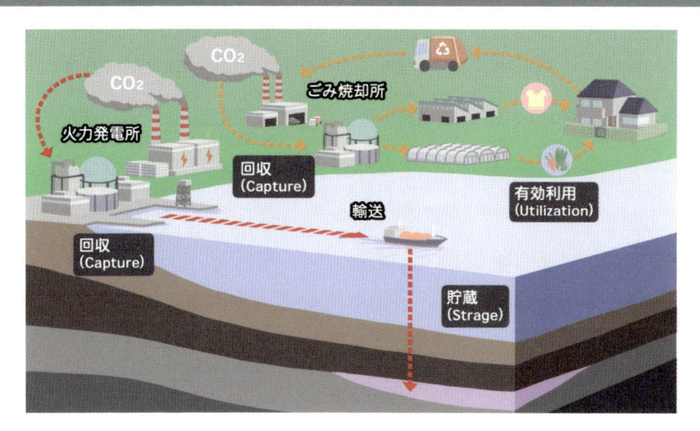

CCUSは、二酸化炭素の回収・有効利用・貯留で、火力発電所や工場などから排出される二酸化炭素を分離・回収し、資源として作物生産や化学製品の製造に有効利用すること。または、地下の安定した地層中に貯留する技術だ

2021年のデータ）。これに対して、森林などでの二酸化炭素の吸収量は4760万トンで、排出量のわずか4％に過ぎない。

2050年カーボンニュートラルを実現させるためには、二酸化炭素の排出量を減らすのは、もちろん必須だ。**日本の発電量の8割弱は化石燃料に頼っている**が、火力発電所をすべてストップすることは、経済や日常生活に大きな影響を与えるだろう。火力発電所の即時全面停止は、実質的には不可能だ。また、たとえ火力発電所からの電力供給をやめたとしても、鉄鋼や化学製品の製造過程や自動車、航空機などの運輸、物流、交通手段からも、非電力由来の二酸化炭素が排出され続けている。

そこで、大気中に排出された排ガスなどから二酸化炭素を分離・回収し、再利用することで、二酸化炭素の総量を削減する**カーボンリサイクル・CCUSの技術**が脚光を浴びることとなったのだ。

日本のCCSとCCUS

資源エネルギー庁は2019年に「**カーボンリサイクル技術ロードマップ**」を策定、2021年に改訂した。

同ロードマップのなかでは、2030年までに二酸化炭素を利用しやすい環境を確立するとともに低コスト化を図る。これに加えて、2040年以降には現状技術が未確立であるもののうち、効果の高いものを普及させることを目指している。

また、2024年にはこれまで法令上の位置づけがあいまいだったCCSのルールを決める「**CCS事業法（二酸化炭素の貯留事業に関する法律）**」が成立。国が二酸化炭素を貯蔵する区域を指定し、公募によって選ばれた事業者にCCS事業の許可を与えることができるようになった。許可を受けた事業者は、適した地層かどうか確認するため掘削する**試掘権**や実際に二酸化炭素を貯留する**貯留権**が与えられるのだ。なお、事業者には二酸化炭素が漏れていないかなどを**監視する義務**も生じる。

一方、利用までもする**CCUS**は二酸化炭素を活用するという面からビジネスになるのではと、注目されている。しかし、前述のようにアメリカなどではすでに実用化されているが、国内ではまだまだ実用化に結びついていないのが実情だ。そんななか、新エネルギー・産業技術総合開発機構（NEDO）の公開プロジェクトのもと「**カーボンリサイクル・次世代火力発電等技術開発**」「**CCUS研究開発・実証関連事業**」「**カーボンリサイクル・火力発電の脱炭素化技術等国際協力事業**」などが進められている。

カーボンリサイクル・CCUSのイメージ

カーボンリサイクル技術ロードマップでは、カーボンリサイクルとCCUSのイメージを下図のようにイメージしている。この図によれば、カーボンリサイクルとは分離・回収された二酸化炭素を原料・材料として、化学工業で使われる合成ガスやメタノールを合成。これを化学品や燃料に転換するなどして役立てるとしている。

なお、図中の「**EOR（Enhanced Oil Recovery）**」とは**石油増進回収法**のことで、**原油の回収率を高める技術**のこと。一般的な石油採掘技術では回収できる原油は地下にある原油の量の3割にも満たないが、この方法により回収率を高めるというものだ。新たな油田の発見に匹敵する重要性があるといわれている。

また、**二酸化炭素の直接利用**は、ドライアイスや液化炭酸ガスとして、保冷用や溶接、製鋼などに直接利用される。しかし、ほとんどが使用後に二酸化炭素として大気中に放散されてしまうので効果は少ない。

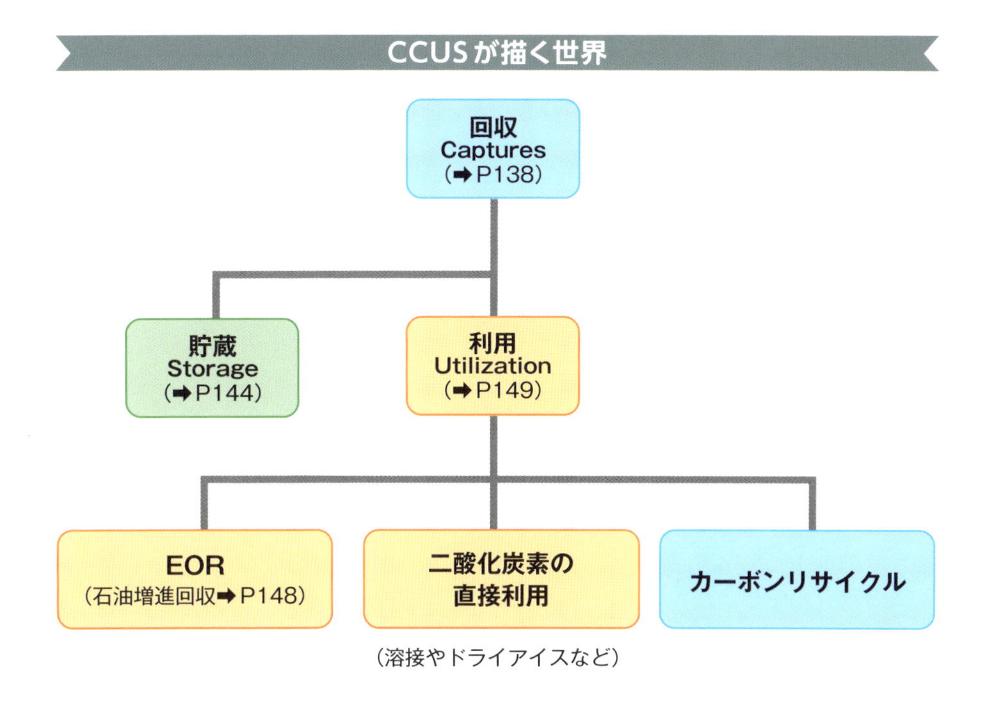

CCUSとカーボンリサイクルの関係（資源エネルギー庁「未来ではCO_2が役に立つ!?『カーボンリサイクル』でCO_2を資源に」）

2 ネガティブエミッションとは

化石燃料の使用を完全にストップすることが現実的ではない以上、大気中から二酸化炭素を回収・除去する「ネガティブエミッション」技術が必要となる。

ネガティブエミッションの必要性

温室効果ガスを削減してカーボンニュートラルを実現するには、**エネルギーシステムの転換による排出削減**が大きなウェイトを占めることは述べたとおり。しかし、鉄鋼をはじめとした重工業や航空・トラックなどの輸送業では排出削減が困難だ。また、畜産業でのメタンの発生も抑えるのがむずかしい。したがって、できる限りの削減に努めるとともに、大気中に排出されてしまった二酸化炭素を取り除くことも必要となる。

大気中の二酸化炭素を取り除く技術が**ネガティブエミッション技術**（NETs：Negative Emissions Technologies）だ。簡単にいえば、大気中の**二酸化炭素をマイナスにする**ための技術だ。なお、カーボンリサイクルやCCUSのような技術的解決策は、それ自体では必ずしもネガティブエミッション技術ではないとされる。

2023年経済産業省も「**ネガティブエミッション市場創出に向けた検討会の進め方について**」のなかで、「カーボンニュートラルの達成には最終的に脱炭素が困難な領域にネガティブエミッション技術で対応することが必須」としている。

ネガティブエミッション技術の全体像

大気中から二酸化炭素を遊離する大規模技術には大まかに区分して、以下のようなものがある。

- 植林・再生林
- 土壌炭素貯蔵
- バイオ炭
- 風化促進
- ブルーカーボン管理
- 海洋肥沃（ひよく）
- 植物残渣・海洋隔離
- 海洋アルカリ化

このほかにもネガティブエミッションには、「BECCS（Bioenergy with Carbon Capture and Storage：**バイオマス二酸化炭素回収・貯留**）」と「DACCS（Direct Air Capture

ネガティブエミッションの技術①

	**植林・再生林**	植林は、新規エリアの森林化のこと。再生林は自然や人の活動によって減少した森林の再生・回復させること
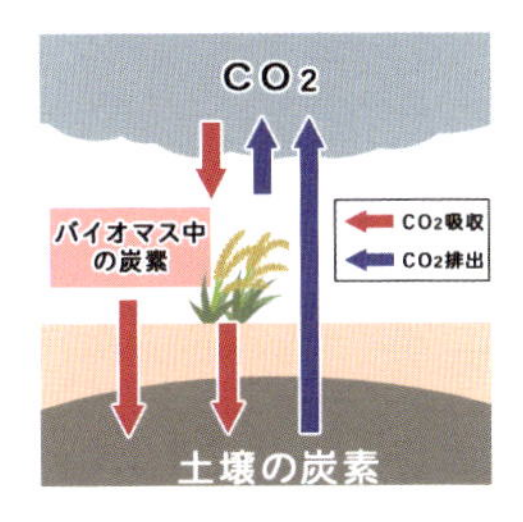	**土壌炭素貯留**	バイオマス中の炭素を土壌に貯蔵・管理する技術（バイオ炭をのぞく）
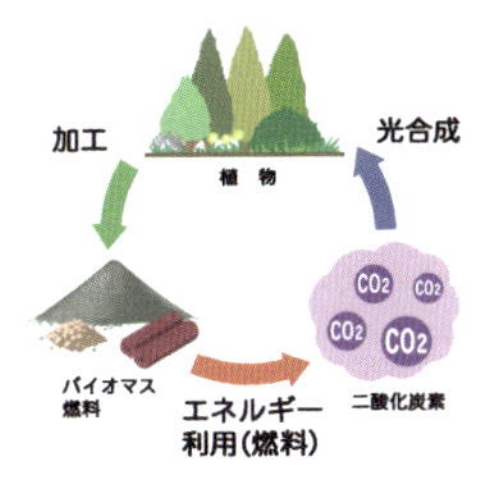	**バイオ炭**	バイオマスを炭化し、炭素を固定する技術
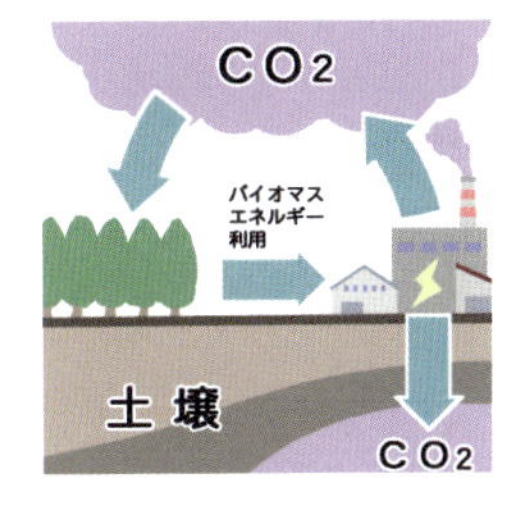	**BECCS**	バイオマスエネルギー利用時の燃焼により発生した二酸化炭素を回収・貯留する技術
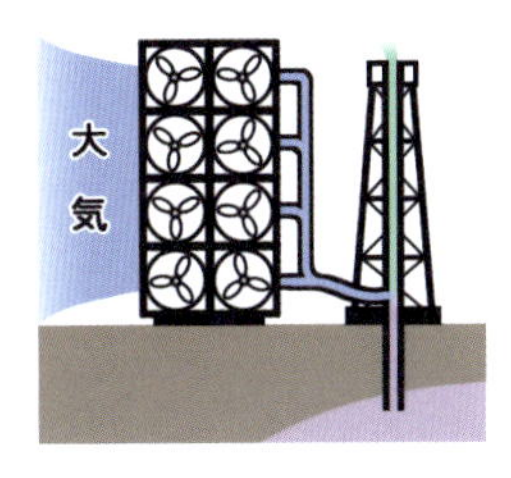	**DACCS**	大気中の二酸化炭素を直接回収し、貯留する技術

ネガティブエミッションの技術②

 風化促進	玄武岩などの岩石を粉砕・散布し、風化を人工的に促進する技術。風化の過程(炭酸塩化)で二酸化炭素を吸収
 ブルーカーボン管理	マングローブ・塩性湿地・海草などの沿岸のブルーカーボン管理による二酸化炭素除去。コンブなど大型海藻類などほかの沿岸や非沿岸生態系における炭素隔離の可能性を検討中
 海洋肥沃	海洋への養分散布や優良生物品種などを利用することで生物学的生産を促して、二酸化炭素吸収・固定化を人工的に加速する技術。大気中からの二酸化炭素の吸収量の増加を見込む
 植物残渣・海洋隔離	海洋中で植物残渣に含まれる炭素を半永久的に隔離する方法(自然分解による二酸化炭素の発生を防ぐ)。ブルーカーボンだけでなく、外部からの投入を含む
 海洋アルカリ化	海水にアルカリ性の物質を添加し、海洋の自然な炭素吸収を促進する炭素除去の方法

ネガティブエミッション技術(NETs)とは、大気中の二酸化炭素を回収・吸収し，貯留・固定化すること(第8回グリーンイノベーション戦略推進会議WG発表資料。2022年)

with Carbon Storage：**直接二酸化炭素回収・貯留**）」がある。

BECCSは、**バイオマス燃料**を燃焼することで発生した二酸化炭素を回収するシステム。バイオマス燃料は、その生成過程で二酸化炭素を吸収しているので、燃焼しても二酸化炭素排出量は差し引きゼロ。さらにその排出された二酸化炭素を回収すれば、再生可能エネルギーの利用とネガティブエミッションの両方が達成できる。

DACCSは、**大気から直接、二酸化炭素を回収する技術**。固体や液体に二酸化炭素を吸着・吸収させる、特殊な膜で二酸化炭素を分離して回収する、冷却して固体（ドライアイス）にして回収するなどさまざまな方法が研究されている。大規模に実現できれば、カーボンニュートラルの切り札となる可能性もあるが、**DACCS自体で多くのエネルギーを消費**するので、再生可能エネルギーなどの利用も必要だろう。

ネガティブエミッションの課題と各国の動向

ネガティブエミッション技術で大きな問題となるのが、**コストとそれにかかるエネルギー**といわれている。そのため、ネガティブエミッション技術の低コスト化・省エネルギー化は必須で、日本政府もコスト・ポテンシャル・技術優位性などの分析をネガティブエミッション技術の開発とともに推進している。

これらは幅広い技術分野やエリアにまたがることが想定されるので、**産学官の連携**はもちろん、**海外研究機関との連携**も必要だ。

ここでアメリカとEUのネガティブエミッションの進捗について、見てみよう。アメリカやEUでは相次いで取組方針を公表している。

●アメリカ

2022年に成立した「**インフレ抑制法**（**IRA：Inflation Reduction Act**）」のなかで、CCSの**タックスクレジット**（**直接税金を減額できる控除**）を拡大。また、「**インフラ投資雇用法**（**IIJA：Infrastructure Investment and Jobs Act**）」では、35億ドル（約4725億円。1ドル135円として）を投資し、国内に4つの**DAC**（**Direct Air Capture：直接空気回収技術。DACCSの取り出すまでの過程**）拠点を設置する。

●EU

2050年のカーボンニュートラルには温室効果ガスの削減に加え、年間数億トンの二酸化炭素除去が必要と見込み、二酸化炭素除去量を増加させるための指針を策定した。また、**カーボンファーミング**（**炭素農業：大気中の炭素を土壌や作物に固定する農法**）と**工業的手法**の目標達成に関する短中期的な計画も策定している。

3 二酸化炭素の分離回収と輸送技術

大気中から手っ取り早く温室効果ガスを除去するのには、二酸化炭素を分離して回収することだろう。また、回収した二酸化炭素の輸送技術も見てみよう。

二酸化炭素の分離回収の今

国際エネルギー機関（IEA：International Energy Agency）の2050年ゼロエミッションシナリオ（NZE：Net Zero Emissions）では、2035年に40億トン、2050年には76億トンの二酸化炭素分離・回収

二酸化炭素回収の技術マップ

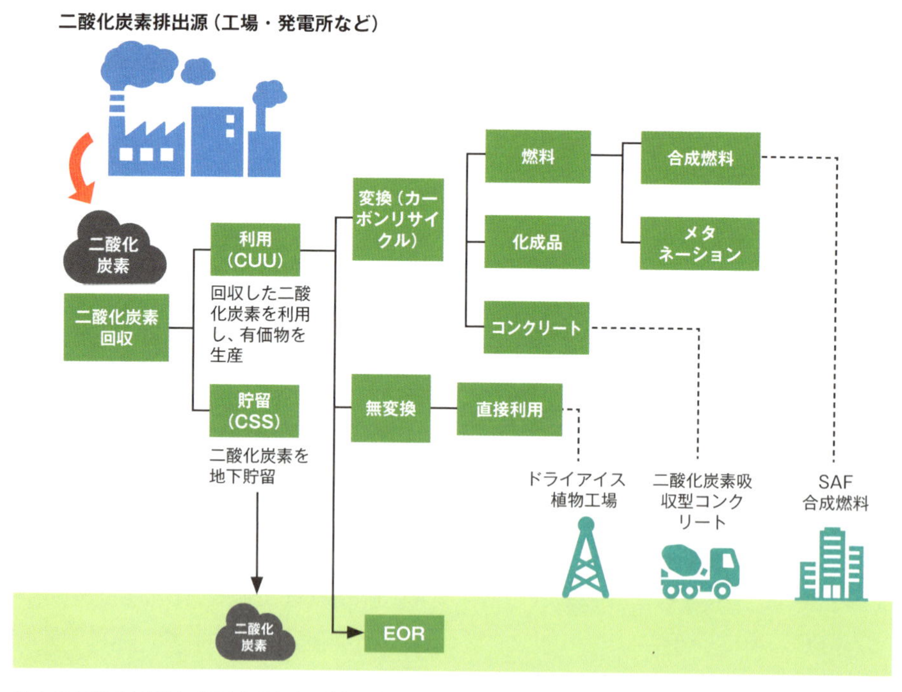

地中に二酸化炭素を貯留するほか、利用すること、地球温暖化に作用させないようにする（国立研究開発法人新エネルギー・産業技術総合開発機構「『ムーンショット型研究開発事業/DAC（Direct Air Capture）の技術動向及び社会実装課題に関する調査』成果報告書」）

が予想されている。しかしながら、二酸化炭素分離・回収は現在でも一部行われているものの、まだまだ技術は未熟の域。しかも、コストがかかるため、利益を生み出さない二酸化炭素分離・回収は各企業とも二の足を踏みがちである。

それに加え、排ガスなどから二酸化炭素を取り出す**分離回収技術**は、排出源によってさまざまな圧力や濃度が存在し、対応する二酸化炭素分離回収技術の難易度が異なる。例えば、二酸化炭素が高濃度で高圧中に含まれる場合は、比較的二酸化炭素を取り出しやすいうえ、すでに一定の圧力がかかっているので分離のために必要なエネルギーが低圧よりも少なくて済む。そのため、液化天然ガスの精製プラントなどでは実用化が進んでいる。また、石炭火力発電所の排ガスには、低圧状態ではあるものの二酸化炭素濃度が約12～14%でほぼ一定しているため、商用化がはじまっている。

しかし、今後、需要が伸びると考えられている天然ガス発電や産業工場からの**排ガスの回収**については、技術開発が遅れがちだ。これらは二酸化炭素濃度10%以下で、低圧状態の排ガスから取り出すことになるので、課題が多い。

二酸化炭素分離回収の技術

現在、**二酸化炭素分離回収技術**には、**化学吸収法**をはじめ、**物理吸着法**、**物理吸収法**、**膜分離法**、**深冷分離法**、**オキシフューエル（酸素燃焼）法**、**ケミカルルーピング（化学ループ燃焼）法**などがある。このなかから、現時点で使用されている二酸化炭素分離回収技術の手法を紹介する。

●化学吸収法

化学反応を利用して、二酸化炭素を分離する方法。二酸化炭素と結合しやすい化合物・アミンを水に溶かして使用することが多いので、アミン吸収法とも呼ばれる。

高純度の二酸化炭素を吸収できるので、天然ガスの生成や水素製造装置などでも活用されている実績のある方法だ。ただし、アミン系の水溶液を使用する場合、溶液を120度まで加熱する必要があり、多くのエネルギーを消費することになるため、**コストがかかる**。また、酸化を促すアミンを使うので、二酸化炭素分離回収プラントの配管が**腐食しやすいデメリット**もある。

●物理吸収法

化学吸収法とは違い、吸収塔といわれる装置で二酸化炭素を吸収する能力のあるポリエチレングリコール系溶液やメタノールなどの吸収液に排ガスを通し、高圧・低温下で**物理的に二酸化炭素を吸収する方法**だ。

その後、再生塔といわれる装置で高

濃度の二酸化炭素として回収する。化学吸収法としくみは違うが、装置は同じような構造となる。

●物理吸着法

圧力と温度差を利用して、二酸化炭素を分離する方法。活性炭やゼオライトなど、無数の小さな穴が空いている多孔質体は、その穴に他の分子を取り込む（吸着する）性質がある。この物理的な**吸着作用を利用**して二酸化炭素を吸脱着するのだ。

専用の吸着剤に圧力をかけたガスを通し、二酸化炭素を吸着させる。次に圧力を下げて、吸着された二酸化炭素を解放し、回収するしくみだ。加圧されたガスに多くの二酸化炭素が含まれる場合は化学吸収法に比べて分離回収に必要なエネルギーは低い。しかし、吸着・脱着のサイクルに**時間がかかるのが難点**で、高濃度の二酸化炭素を得ることはできない。

●膜分離法

二酸化炭素を選択的に透過する膜を利用。二酸化炭素のみを回収できることに加え、プロセスがシンプルなのが特徴だ。ただし、ガスに二酸化炭素よりも分子の小さい気体（分子量の小さい水素や窒素）がある場合は、膜をすり抜けてしまい、回収される二酸化炭素の純度が下がる場合がある。そのため、**運転費用は回収するガスの環境に依存**するので、高価な場合もある。

また、膜内外の分圧差を使っているので、供給側の二酸化炭素濃度が下が

化学吸収・物理吸収法のイメージ

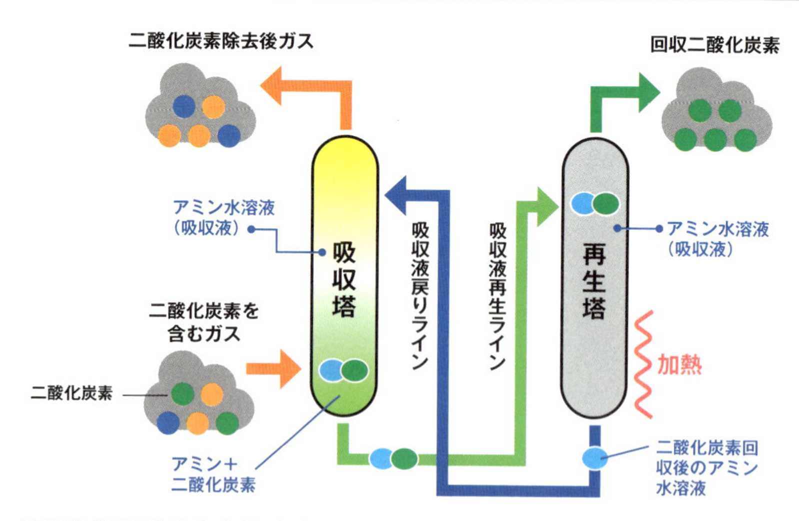

上図は化学吸収法だが、物理吸収法も吸収に利用するのが物質が異なるだけで、原理は同じ（国立研究開発法人　新エネルギー・産業技術総合開発機構「2020年度NEDO環境部成果報告会」「CO_2分離・回収技術の概要」）

ると回収効率が悪化してしまうデメリットがある。

日本は以前より二酸化炭素分離回収技術の開発が進んでいて、多くの特許を保有している。定圧・低濃度での二酸化炭素分離回収についても、実用化が見えてきているという。

2030年に低圧・低濃度二酸化炭素の排ガスからの二酸化炭素分離回収コストを現行の2分の1以下の2000円台／t-CO_2を実現するための技術開発に取り組み、海外市場進出も目指している。

物理吸着法のイメージ

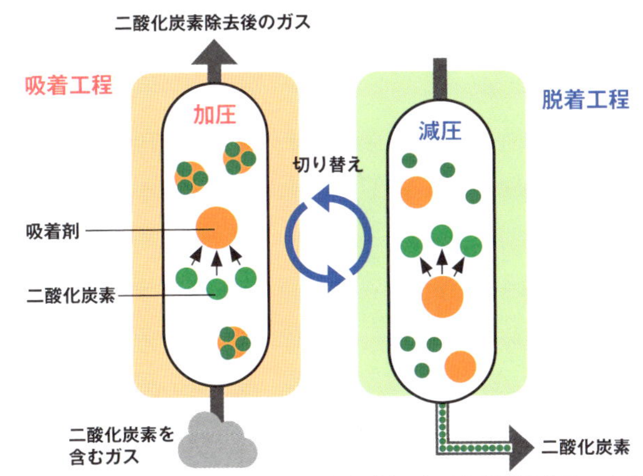

物理吸着法は、圧力差と温度差を利用して、分離する方法だ（国立研究開発法人新エネルギー・産業技術開発機構）

膜分離法のイメージ

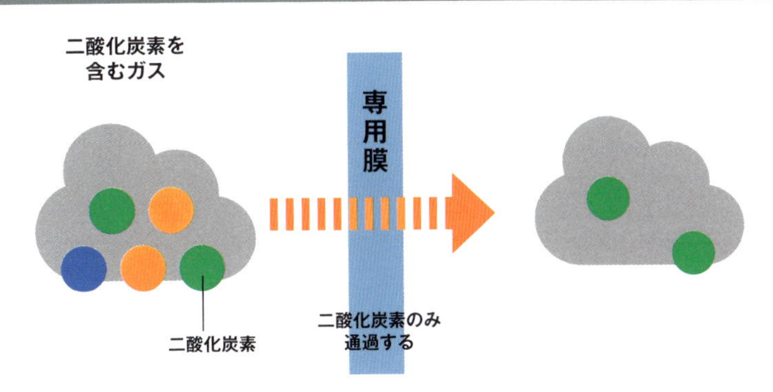

膜分離法は、ガスの圧力差を用いて二酸化炭素のみを専用の膜を通して回収する方法（国立研究開発法人新エネルギー・産業技術開発機構）

二酸化炭素分離・回収技術の比較

手法		原理	起因力	長所	短所
化学吸収法		化学反応	温度差	・低分圧ガス向き ・炭化水素への親和力が低い ・大容量向き	・吸収液が高価 ・腐食、浸食、泡立ちがある ・適用範囲が限定的 ・再生用熱源が必要
物理吸収法		物理吸収	分圧差（濃度差）	・高分圧ガス向き ・適用範囲が広い ・腐食、浸食、泡立ちが少ない ・再生熱源を必要としない	・吸収液が高価 ・重炭化水素への親和力が高い
物理吸着法	**PSA**※	吸着	分圧差（濃度差）	・高純度精製が可能 ・装置が比較的簡易 ・適用範囲が広い	・再生ガスが必要 ・水分への親和力が強い
	TSA※	吸着	温度差	・高純度精製が可能 ・適用範囲が広い	・装置が大型化する ・吸着剤費用かかかる ・再生用熱源が必要
膜分離法		透過	分圧差（濃度差）	・簡便 ・安価 ・小容量向き	・低純度 ・コストがガスの種類に依存する ・大容量に不向き ・油脂分含有ガスに弱い
深冷分離法		液化・精留	相変化	・高純度精製が可能 ・大容量向き	・装置が複雑 ・建設費が高価 ・運転費が高い
酸素燃焼法		空気分離	温度差	・高純度精製が可能	・空気分離設備が大型 ・空気分離装置に動力が必要
化学ループ燃焼法		空気分離	温度差	・低消費エネルギー	・装置の耐久性に課題

※物理吸着法のうち、PSAは圧力スイング吸着のことで、圧力を急激に変化させることで分離する。この方法は、数分で完了することもあるのがメリット。一方、TSAは温度スイング吸着のことで、周期的な温度変化を利用して分離するが、場合によっては10時間以上かかるのが難点だ

二酸化炭素のおもな分離回収技術を比較した。現状では、どの手法でも一長一短がある（環境省「平成 25 年度シャトルシップによる CCS を活用した二国間クレジット制度実現可能性調査委託業務報告書」）

二酸化炭素の輸送

二酸化炭素を低コストで効率的に分離回収できたとしても、社会実装するには**回収した二酸化炭素を貯留地や利用・転換場所に輸送する手段**も必要だ。二酸化炭素の輸送方法は、車（タンクローリー）輸送や船舶輸送、パイプライン輸送が考えられる。

なお、長距離、大容量の場合、コスト的に、二酸化炭素を気体と液体の状態を兼ね備えた**圧縮二酸化炭素**（二酸化炭素の超臨界流体状態）、または**液体二酸化炭素**の状態で輸送することになるが、この場合、爆発などの危険が伴うので、**安全性の確保**が必須条件となる。

近い距離の場合、パイプラインを使い、圧縮したガス状態で届けることも可能だろう。アメリカではすでに、二酸化炭素パイプラインが全土に広がっており、**石油増進回収**（EOR➡P148）などで利用されている。

なお、一部、**固体（ドライアイス）**での輸送もある。これはドライアイスとして冷却用に利用する場合もあるが、法律上の問題などから液体で運搬・納品できない場合に用いる。

二酸化炭素大量輸送に向けた実証試験船「えくすくぅる」

二酸化炭素を輸送する船舶用カーゴタンクシステムを組み込んだ二酸化炭素輸送実証試験船「えくすくぅる」。安全で低コストの二酸化炭素の船舶による大量輸送技術を確立し、二酸化炭素回収・有効利用・貯留（CCUS）技術の確立を目指している

4 二酸化炭素を固定する技術

炭素固定とは、なんらかの方法で二酸化炭素を閉じ込めて、大気中に放出しないようにすること。大きく分類すると自然によるものと人工によるものの2種類がある。

固定して大気中の量を減らす

人の活動などで大量に発生した大気中の二酸化炭素を減らすためには、**どこかに遊離**するか、大気中に**二酸化炭素としてたやすく放出しないかたちのものに変化させる**必要がある。

前者の地中に閉じ込める方法が前述した二酸化炭素を地中にとどまらせるCCS（➡P137）だ。一方、後者のかたちを変化させるものは、炭素を鉱物やセメントなどに固定したり、炭素材のように二酸化炭素から酸素を剥ぎ取り炭素に変換することなどがある。これらは**CCU**（➡P137）の一種。

なお、二酸化炭素を使って**残留原油を取り出す技術・EOR**は注入した二酸化炭素の一部が地中に残る（固定化される）ことになるので、上記2者を併せ持つ**CCUS**といえる。

二酸化炭素の利用量としては、このEORが最も多い。

二酸化炭素の地中貯留

2050年カーボンニュートラルを実現するためには革新的な技術の開発も必要で、その1つが産業活動から排出される二酸化炭素を回収して貯留するCCSだ。**貯留場所は地中深く**で、**回収した二酸化炭素が大気中に再び漏れ出さない**ように次の3つの方式が考えられている。

①地中貯留方式

二酸化炭素が漏れにくい・半永久的に閉じ込められると考えられる地層を選び、その空間や地下水が蓄えられている地層・帯水層に圧力をかけて二酸化炭素を封じ込める。

②海底貯留方式

海底深くある深部塩水層など、地層が安定して、二酸化炭素が漏れ出さない場所に封じ込める（3000メートル以上の深海では、二酸化炭素は安置した液体の状態でとどまる性質がある）。

③中層溶解方式

二酸化炭素を水深1000メートル以上の海中に炭酸水のように溶かし

込んでしまう。

2005年に開催された**気候変動に関する政府間パネル（IPCC）の試算**では、**世界全体の二酸化炭素貯留可能量は2兆トン**となっている。これは、全世界の二酸化炭素排出量の50年分以上を貯留できる値だ。

日本では、活断層などが多く、貯留できる場所が限られているが、それでも**全国貯留層賦存量調査**（RITE：地球環境産業技術研究機構）の2005年の調査では、その量は約1400億トンと推定されている。これは日本の年間二酸化炭素排出量の約100年分になる。

ただし、全国貯留層賦存量調査では、陸地の残留ポテンシャルと水深200メートル以下の浅い海域を対象にしている。しかし、日本にはこれらのほかに、水深200〜1000メートルにも貯留ポテンシャルがあることがわかってきた。その量は約900億トンと推定される（NEDO/AIST。2012年）。これらを合計すると日本の貯留ポテンシャルは約2500億トンにも上り、これは**約200年分の貯留量**だ。

二酸化炭素の地中固定のイメージ

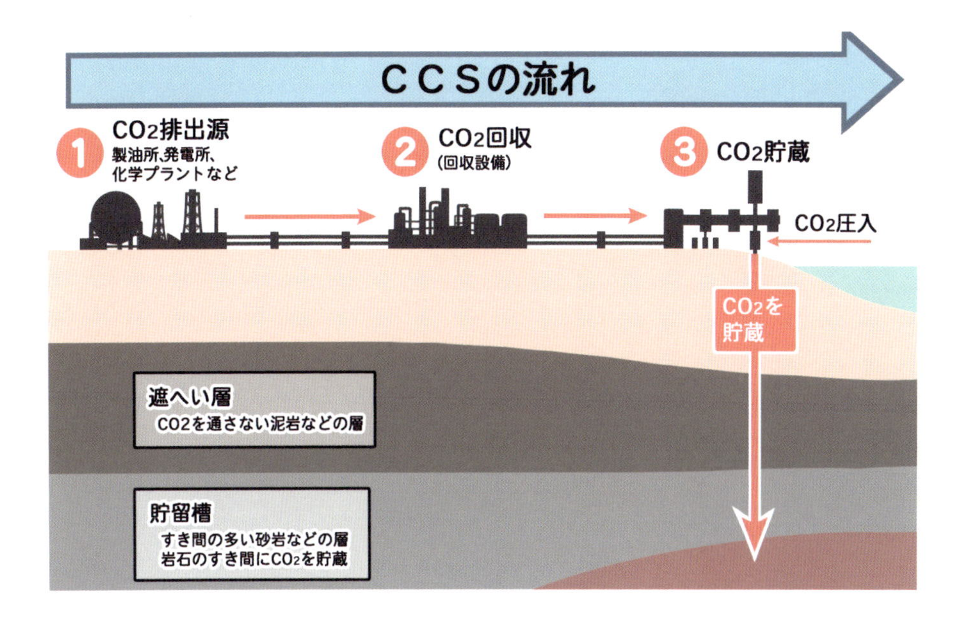

二酸化炭素の地中固定はCCSの技術の１つで、発電所や化学工場などから排出された二酸化炭素を、ほかの気体から分離して集め、地中深くに貯留・圧入する

二酸化炭素の鉱物固定

二酸化炭素を地中に固定する方法とは別に、二酸化炭素を鉱物に閉じ込める**鉱物固定**（二酸化炭素の鉱物化ともいう）の手法もある。ただし、**二酸化炭素は非常に安定した物質**なので、二酸化炭素をほかの化合物にするのには大きなエネルギーか必要。しかし、これでは本末転倒だ。

ただし、物質と物質を反応させる**化学反応なら電力など外部からのエネルギーは不要**だ。二酸化炭素をカルシウムやマグネシウム、鉄などの金属酸化物と反応させて安定した炭酸塩をつくり、金属炭酸塩として固定する。炭酸塩とは、炭酸イオンを含んだ化合物のこと。炭酸イオンの化学式はCO_3^{2-}であり、これからもわかるように二酸化炭素（CO_2）を含むイオンだ。

実は自然界では、二酸化炭素を金属炭酸塩に固定することは常に起こっている。サンゴや二枚貝が自身の骨格をつくるために海中の二酸化炭素を使って、鉱物固定するなどがそれだ。

ただし、**生物による二酸化炭素の固定は非常に長期間にわたる**もので、とても2050年カーボンニュートラルには間に合わない。また、すべての過剰な二酸化炭素の吸収には適していないので、カーボンニュートラルの施策のうちの1つと考えるべきだろう。

生物による二酸化炭素の固定

二酸化炭素を炭酸塩に変えるのはサンゴなどだが、近年は温暖化の影響でサンゴ礁の白化が起こり、問題となっている。白化が長く続くと、サンゴは死滅する

コンクリートに二酸化炭素を吸収させる

現代社会の建築物に**コンクリート**は欠かせない。この**コンクリートに二酸化炭素を吸収・固定**させせようとする試みがはじまっている。コンクリートは利用される量が莫大であるので、ポテンシャルが非常に高く、期待されているのだ。

ただし現状では、1トンのセメントをつくるときに排出される二酸化炭素は約770キログラムであり、1立方メートルのコンクリートには約350キログラムのセメントが使われている。すなわち、コンクリート1立方メートル当たりで約270キログラムの二酸化炭素が排出されることになる。現在研究が進んでいるのが、製造時に排出される二酸化炭素を吸収する方法に加え、製造時にさらに多くの二酸化炭素を大気中や排ガスから吸収して、**製造時にカーボンマイナスとする方法**だ。

二酸化炭素を吸収する CO_2-SUICOM

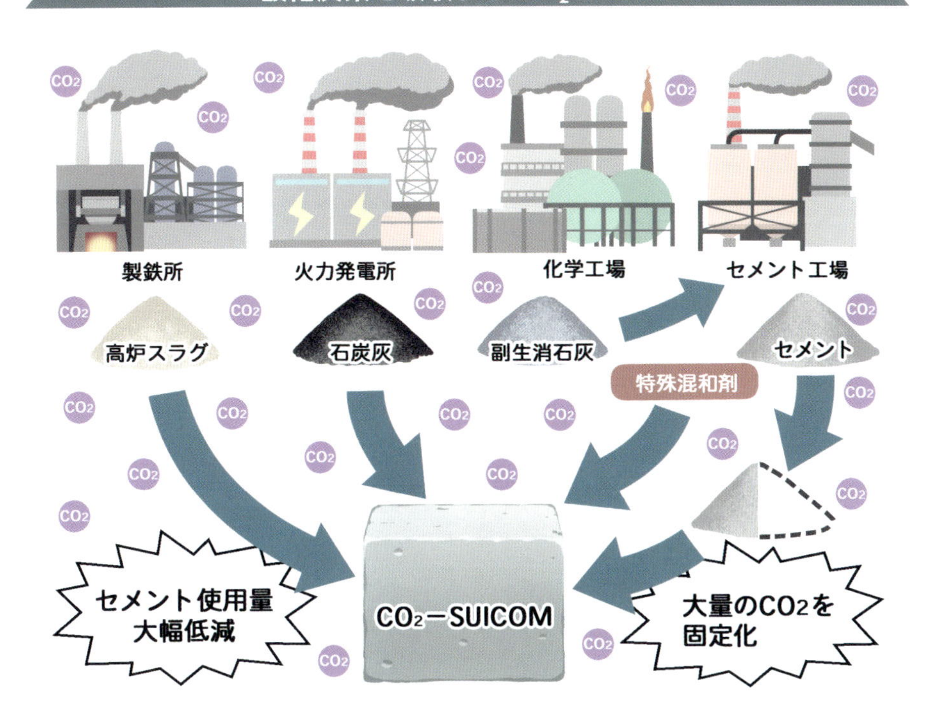

製造過程で排出される二酸化炭素排出量が実質ゼロ以下となるカーボンネガティブコンクリート「CO_2-SUICOM」（シーオーツースイコム）は高速道路の橋脚工事などで利用されている

石油増進回収（EOR）を利用した二酸化炭素の固定

石油資源のあまりない日本では実現しにくいことだが、油田に二酸化炭素を固定する**石油増進回収（EOR：Enhanced Oil Recovery）**も利用されている。EORとは、もともと、現在ある油田からの石油回収量をアップする技術。これまでの技術では原油採取率は低く、約40〜60％の原油が残されたままとなる。これを解消するための技術がEORなのだ。

EORは、油田に圧力をかけて染みこんでいる石油を回収するが、このときに**注入する気体を二酸化炭素**にすることで、石油の採掘と二酸化炭素の大気中への排出抑制につながる。これを炭酸ガス（二酸化炭素）圧入攻法（CO_2-EOR）という。

現在、アメリカなどでは圧入する二酸化炭素は大気中から採取するが、発電所などの排気ガスからの二酸化炭素分離技術を活用し、これを圧入ガスとして使用する方法の検討されている。

二酸化炭素を使ったEORのイメージ

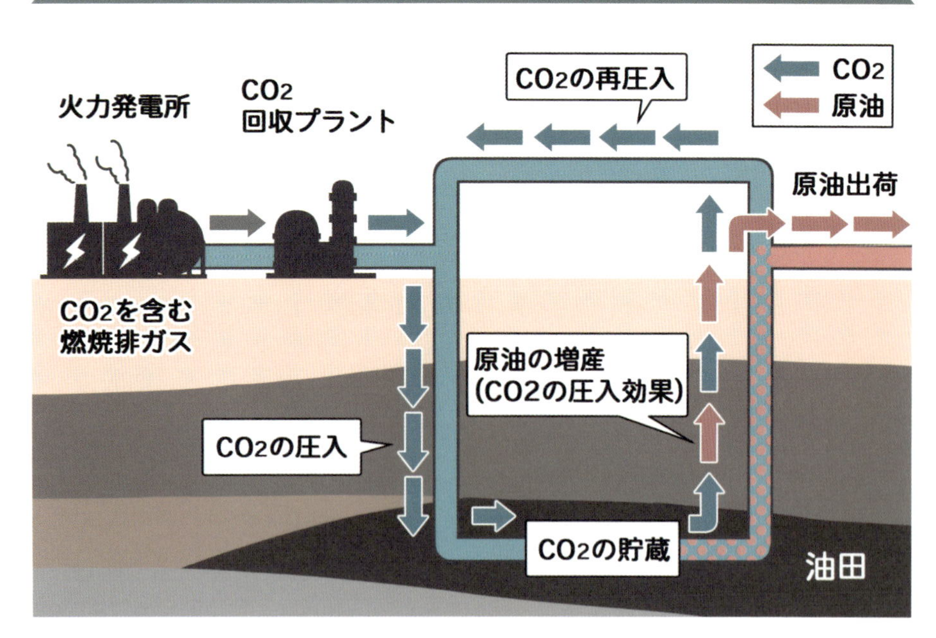

石油のある地層は比較的安定しているので、二酸化炭素の貯留に適しているといわれる

5 二酸化炭素から燃料をつくる

二酸化炭素から燃料をつくることができれば、二酸化炭素排出や資源枯渇などさまざまな問題が一気に解決するかもしれない。二酸化炭素を燃料にする技術を紹介する。

一次エネルギー利用の実態

自然界から得られたままの加工されていないエネルギーを**一次エネルギー**といい、石油や石炭、天然ガスだけでその9割近くを供給しているといわれる。そこから排出される二酸化炭素の一部はドライアイスや溶接用ガス、炭酸飲料などに用いられるが、その割合は排出量全体の3%に過ぎない。また、これらの製品も最終的には大気中に二酸化炭素を排出するものがほとんどだ。つまり、石油などの化石燃料を一次エネルギーとして多くの割合で利用している限り、**二酸化炭素を排出し続ける**ことになる。

一次エネルギーと二次エネルギー

一次エネルギー

石油　石炭

水力

そのほか、天然ガス、薪、風力、原子力、潮力、地熱、太陽光、牛糞など

二次エネルギー

一次エネルギーとは、石油や天然ガス、石炭をはじめ、薪、水力、原子力、風力、潮力、地熱、太陽光、牛糞など自然から直接採取できるエネルギーのことで、二次エネルギーは一次エネルギーの石炭や天然ガスを原料にして火力発電で得られる電力や軽油や重油などの石油製品、LPガス、熱なども含まれる

二酸化炭素はエネルギーに転換できるか

二酸化炭素排出の原因となっている石油などの**化石燃料に依存することをやめる**ことが、カーボンニュートラルへの近道といえる。現在利用されている化石燃料のうち、**天然ガス**（LNG）は炭素含有量の少ないメタンを主成分することで、石油と比較すると二酸化炭素は７割程度減少させることが可能だ。ただし、二酸化炭素を排出することに変わりはなく、またエネルギー安全保障の面から見ても一辺倒に採用するわけにはいかない。

そこで注目されるのが、**排出された二酸化炭素から新たにエネルギーを創出**することだ。また、大気中の二酸化炭素を利用してエネルギーをつくり出すことも考えられる。ただし、この過程でも電力などのエネルギーが必要で、ここで化石燃料を使って発電した電力を使うことは本末転倒になりかねない。再生可能エネルギーを使った電力を使うことが求められる。

二酸化炭素を原料とする石油代替燃料

二酸化炭素を使った燃料として注目されているうちの1つが、環境に優しくエネルギー密度の高いといわれる**合成燃料**（e-fuel）だ。合成燃料は二酸化炭素と水素を原材料として製造する**石油代替燃料**のこと。ここで使用する水素は、**再生可能エネルギー由来の水素**（**グリーン水素**➡P158）であり、二酸化炭素は発電や工場からの排ガス中の二酸化炭素を使うので、ライフサイクル上で大気中の二酸化炭素を増やすことはない。

合成燃料であれば、発電システムやエンジンなどの改良が少なくて済み、そのための改修費用や改修による廃棄物の課題にも対応できる。合成燃料には、次の4つのメリットがあるといわれる。

①エネルギー密度が高い

長距離を移動する飛行機やトラックなどに使われる燃料は**エネルギー密度が高く**、高出力を得られる。

②従来の設備が利用できる。

従来のガソリンやジェット燃料が使え、**これまでの設備がそのまま利用可能**。経済性のメリットもある。

③資源国以外でも製造できる

化石燃料は中東や北米、ロシアなど、産出する地域が限られている。しかし、合成燃料であれば化石燃料のほとんどない**日本でも製造できる**うえ、枯渇リスクもない。

④環境負荷が化石燃料より低い

合成燃料は原油に比べて、**硫黄や重金属の含有量が少なく**、環境負荷を抑えることができる。

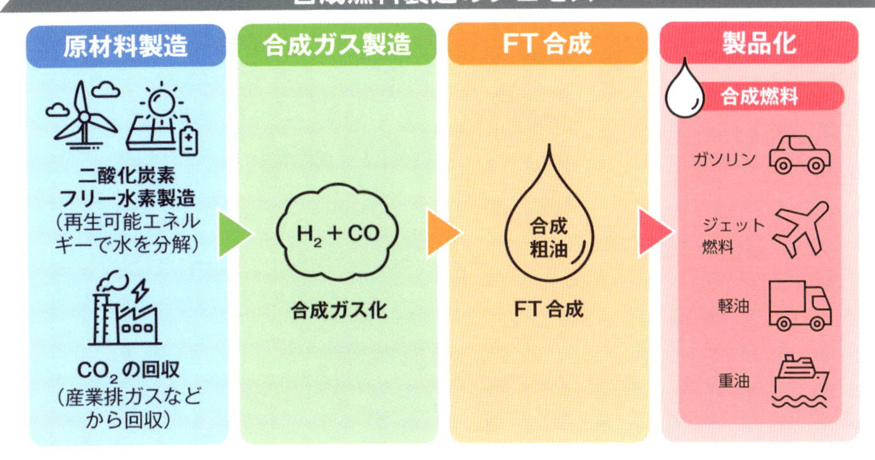

原材料製造	水素と二酸化炭素が合成燃料（e-fuel）の原材料。水素は太陽光や風力など再生可能エネルギーで発電した電力で水を電気分解して製造する。二酸化炭素は産業用の排気ガスや大気などから回収する
合成ガス製造	原材料製造過程で製造・回収した水素と二酸化炭素を反応させ、合成ガスを製造する
FT合成	FT合成とはフィッシャー・トロプシュ反応を利用した合成法。一酸化炭素と水素から触媒反応を用いて炭化水素を合成する技術で、合成粗油を製造する
製品化	化石燃料でいう精製の工程で、合成粗油からガソリンや灯油などを製造。灯油やジェット燃料、軽油、重油など、自由に石油製品をつくり出せる

（独立行政法人 エネルギー・金属鉱物資源機構「合成燃料の基礎知識」）

二酸化炭素から都市ガスを合成

都市ガスの成分の大部分はメタン（CH_4）で、二酸化炭素と水素からつくることが可能だ。これを**メタネーション**といい、合成したメタンは合成メタン、カーボンニュートラルメタン、e-methaneなどと呼ばれ、**ガスの脱炭素化に役立つ**と期待されている。

メタネーションの歴史は古く、1911年にフランスの化学者であるポール・サバティエがニッケルを触媒にして二酸化炭素と水素を高温で反応させると、メタンと水が得られることを発見。ただし、実用化には時間がかかり、1995年、日本が世界初のメタネーションによる合成メタンの製造に成功する。一般社団法人日本ガス協会「**カーボンニュートラルチャレンジ2050 アクションプラン**」では、

メタネーションによる二酸化炭素削減効果

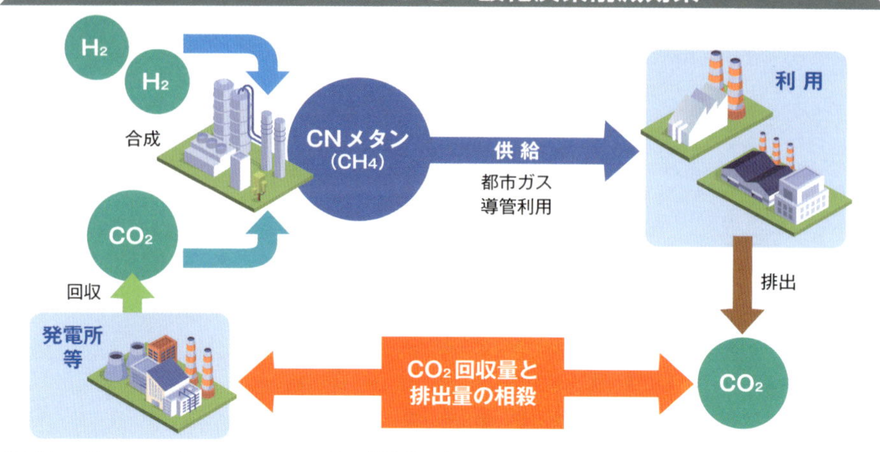

CN(カーボンニュートラル)メタンの利用(燃焼)で排出される二酸化炭素と分離回収された二酸化炭素とが相殺されるので、メタネーションされたガスの利用では二酸化炭素は増加しない

2050年には全体の90%を合成メタンに置き換えるアクションプランを策定している。ただし現在、メタネーションには、**製造コストが高い**などのデメリットがあり、これを克服するための技術開発が急務だ。

実証段階、技術開発段階にあるバイオ燃料

植物や微細藻類、ゴミや廃油など、再生可能な動植物由来の**有機性資源**であるバイオマスを原料とした**バイオ燃料**も実証段階、技術開発段階にある。

バイオ燃料の代表的なものとしては、サトウキビなどの植物を発酵させてつくる**バイオエタノール**をはじめ、菜種油などの植物由来の油や動物性の油脂を原料とした**バイオディーゼル**、生ごみや家畜のふんなどを発酵させてつくる**バイオガス**などがある。

このバイオ燃料が最も有効に活用できるといわれているのが運輸部門で、特に航空機の**ジェット燃料**として利用されている。航空機を運航するために必要なエネルギー量は膨大で、従来の航空機の構造では電気や水素などをエネルギー源とするのは困難であった。しかし、バイオジェット燃料の一種の**SAF(Sustainable Aviation Fuel)**だと、これまでの化石由来の液体燃料と同じように航空機の内燃機関で使用することが可能となる。

今後コスト面でのハードルを乗り越えれば、世界的に普及していくものと期待されている。

6 二酸化炭素から製品をつくる

石油からはさまざまな化学品原料が生成できるが、製造時の二酸化炭素排出が問題。ここでは、二酸化炭素から基礎化学品が製造できるかどうか探る。

カーボンニュートラル化が困難な化学部門

発電などと同様に**化学産業**でも、原料が石油製品であることに加え、生産工程で**多量の二酸化炭素を排出**、また電力を多く使うことから、**カーボンニュートラル化のむずかしい部門**といわれる。そんな理由から、年間に排出される二酸化炭素の約6%が化学産業からだ。

しかし、安定した分子である二酸化炭素を他の物質に変換するのには多くのエネルギーが必要で、カーボンニュートラル化には電力などを再生可能エ

化学産業における二酸化炭素排出量

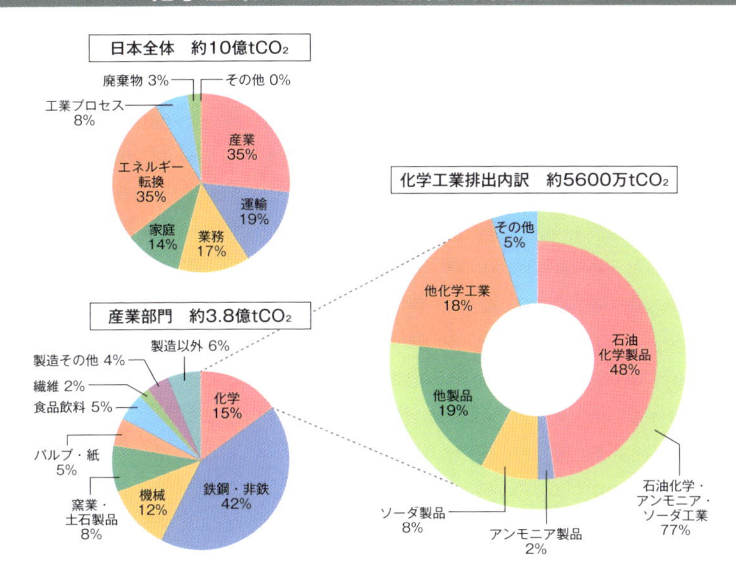

2019年度の日本の二酸化炭素排出のうち、産業部門の二酸化炭素排出は35%で、その約15%が化学産業で占める。(国立研究開発法人国立環境研究所「日本の温室効果ガス排出量データ」2019年度確報値／経済産業省「総合エネルギー統計」2019年度確報値)

DRC法DPCプロセス

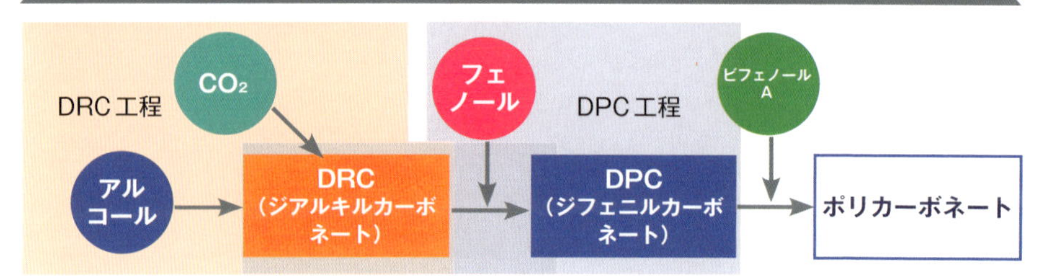

有毒物質を用いないで二酸化炭素などからポリカーボネートを製造する工程

ネルギーでつくったもので賄わないとならない。加えて、低コスト化も大きな課題となっている。

このようなことから現状ではハードルの高い**二酸化炭素の化学品利用**だが、コンクリートの製造とともに一部すでに実用化されているものもある。それが、**ポリカーボネート**の製造だ。ポリカーボネートはプラスチックの一種で、軽くて透明性が高く、パソコンの筐体(きょうたい)やDVDのケースなどに使われている。

通常ポリカーボネートを製造するのには、有毒物質のホスゲンを原料としていた。しかし、二酸化炭素とアルコールからジアルキルカーボネート(DRC)をつくり、そこからポリカーボネートを製造する技術「**DRC法DPCプロセス**」が開発された。

NEDOの「**戦略的省エネルギー技術革新プログラム**」の実証プラントで検証が行われ、2017年には、「従来の製造プロセスより省エネ、二酸化炭素排出量削減、安全な原料を用いた製造プロセスの実現に成功」したと認証された。

さらに進んだ夢の技術・人工光合成

植物は光合成により、二酸化炭素と水を利用して、でんぷんと酸素を生み出している。それと同じように、人の手によって、二酸化炭素から有益な製品を生み出す**人工光合成**の研究が進んでいる。

人工光合成でも太陽エネルギーを活用し、さまざまな化学品をつくることが期待されているが、そのなかの1つが、プラスチックなどの原料となる**オレフィン**で、最も一般的な石油化学製品の1つだ。

人工光合成では、光触媒を使って水を水素と酸素に分解し、そこから水素を取り出して二酸化炭素と合成、右図のようにオレフィンなどを製造。また、プラスチックはオレフィンを含む**基礎化学品**と呼ばれる素材からつくら

「光合成」と「人工光合成」の概念

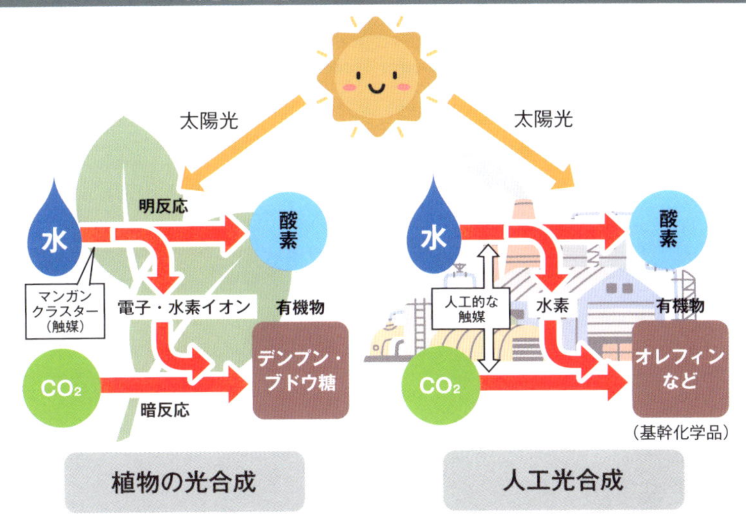

オレフィンを人工光合成でつくるには、太陽光に反応して水を酸素と水素に分解する光触媒と呼ばれる物質と、そこから水素だけを取り出す分離膜、水素に二酸化炭素を合わせて化学合成をうながす合成触媒の技術が必要

れているがこれらは石油から得られるナフサを熱分解してつくる。人工光合成が実現すれば、化石資源の使用量が減り、結果として全体の二酸化炭素排出量削減につながる可能性もある。

日本では産学官連携のもと、2012年から**人工光合成の研究開発プロジェクト**がスタートしている。現在も研究が続けられて、プロジェクトへの期待は大きい。

二酸化炭素とギ酸を相互変換する

ギ酸（HCOOH）というと聞き慣れないかもしれないが、「蟻酸（ぎさん）」とも書き一部のアリがもつ苦い成分で、古くは皮革のなめし、近年では半導体の洗浄にも用いられている。液体のギ酸溶液や蒸気は皮膚や目に有害だ。吸入すると肺水腫などの恐れもある。とはいえ、**化学的には非常に有用**で、工業的に大量に製造されている。ただし、製造には有毒な一酸化炭素を発生する。

研究が進んでいるのは、二酸化炭素と水素からギ酸をつくったり、ギ酸から二酸化炭素と水素への変換することだ。この変換の場合、一酸化炭素は発生しないが、反応には相互変換するエネルギー効率の高い触媒（特定の化学反応の反応速度を速める物質で、自身は反応の前後で変化しないもの）が必要だ。

しかし、独立行政法人産業技術総合研究所（産総研）はアメリカ・ブルックヘブン国立研究所と共同で、高効率**「二酸化炭素⇔ギ酸」**の**相互変換触媒**を開発した。これにより、将来の二酸化炭素を利用した**大規模な水素貯蔵システムの開発**が期待できるという。水素はカーボンリサイクルに不可欠な物質であり、**水素供給と二酸化炭素の削減の一挙両得**のカーボンニュートラルに向けた技術だ。

高効率「二酸化炭素⇔ギ酸」の相互変換

水素
H_2
貯蔵
常温常圧の水中で二酸化炭素をギ酸に変換することが可能

CO_2
二酸化炭素

ギ酸
HCOOH

放出
水素
H_2
ギ酸の分解により一酸化炭素フリーの高圧水素の供給が可能

高温高圧の環境が必要ないうえに、水素とともに一酸化窒素が発生しないため除去は不要となる

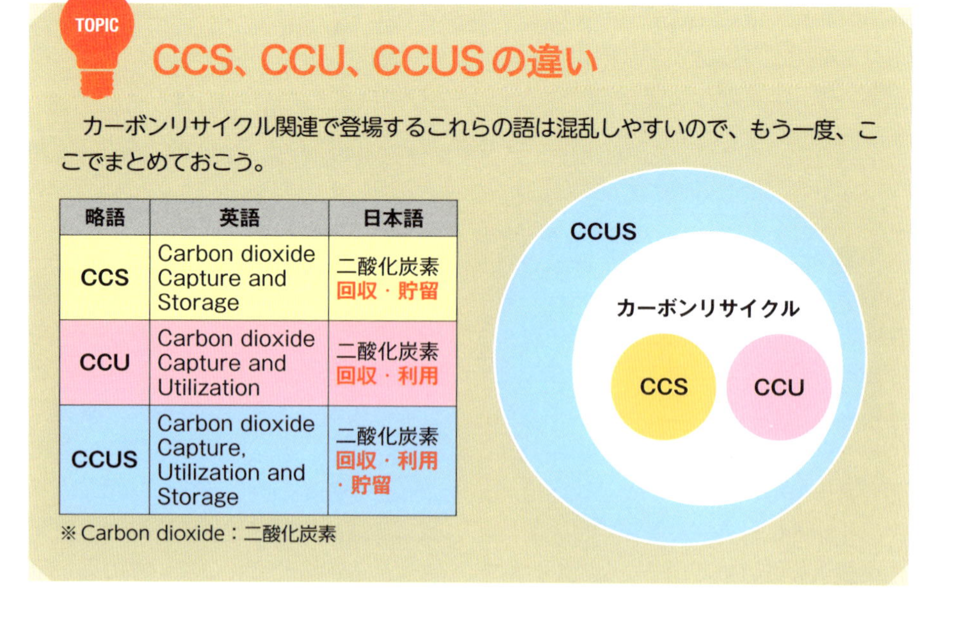

TOPIC

CCS、CCU、CCUSの違い

カーボンリサイクル関連で登場するこれらの語は混乱しやすいので、もう一度、ここでまとめておこう。

略語	英語	日本語
CCS	Carbon dioxide Capture and Storage	二酸化炭素回収・貯留
CCU	Carbon dioxide Capture and Utilization	二酸化炭素回収・利用
CCUS	Carbon dioxide Capture, Utilization and Storage	二酸化炭素回収・利用・貯留

※Carbon dioxide：二酸化炭素

7 カーボンリサイクルに欠かせない水素

これまで述べたように二酸化炭素から燃料や化学製品を製造するためには、水素が必須。しかも、コストが低く、環境負荷の小さい水素の調達が前提となる。

カーボンリサイクルに必要な水素

回収した**二酸化炭素**を資源化し、燃料や製品などの違う物質を製造・変換しようというのがカーボンリサイクルの概念であることは述べたとおり。しかし、二酸化炭素はエネルギーの低い物質、つまり他の物質と反応しにくいという特性があるため、二酸化炭素を反応・変化させるためには、**水素**などエネルギーの高い物質を使わなければならないことが障害となっている。

水素は、燃焼しても水しか発生しないというほかに、さまざまな一次エネルギー資源からつくることができる二次エネルギーだ。水素を再生可能エネルギーから製造すれば、その水素を添加することで製造された燃料や化学製品は、たとえ燃焼することで二酸化炭素が発生しても、それはもとの二酸化炭素と同量であり、カーボンニュートラルが成立することになる。

しかも**水素は、圧縮・液化などの状態変化などで輸送や貯蔵も可能**だ。水素から電気をつくり出すこともできるので、基本的にためておけない電気の代わりに、**大容量で長期間の蓄電の意味**ももつ。

水素の特性と製造方法による色分け

水素分子は常温常圧で、水素原子が2つ結合した気体で、気体のなかで最も軽い。常温常圧の場合、**水素分子は非常に安定**で、ほかの物質とはほとんど反応しないのも特徴。また、原子単体の状態で存在することは地球上ではほとんどなく、気体としての分子や水などほかの元素と化合した状態で存在する。常圧の場合、水素は約摂氏－259度で液化。常温の場合では、いくら圧力をかけても、液化しない。

水素はさまざまな分子と結合しているたりして、非常にありふれた原子といえる。そのため、石炭や石油、天然ガスなどの化石燃料から、または電気を使った電気分解などから生成かのうだ。ただし、石油などを生成する場合は大量の水素が生産できるものの、二

水素の製造方法による色分け

グレー水素（ブラック水素）	天然ガスなど、化石燃料を水蒸気改質反応させ生産する水素。水蒸気改質反応時に副産物として多くの二酸化炭素が排出される
ブルー水素	化石燃料で発生した二酸化炭素を回収して処理し、大気中に放出しないことで、二酸化炭素排出を実質ゼロにして生産される水素
グリーン水素	二酸化炭素排出のない再生可能エネルギーを使い、水を電気分解して生産する水素
ターコイズ水素	メタンの熱分解によって生成される水素。二酸化炭素は排出されないが、再生可能エネルギーの使用と生成された炭素を永久に封じ込めることが条件
イエロー水素（ピンク水素／パープル水素／レッド水素）	原子力発電の電力を使用して、水を電気分解して生産される水素
ホワイト水素	水素以外の製品生産時に工場から副産物として生成された水素
ゴールド水素	地下に埋蔵されているとされる天然の水素

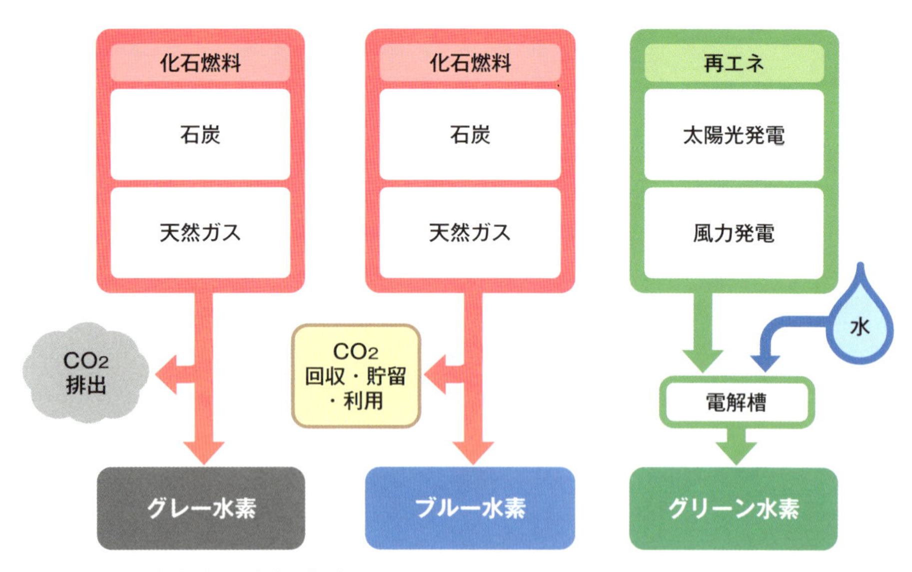

水素そのものは無色透明で実際に色がついているわけではなく、それ自体はまったく同じもの。色区分が違っても物質としては同一。製造過程の違いにより、色という特徴とつけて区分している（資源エネルギー庁）

酸化炭素も大量に発生する。

そのほかには、生物の代謝を利用した**生化学的変換プロセス**でも生成可能。これには**メタン発酵**を経由するものや**光合成**などがある。

水素は発生の過程で副産物があったり、二酸化炭素排出につながるエネルギーを利用することもあり、**水素の製造方法別に色分けする考え方**が広まっている。その色分けは左ページ表のようになり、カーボンニュートラルでは非常に大切な分類だ。とりわけクリーンといえるグリーン水素は、現状では高コスト。日本政府は水素供給コストを、2030年には30円、50年には20円にまで下げることを目標としている（摂氏0度１気圧の標準状態の1立方メートル当たり）。

水素を貯蔵・輸送方法

気体の水素は容量が大きく、パイプライン以外で運搬・貯蔵する場合、気体のままだと大容量の容器が必要になって非常に効率が悪い。しかし、液化するには絶対零度に近い低温が必要であり、常温の場合では高圧でも液化しないのは前述したとおり。液化すると体積が常圧のガス状態に比べて約800分の1となるため効率よく貯蔵・運搬がでるが、液化するための設備が大がかりでコストが高い。

そんな水素を輸送・貯蔵するために考えられた技術が、**水素を圧縮して高圧ガスにする方法**だ。しかし、この**高圧水素**を耐圧容器に注入して運搬・貯蔵するには、容器が鋼鉄製なので重量も増える難点があった。また、水素は可燃性が強く、爆発力も強いので、安全性に十分配慮が必要だ。

取り扱いがむずかしい水素だが、**メチルシクロヘキサン（MCH）**や**アンモニア（NH_3）**、**水素吸蔵合金**など**水素を含む物質**に変換すれば、効率よく運搬・貯蔵することが可能。これらの物質は**水素キャリア**と呼ばれる。キャリアとは「carrier」のことで、日本語では「運ぶための道具・運搬装置・運び台」といった意味だ。

つまり、水素をトランクなどのケースに詰め込んで、利用するときに取り出すという感じだ（実際には、ケースに詰め込むのではなく、水素にほかの物質を反応させ、水素の取り出しやすいかたちに変える）。水素をメチルシクロヘキサンやアンモニア、水素吸蔵合金などの水素を含む物質に変換することで、水素キャリアとなる。

そのほかにもいくつかの方法が考えられているが、一長一短があり決定打がない状態だ。メチルシクロヘキサンは直接燃焼で発電ができなかったり、体積密度ではアンモニアや水素吸蔵合金に軍配が上がるが、アンモニアには悪臭やエネルギー損失、水素収蔵金は

水素の貯蔵・運搬と水素キャリアの種類

水素（気体のまま）	気体のままだと容量が莫大で、貯蔵はむずかしいが輸送はパイプラインなどで可能
液化水素	液化すると常圧のガスの800分の1の体積となるが、絶対温度に近いマイナス253度という超低温が必要
高圧水素	この方法で運搬されることがあるが、水素は危険なうえ、タンクには特殊金属が必要
メチルシクロヘキサン	水素ガスに比べて体積比で500倍以上の水素を含む。効率よく運搬できるが、直接発電ができない
アンモニア	アンモニアは常温でも液化可能で、直接燃料として使うことも考えられている。ただし、熱効率が悪いのと悪臭が問題
水素収蔵合金	マグネシウムやチタンなどと反応させて水素化物にする。常温のまま貯蔵ができるが、合金自体が重いので、輸送には適さない
メタン	水素と二酸化炭素を反応させて製造。そのまま都市ガスとして使ったり、燃料とすることもできる。二酸化炭素分離回収、メタン化の効率向上が課題
ギ酸	二酸化炭素とギ酸の相互変換により、貯蔵できるよう研究中

現状、水素の運搬方法には一長一短があるが、技術革新が進めば、普及とともにデファクトスタンダードとなる方法も出てくるだろう

重いなどのデメリットがある。

そんななか、注目されているのが前セクションでも紹介した**ギ酸**を用いた技術だ。

水素を利用する

エネルギーとしての水素の魅力は、燃焼しても**水しか排出しない**という点。そのためカーボンニュートラルの切り札として、各方面での利用が注目されている。

そのなかでも最も実用化が期待されているのが、**電力への活用**だ。脱炭素社会を実現させるために、化石燃料に替わる再生可能エネルギーへの移行が急務とされているが、その最大の課題が太陽光や風力などでは電力の安定供給がむずかしいことだ。電気は基本的にためておくことができないので、発電量の見込みが立てにくいのは大きな弱点だ。

そこでクローズアップされるのが、**水素と酸素を反応させることで電力を得る発電方法**。これだと、化石燃料の

ように資源の枯渇を気にする必要はないし、二酸化炭素の排出もない。ただし、ほかの発電方式と比較した場合のコストがかかるのが難点だ。

同じく水素をエネルギー源とする自動車への利用も大きくクローズアップされている。これは、**水素を燃料とする燃料電池自動車（FCV：Fuel Cell Vehicle）**の開発で、すでに実用化段階。FCVと同様にガソリンを使用しない電気自動車（EV：Electric Vehicle）と比べ、**充電時間が短く、走行距離が長いというメリット**があるが、燃料電池に水素を供給する**水素ステーション**の数がまだまだ少ない点が厳しい。

ほかにも、家庭用の燃料電池（エネファーム）での水素利用や、産業部門での利用も技術的な研究段階に入っている。今後の展開が注目される。

水素利用の現在と未来

水素はおもに製鉄所などの産業部門で利用されてきたが、近年ではクリーンエネルギーとして自動車やバスの燃料に加え、家庭でも電気と熱を同時につくるエネファームなどに活用。近い将来には、化石燃料の代替やエネルギー貯蔵手段としての利用が期待されている

第5章

カーボンニュートラルをサポートする技術

カーボンニュートラルの実現には、化石燃料をなるべく使わない、節電する、生活をミニマムにする…などの私たちの努力ももちろん必要だが、それ以上に二酸化炭素などの温室効果ガスを排出しない、吸収する技術の開発が必要だ。この章では、現在進んでいる電気をためておく技術をはじめ、カーボンニュートラルの実現に役立つ技術を取り上げる。

1 電気を有効に利用する蓄エネルギー技術

カーボンニュートラルの実現には、供給が不安定な再生可能エネルギーを上手に活用するための蓄電技術が欠かせない。技術の現在と国の施策も見てみよう。

なぜ蓄エネルギー技術が必要とされるか

再生可能エネルギー普及の大きなハードルの1つに、**発電量が安定しない**という点があげられる。例えば太陽光発電は、夜間や悪天候のときは発電できない。同じように風力発電も、いつも一定の風量の風が吹いているとは限らないので発電量は安定しないのだ。

これらに加え、太陽光発電や風力発電などでは**大規模な用地**が必要なうえ、**立地する場所の条件**も厳しい。新規に発電所を設けるには、多額の建設費がかかることになる。これでは、再生可能エネルギーを現在の火力発電のような主電源化することはむずかしい。**蓄エネルギー技術（電力貯蔵システム）**は、こうした不安定な再生可能エネルギーの欠点を補うために必要とされる。電気は基本的にはためておくことができないが、**蓄電池や蓄熱、水素に転換して貯蔵**できる。

供給される電力と使われる電力

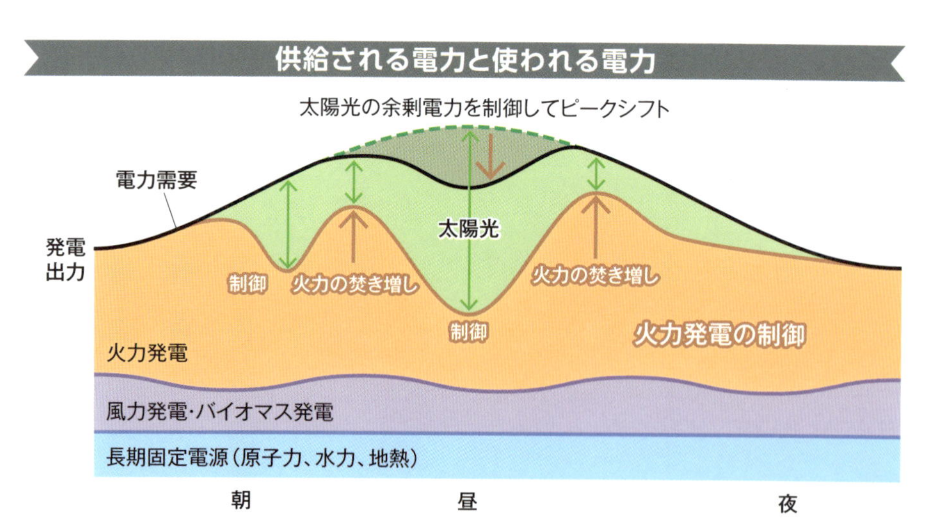

太陽光などの再生エネルギーによる発電は、必ずしも需要と供給が一致していない。そのため、電力を使う時間を変化させるピークシフトともに、余剰電力をためておく蓄エネルギーが必要となる

日本全体の電源構成と主要国の国民1人当たりの年間電力利用量

日本全体の電源構成

2023年

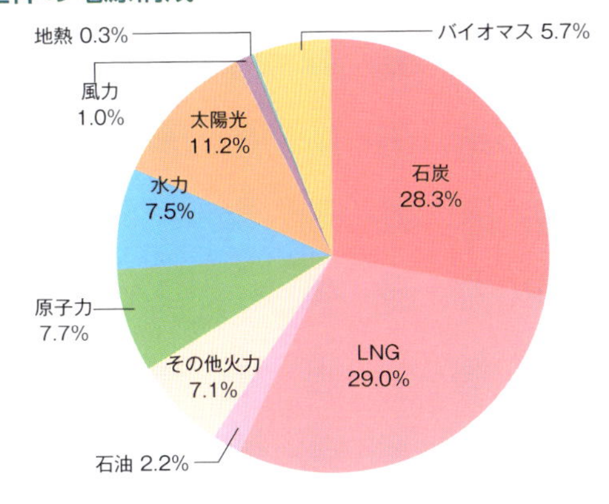

石油や天然ガス、石炭など化石燃料の依存度がまだまだ高い

主要国の国民1人当たりの年間電力利用量

2020年

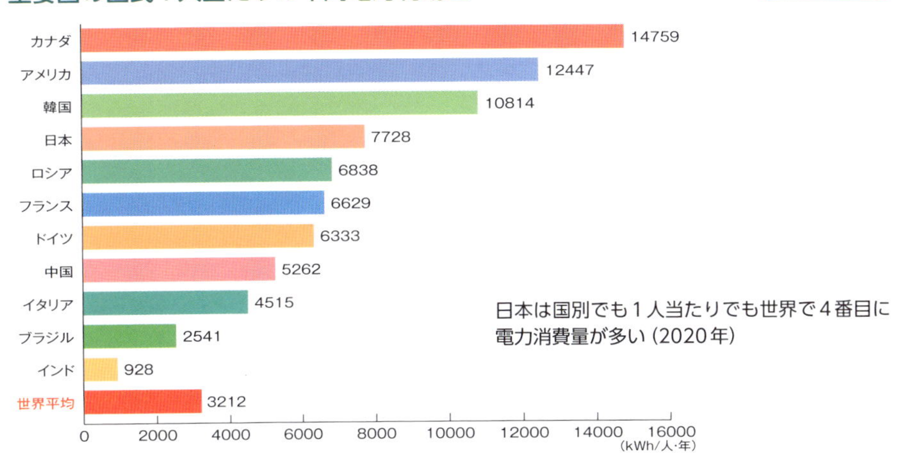

日本は国別でも1人当たりでも世界で4番目に電力消費量が多い（2020年）

2022年の日本の年間電力使用量は、971TWh（テラ）（9710億kWh）で1人当たりの消費量で見るとカナダがトップで、続いてフランス、ドイツ、イタリア。日本は、世界で5番目に使用している。

このうち、化石燃料での発電が7割強。現在、太陽光発電は天候がよければ需要以上に発電してしまう可能性があり、一部では出力制限をしている。この部分だけでも**電力ピーク時に利用**できれば、化石燃料での発電を抑制することができるかもしれない。また、**エネルギー安全保障**上でも有効に働くだろう。それの切り札となるのが、蓄エネルギー技術だ。

蓄エネルギー技術にはなにがあるのか

電気を蓄えるというと**充電池**を思い浮かべるかもしれないが、これは**蓄エネルギー技術**のほんの一例。

電気エネルギーを貯蔵する技術には、充電池に使われる**リチウムイオン電池**をはじめ各種蓄電池のほか、**キャパシタ（コンデンサー）**を利用したもの、**蓄熱**を利用したもの、**水素に変換**するもの、さらに物体を高い位置に貯留してその**位置エネルギー**や空気を圧縮した**圧力エネルギー**などさまざまある。また、水力発電と組み合わせた**揚水式発電**（➡P119）も蓄エネルギーの1つだ。

畜エネルギーはほかのエネルギーに変換することだが、これには以下のようなものがある。

● **位置エネルギー**

水を高い位置にためておいてその位置エネルギーでタービンを回す揚水式発電（水力発電）や余剰電力で高い位置につり上げておいたコンクリートブロックを電気が足りないときに下に落下させてその力で機械式に発電機を回転させる**重力蓄電**などがある

● **圧力エネルギー**

電気エネルギーを**圧縮空気**として貯蔵する技術。大容量の電力を蓄積できる技術として注目されている。この技術は**圧縮空気エネルギー貯蔵**（CAES：Compressed Air Energy Storage）と呼ばれ、余剰電力で空気を圧縮して地中などに蓄積し、発電は圧縮した空気で発電機を回す方法だ。

● **磁気エネルギー**

超伝導を使って、電気を電気のまま閉じ込める**超伝導磁気エネルギー貯蔵**（SMES：Superconducting Magnetic Energy Storage）がある。大電力を短時間で急速充放電することが可能であるが、超伝導となる物質や超伝導とするための電力など、解決しなければならない課題が多い。実用化できれば、電力の問題の多くが解決する夢の技術だ。

● **運動エネルギー**

磁気エネルギーと同様に超伝導技術を利用するが、こちらは電力を大きな**フライホール**（はずみ車）を回転させて、その回転する**運動エネルギー**として保存する技術。回転運動は軸との摩擦やホイールと空気の摩擦などで徐々に減衰していくが、ここではフライホイールを超伝導で浮遊させて、極限まで摩擦によるエネルギーの減少を抑える。

● **電気エネルギー**

電気を電気のまま貯蔵するという点では磁気エネルギーを使った超伝導と同じと思われるが、こちらは電池など電気が動かないかたちで貯蔵する方法。リチウムイオン電池などすでに実用化されているが、充電時間の短縮や規模、安全性など、研究の余地は大きい。**蓄電池**のほかにも**キャパシタ（コンデンサー）**に蓄電する方法もあり、こちらは一瞬で充放電が可能だが、大容量化がむずかしい。こちらは、畜エネルギーというよりも、電圧変動や周波数変動抑制向けの技術として利用されている。

●**熱エネルギー**

氷が水になるときに熱を吸収する性質を利用して、**熱エネルギー**として貯蔵を行う方法である**氷蓄熱システム**などがある。ただし、電力をつくりだすというよりも、冷房システムとしての活用が主。また、温度を変化させるのに必要な熱エネルギーを利用した蓄熱技術・**顕熱蓄熱**（けんねつ）（➡P186）もあるが、こちらもどちらかといえば、空調に利用される。

●**化学エネルギー**

電気を水素やアンモニア、液体室

畜エネルギーは、電気エネルギーをほかのエネルギーに変換する

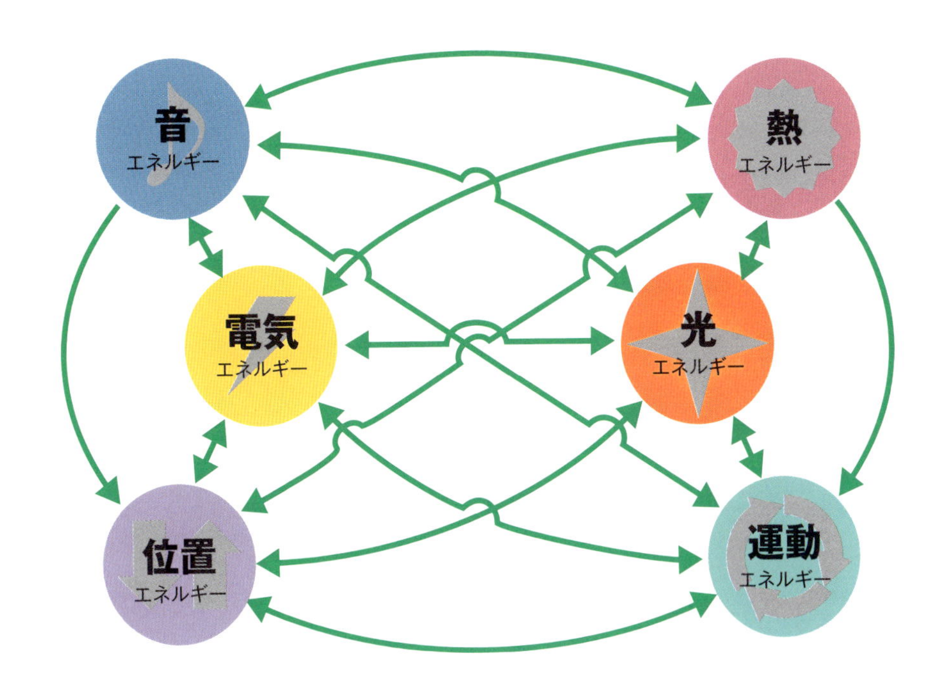

エネルギーは音や光、電気などのそれぞれ変換することができる。畜エネルギーはこのしくみを使ったもの。エネルギーの種類を変えることを「エネルギー変換」という

素などを利用して、化学的に貯蔵するもの。ここで利用する水素は、水道水などを濾過して生成した純水を電気分解することでつくる。エネルギーとして利用するときは、貯蔵した水素を空気中の酸素と化学反応させることで、電気と熱を取り出すことになる。

エネルギーの種類のまとめ

エネルギーにはさまざまな種類があるが、その特徴をまとめておく。

位置エネルギー	重力がある地球上などで、物体が高い位置にあるときに蓄えているエネルギー
運動エネルギー	物体が運動しているときに持っているエネルギー。位置エネルギーと合わせて、力学的エネルギーという
熱エネルギー	物体を温めたりするエネルギー。温度が高いほど大きなエネルギーを持つ
電気エネルギー	電流で電球を光らせたり、モーターを回すエネルギー。電子の流れによって生じる
化学エネルギー	物質がほかの物質と反応して得られるエネルギー。化学結合を変化させることで、熱エネルギーや光エネルギーを生じる
光エネルギー	植物の光合成などに役立っている。太陽光パネルで電気エネルギーに変換するなど、物質に照射されることで、熱エネルギーにもなる
原子エネルギー	原子核が分裂したり、融合したりするときに出るエネルギー

物体などが持っている仕事をする能力の総称をエネルギーという。厳密にいえば、エネルギーはほかのエネルギーに姿を変えるだけで消滅することはない

2 蓄電池の技術

畜エネルギーで最も身近なのがリチウムイオン電池をはじめとした蓄電池のテクノロジーだろう。大容量の蓄電池システムは、電力の時間シフトの切り札となる。

蓄電池技術の今

蓄電池（バッテリー）とは、乾電池のように1回限りではなく、充電・放電を行うことで電気を繰り返し蓄え・利用できる電池で、**二次電池**ともいう。スマートフォンやノートPCなどに内蔵されているバッテリーや電気自動車のエネルギーとして、すでに多くのシーンで利用されているのはご存じのとおり。

蓄電池の役割としては、

- **余剰電力をためておく**
- **電力の安定供給に期する**
- **防災に役立てることができる**
- **次世代自動車や飛行機のエネルギー源となる**

などが期待されるとともに、すでに実用化されている。

なかでも**余剰電力**をためておくことは、一斉に電力を使う時間帯に蓄電池にためておいた電気を使うことで、全セクションでも解説した電力の消費を抑える**ピークシフト**にも役立てること

さまざまなタイプがある蓄電池

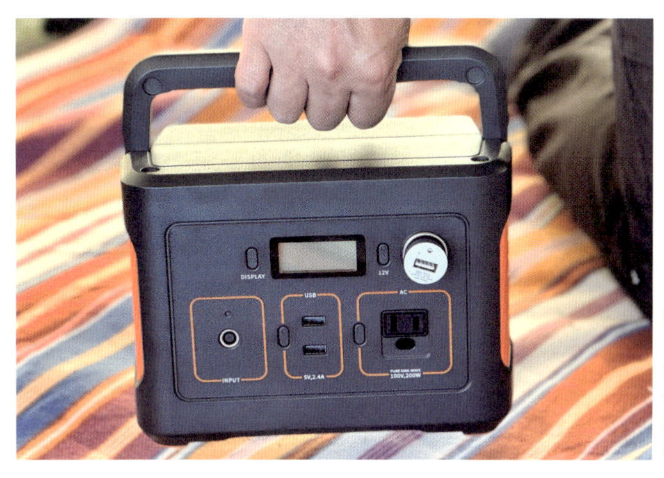

蓄電池は小型から大型までさまざまな種類があるが、最近は災害用にポータブルのタイプが人気

が可能だ。ただし、蓄電池も超伝導磁気エネルギー貯蔵のように直接電気をためておくのではなく、化学エネルギーとして蓄えている。電気をためておくときも利用するときも、**化学反応**を利用して、蓄電池に電気を「ためて」おくのだ。

蓄電池には現在、以下のような種類がある。

●**鉛蓄電池**

自動車のバッテリーとしても利用されている。比較的**高い電力**を取り出せ、**安価**で使い勝手がいい。

●**リチウムイオン電池**

スマートフォンやノートPCなど、最も普及が進んでいて、**高出力高容量タイプ**も存在する。

●**リン酸鉄リチウムイオン電池**

リチウムイオン電池の一種だが、コバルトを使っていないため**発火リスクが少ない**。それは、コバルト原子と酸素原子の結合は不安定であるが、リン原子と鉄、酸素の結合は強固だからだ。また、他のリチウムイオン電池と比べて部材が安いため、**コストを低く抑える**こともできる。

●**ナトリウム・硫黄電池（sodium-sulfur battery）**

NAS電池とも呼ばれ、**コストが低く**、**大容量化**も可能。

経済産業省は、蓄電池は2050年カーボンニュートラル実現のカギとしている。

各種蓄電池の比較

電池の種類	鉛	リチウムイオン電池	リン酸鉄リチウムイオン電池	ナトリウム・硫黄電池
コンパクト化	×	◎	○	○
エネルギー密度（Wh/kg）	35	200	100	130
コスト	○	×	△	◎
大容量化	○	○	○	◎
安全性	○	△	○	△
資源	○	○	◎	◎
寿命	◎	○	◎	○
充電可能回数	3150回	3500回	3000回	4500回

蓄電池には一長一短があるが、使う状況に合わせて利用することで、最大限の威力を発揮できる

現状の自動車などモビリティの電動化だけでなく、再エネの主力電源化のためにも、電力の需給調整に活用する蓄電池の配置が不可欠とする。2050年の全世界での蓄電池市場は100兆円規模。リチウムイオン電池で縮小してしまった日本のシェアを伸ばす可能性も大きい。

大容量蓄電池の必要性

電池に**リチウム**を利用する技術は、1976年に当時アメリカの石油会社の技術者だったウィッティンガム氏が提案。その後、研究が進み、1991年にソニーがはじめて実用化に成功した。

日本勢は技術の優位性で初期市場を確保したが、市場の拡大に伴い中国や韓国のメーカーがシェアを拡大し、日本メーカーはシェアを低下。2020年現在、日本メーカーのシェアは車載用で全世界の約21%、定置用で約5.4%と低い。

リチウムイオン電池は最も普及が進んでいる技術で、ほかの蓄電池に比べ、電力ロスが小さく、発熱量も少ないため、急速充放電特性に優れている特徴がある。こういったメリットから、電気自動車だけでなく、定置用と

蓄電池の世界市場の推移

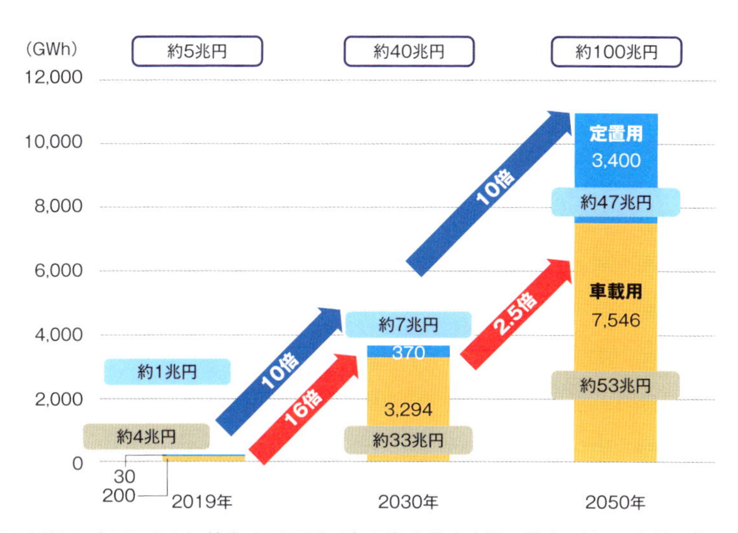

蓄電池市場は車載用、定置用ともに拡大する見通しだ。電気自動車市場の拡大に伴い、車載用蓄電池市場が牽引し、定置用は車載用の1/10程度の規模だが、2050年に向けて定置用蓄電池の市場も成長する見込みだ（経済産業省「蓄電池産業戦略」。2022年）

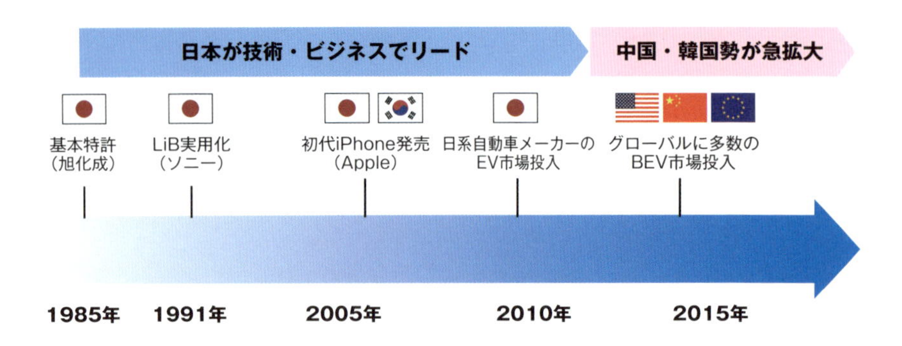

日本が実用化しリードしてきたリチウムイオン電池だが、中国・韓国勢に推されて、市場シェアは低下するばかり。新規技術の開発などで追い上げを期待したい（経済産業省「蓄電池産業戦略」。2022年）

して太陽光や風力発電の電力変動に対応したり、電力需要・供給のバランスのための**短時間シフト用**として利用されることも多い。

リチウムイオン電池とならんで注目されているのが、**ナトリウム・硫黄電池**だ。日本ガイシが世界ではじめて実用化したメガワット級の電力貯蔵システム（NAS）があり、長期にわたって安定した電力供給が可能。既存の蓄電池と比較して長寿命かつコンパクトで、メガワットクラスの蓄電容量にも対応するものの、以下のようなデメリットもある。

- **コストが高い**
- **ナトリウムや硫黄などの危険物を使用**
- **メンテナンスが必要**

事実、火災事故などもあったが、それを教訓に強固な安全化対策が図られるようになった。ただし、NAS電池は常温では作動しないため、そのための電力が別途必要になる。さらに、これは発電時の廃熱も利用できる。

次世代蓄電池の開発

現在、日本では蓄電池の**高容量**をはじめ、**高出力**、**低コスト化**、**長寿命化**、**高安全性**に向け、次世代蓄電池の開発プロジェクトが進んでいる。蓄電池には、現存のパワー（出力）を高めることと、貯蔵能力をアップする2つの局面からの進化が求められている。

現状、2つのテーマには相反するところがあり、高出力だと貯蔵能力が低い、貯蔵能力が高いと高出力が得られないなどが課題だ。**次世代蓄電池**は、この2つの面からアプローチして、進化させていくことが目標だ。そのなかで特に注目されているのが、**全固体リチウムイオン電池**と**ナトリウムイオン電池**だ。

全固体電池をひと言でいうと、従来型のリチウム電池で使用される**液体の電解質を固体の電解質で代替**した電池のこと。これにはいくつか種類があるが、大きく**バルク型全固体電池**と**薄膜型全固体電池**とに分けることができる。

●バルク型全固体電池

一般的なリチウムイオン電池と構造的には似ているが、固体電解質を使用しているという点が違う。実用化には、高い誘電率を示す固体電解質の開発などが必要。

●薄膜型全固体電池

薄膜を積層させて製作。すでに実用化されていて、寿命が長いことが実証されている。

全固体電池にはリチウムイオン電池と比べて、以下のようなメリットがある。

- **安全性が高い**
- **超急速充電が可能で、エネルギー密度が高い**
- **作動温度範囲が広いので設計の自由度が高い**
- **劣化しにくく、固体なので液漏れが起こらない**

全固体リチウムイオン電池は、実用化が近い産業だが、まだまだ研究開発が必要な分野だ。

電気自動車での蓄電池技術の出力と貯蔵能力の関係

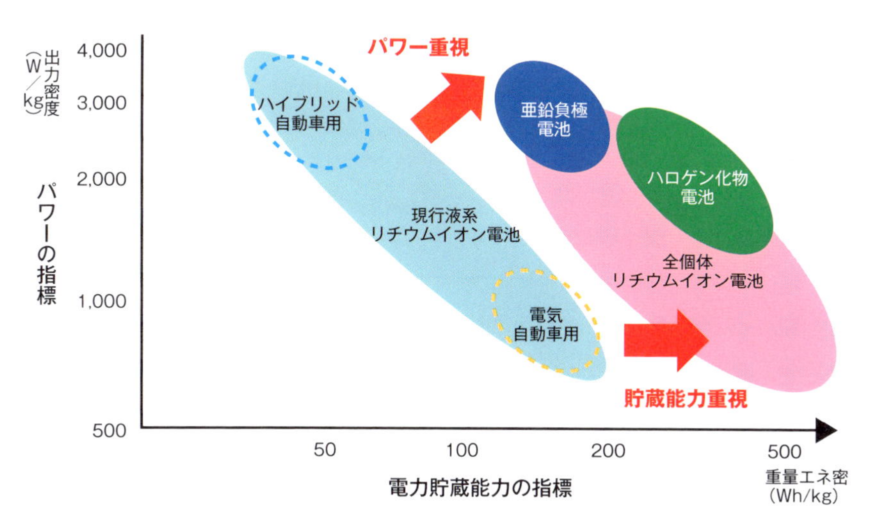

電気自動車の出力アップと航続距離の延長（電力貯蔵能力）の両方を高めるため、研究が進められている（経済産業省「自動車分野のカーボンニュートラルに向けた国内外の動向等について」）

3 超伝導による畜エネルギー

電気は電気のままためておくことが基本的にできないが、それを可能とする夢の技術が超伝導磁気エネルギー貯蔵だ。また、フライホイール貯蔵にも利用される。

超伝導技術が電力の安定供給に貢献

超伝導を使った畜エネルギーには、超伝導を用いた**フライホールによる蓄電**と**超伝導磁気エネルギー貯蔵**（SMES：Superconducting Magnetic Energy Storage）がある。

また、電力は発電しても発電地と供給地が離れていた場合、送電によるロスが生じる。そのロスを最大限に抑えるために**超伝導を使った送電**が考えられている。

フライホイールによる畜発電

この3つのなかで進んでいるのが、超伝導を用いた**フライホールによる蓄電**だ。

フライホイールによる畜発電は技術的にはすでに稼働実績があり、短時間のエネルギー貯蔵として、国内では日本原子力研究所（現・日本原子力研究開発機構）で世界最大規模のフライホイール発電機の稼働実績がある。

フライホイールの原理は非常に簡単で、**余剰電力でフライホイールを回転**させておく。発電する場合にはフライホイールを回転させたモーターを発電機として利用して、電力を得ることになる。つまり、電気を**回転エネルギー**として蓄え、利用するときはその回転で発電機を回すということ。

フライホイールは2002年に風力発電と組み合わせた小規模分散電源実用化のための設置運転が行われて有効性が確認されている。しかし、回転するノライホイールはホイールと空気の抵抗、ホイール軸との摩擦による影響などで徐々に回転が遅くなる、つまりエネルギーが失われていく。

空気はより抵抗の少ないヘリウムを用いることで、エネルギー損失を抑えることができるが、軸受けの摩擦によるものは抑えられない。そこで、フライホイールを**超伝導コイルで浮上**させること。中央リニア新幹線でも利用されている、磁気浮上技術だ。これにより、エネルギー損失を最小限に抑えた畜エネルギーが可能となる。

フライホイールによる充発電のしくみ

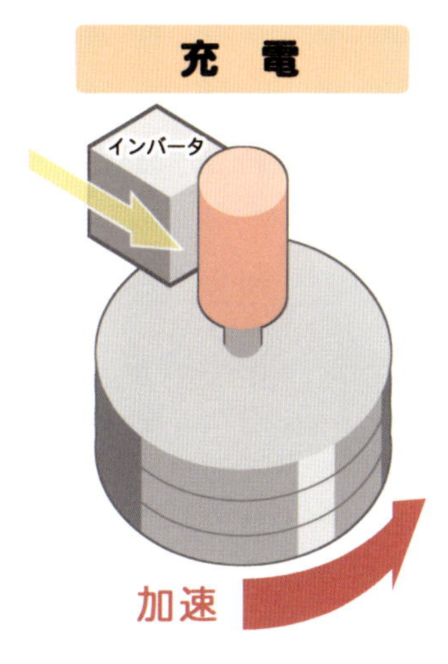

充電は電力を使ってモーターにつながったフライホイールを回して、電力を回転運動に変換する

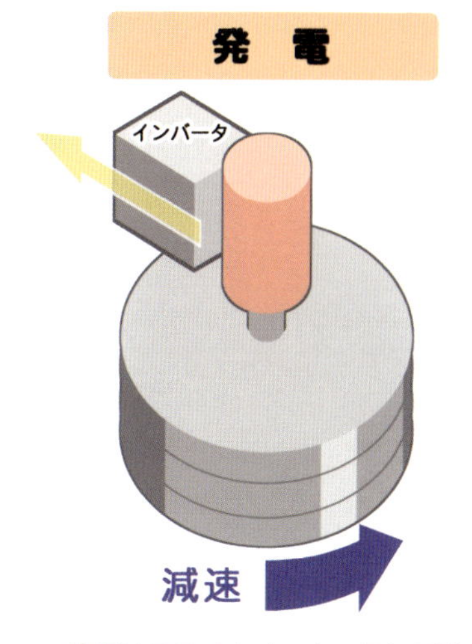

放電はフライホイールの回転運動でモーター（＝発電機）を回して、電気エネルギーを取り出す

フライホイールは大きな円盤に回転運動としてエネルギーを蓄える。電力を取り出すにはその回転エネルギーで発電機を回す

夢の超伝導磁気エネルギー貯蔵

電気を電気のまま貯蔵するのが**超伝導磁気エネルギー貯蔵**だ。

物質が超低温下になると**超伝導状態**となり、**電気抵抗がゼロ**の状態となる。このとき電気をコイルのような状態の回路に流すと、電気は抵抗がないので永久に流れ続けることになるのだ。その場合、電気をコイルのような**蓄電設備**（超伝導状態のリング＝超伝導コイル）に電気のまま閉じ込めておくことができる。

イメージとしては、電気がコイルのなかを利用するまで損失なく、ずっと回り続けている感じだ。ただし、実用化までにはさまざまな課題がある。

超伝導状態になるには、かなりの低温が必要であり、**物質を冷却するためには多くの電力が必要**だ。以前はほぼ絶対零度（摂氏マイナス273.15度）に近い摂氏マイナス269度まで下げなければならなかったが、現在では約摂氏マイナス196度で超伝導状態をつくることが可能となった。それでもかなりの低い温度が必要で、常温（摂氏20度前後）で超伝導状態が可能となる技術の開発が急がれている。

なお、常温・常圧での超伝導は、ビジネスの面からもかなりのインパクトがあるため、過去に何度か成功したとのニュースも飛び交ったが、いずれも現段階ではそれらは実証されていない。また、超伝導を畜エネルギーに活用する場合、電気の取り出し方法など乗り越えなければならないハードルも多い。

実現すれば、**一気にエネルギー問題を解決**できる可能性があるため、今後の動向には注目だ。

送電ロスを低減するために利用

超伝導による畜エネルギーの実現にはまだまだ時間がかかりそうだが、超伝導状態またはそれに近い状態で**送電**することは、実用化が進んでいる。

電気を送る場合には電線が必要だが、超伝導状態以外では必ず**電気抵抗**が生じる。電気抵抗は電気の一部を**熱エネルギー**（一部磁気エネルギー）に変えてしまうため、発電所で発電された電気は自宅や会社に届くまでにいくらかのロスが必ずあるのだ。現在、日本の**送電ロス**は約5％といわれ、1年

超伝導のしくみと利用

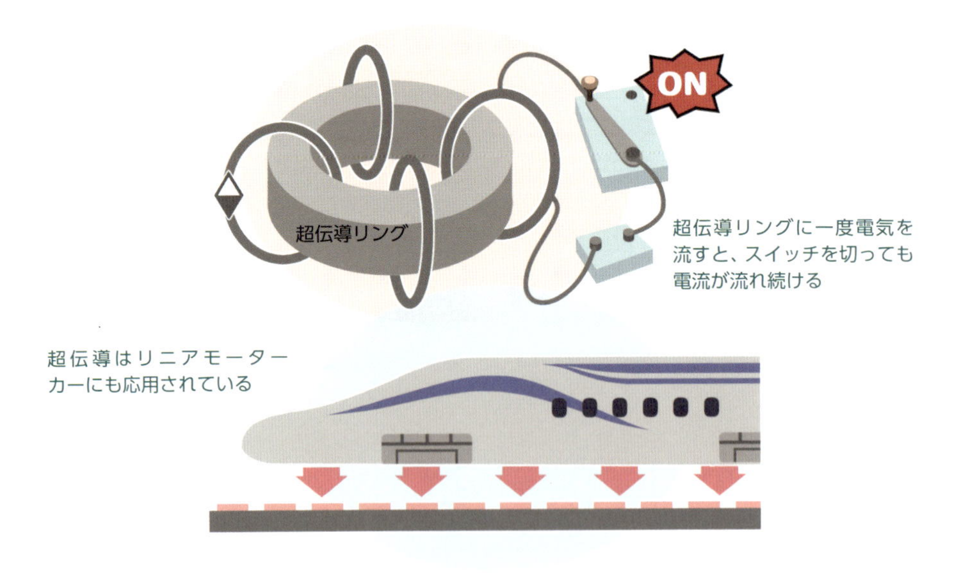

超伝導状態のコイルには電流が損失なく流れ続ける。現在、超伝導はリニアにも活用されているが、これは超伝導によって強い磁界を生み出すために利用されている

間で約458.07億kWhにもなる。

また、送電ロスゼロが実現すれば、地球規模で発電を考えることができるようになるのもメリット。例えば、太陽光発電は晴れた日中しか発電できないが、送電ロスがないのであれば、日中の国から電力を輸入して曇天時や夜間に利用することもできる。

実際、これを実現しようとする計画があり、それが「**サハラ・ソーラー・ブリーダー計画**」と呼ばれるものだ。この計画では、サハラ砂漠に広大な規模のソーラーパネルによる太陽光発電所を建設し、超伝導電線をつなぐ。そこで発電した電力を世界中に送電する計画だ。東京大学の科学者・鯉沼秀臣が構想し2010年、科学技術振興機構（JST）と独立行政法人国際協力機構（JICA）の「**地球規模課題対応国際共同研究事業**」で日本とアルジェリアの大学の共同プロジェクトとして開始。

ただし、この計画には長大な送電網が必要になることはもちろん、超伝導ケーブルには超低温を実現するための電力も必要。ある試算によると、ケーブルを超低温にした場合でも、エネルギー損失が約2%ある。このあたりの解決策も必要だろう。

世界各地で発電・送電ロスゼロならエネルギー革命に

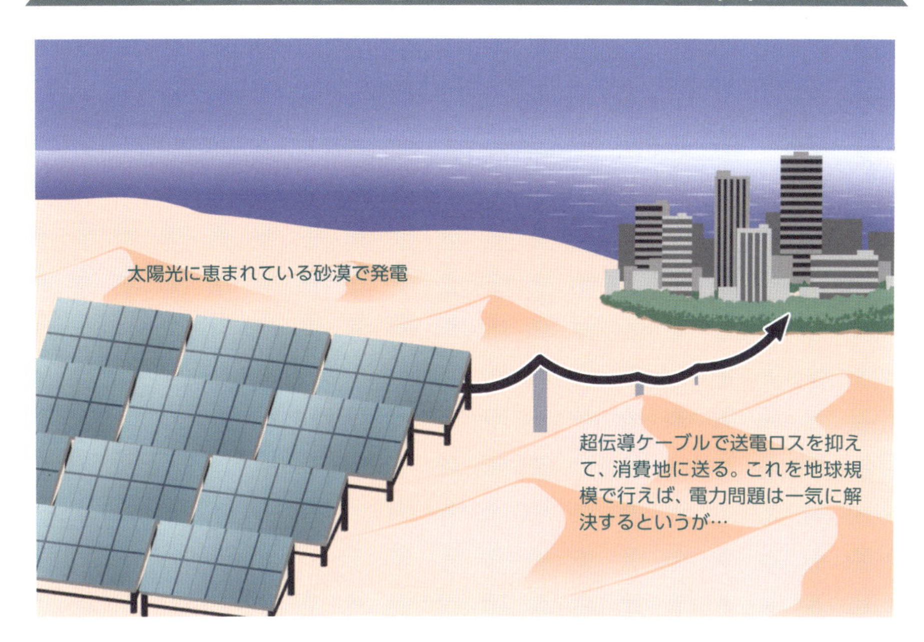

サハラ砂漠の４分の１の面積で、世界中の電力を賄えるという計算もある。ただし、2024年現在、実現していないので、前途は多難の様子

4 水素を使った畜エネルギー

水素はカーボンリサイクルや脱炭素にも必要とされる元素。また、一次エネルギーとエネルギー需要を結ぶ媒体としても注目されている。

水素のエネルギー利用

水素はカーボンリサイクルに欠かせない元素として4章で、製造・貯蔵、輸送方法などについて解説したとおりだ。

水素のエネルギーとしての利用には、次のような方法がある。

- **燃料電池として利用**
- **水素を利用した発電**

日本では特に消費者向けの水素利用の普及が進んでおり、家庭用燃料電池や燃料電池を利用した自動車などが中心。これに対し、アメリカやヨーロッパでは運輸全般や産業全体で大規模化し、コスト低下を目指している。水素エネルギーを普及させるためには、**水素の製造コスト**を下げていく必要があるが、そのためには**大量に需要を創出する**ことが不可欠だ。日本はこの点で出遅れの感が否めないが、国内の資源を活用した**水素サプライチェーン**の構築や水素製造から利用にいたるまでの技術を1つのパッケージとして展開していく**水素タウン**の構築を目指すモデル実証がはじまっている。

水素を運輸に使う

現在、日本で先行して水素を利用している分野は**運輸**だろう。日本は早くから水素の利用を推し進めてきていて、**製鉄業**でも石炭の代わりに水素を使って製鉄する**水素還元方式**などもあるが、運輸の領域ではいち早く、走行時に二酸化炭素を排出しない**燃料電池車**（FCV：Fuel Cell Vehicle）を開発・発売した。

資源の少ない日本にとって、水素は産業で排出されるなど簡単に手に入るので、水素を活用するのは**エネルギー安全保障**の面からも意義がある。

また、**電気自動車**（EV：Electric Vehicle）だと燃料の補給（充電）に時間がかかるうえ、航続距離もあまり長くないが、燃料電池車なら充填時間も短く、航続距離も1000キロを超えるものもある。ただし、車体価格が高額なのと、水素の供給設備（**水素ステ**

燃料電池車のしくみ

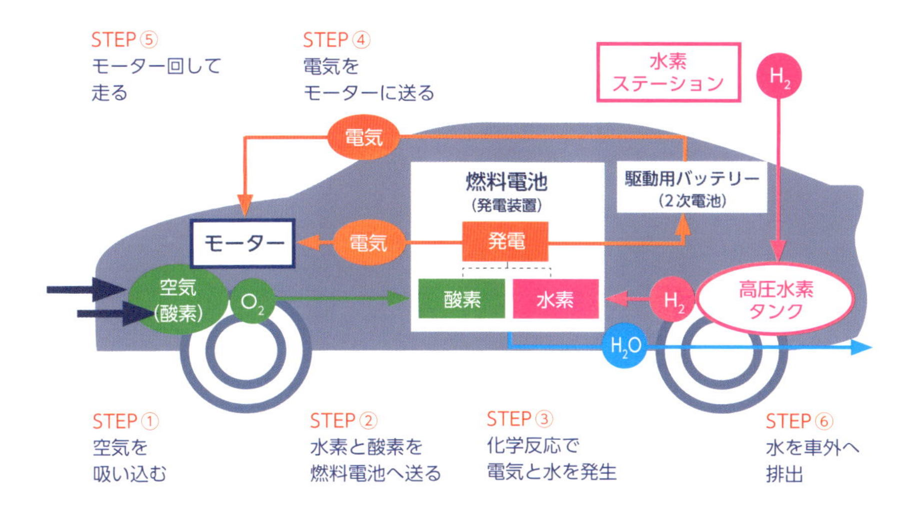

モーターで走行する点では電気自動車と同じ。水素は爆発性が高いので、漏れたりしないことが重要。また、水素ステーションも普及と安全対策が求められる（トヨタ自動車「トヨタの燃料電池自動車」）

水素燃料電池のしくみ

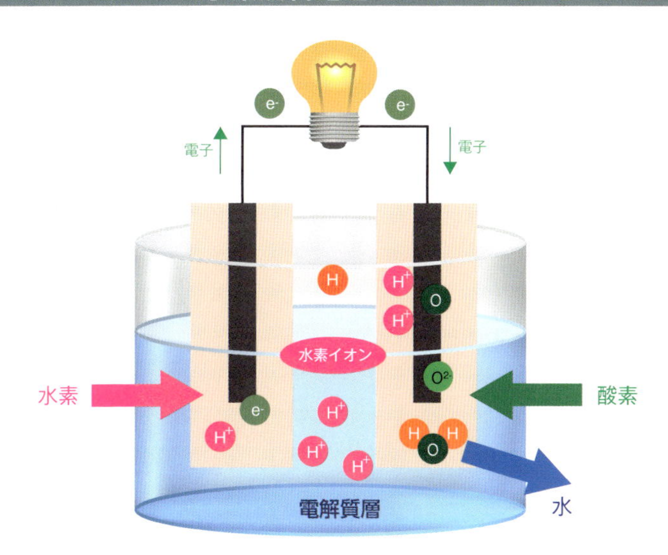

プラス電極では、外部（大気）から供給された酸素が外部回路を流れてきた電子を受け取って酸素イオン（O^{2-}）となり、水素イオン（H^+）と結合して水（H_2O）になる。よって排出は水のみとなるのだ

ーション）が十分に整っていない。

水素を使った**水素燃料電池**は、水素と酸素を化学反応させて、直接電気をつくる方法。燃焼を利用する従来の発電方式より高い効率が期待できる。電池という名前がついているが、蓄電池のように充電した電気をためておくものではない。水素を燃料電池本体に送ると、マイナス電極で水素が水素イオン（H^+）と電子（e^-）に分離。水素イオンは電解質層のなかでプラス電極へ移動し、酸素と結合して水になる。電子は外部回路を通ってプラス電極へ向かうことで電流が発生する。

水素で発電する

水素燃料電池は運輸分野でおもに利用されることが想定されるが、水素は発電に利用するだけでなく、水素燃料電池を使った**コジェネレーション**（➡P187）の利用も進められている。電力は貯蔵ができないのに対し、**水素は長期間の保存や運搬が可能**。また、蓄電池などにためた電気のように減衰することもない。クリーンに製造、運搬、利用できるという水素の特性を生かし、水素による発電技術の開発が進んでいる。

現在、水素を燃料として発電する水素発電には以下の2つの方式がある（燃料電池としての利用はのぞく）。

● **ガスタービン発電**

ガスタービンで水素を燃焼ガスを発生させ、タービンを回転させることで発電する方式。次の汽力発電とガスタービン発電のコンバインド方式で用いられることが多い。

● **汽力発電**

ガスタービンで水素や水素とほかの燃料を燃焼させて、発生した熱エネルギーからの蒸気で発電機を回して電気を生み出す方法。蒸気を使うのは火力発電などと同じしくみだが、二酸化炭素など温室効果ガスが発生しない。

水素で発電するメリットは、以下の点だ。

● **環境負荷の軽減に役立つ**

水素発電を水素のみの燃料で行った場合、**二酸化炭素は発生しない**。そのためカーボンニュートラル化に役立つ。

● **エネルギー調達先の多角化に**

石油など日本はほとんどの一次エネルギーを海外からの輸入に頼っているが、水素であれば**自給が可能**。

これらのほかにも、水素発電の技術を海外に輸出して、産業競争力を伸ばすことにも貢献できるだろう。

しかしながら、水素のサプライチェーンが普及するまでの水素発電のコストや水素を扱ううえでの技術など課題が残されている部分も多い。

ガスタービン発電のイメージ

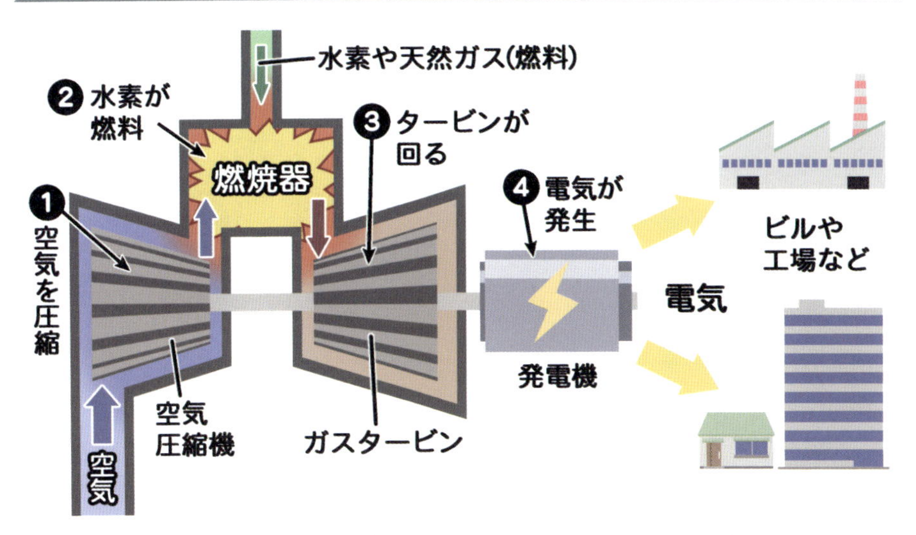

汽力発電は火力発電などと同様に水素を燃焼させたときの熱でお湯を沸かしてその蒸気で発電するが、ガスタービン発電は水素を燃焼させたガスをそのまま発電機の回転に利用する

蓄電池としての電気自動車

電気自動車のメリットの1つにアウトドアシーンで電源がとれることがある。それに加えて、災害時などの非常用電源として使用できる点もメリットだ。さらに家庭の太陽光発電と組み合わせることで、非常時だけでない家庭用の蓄電池として活用もできる。

これはV2H（Vehicle to Home）システムといわれるもので、電気自動車の大容量バッテリーから電力を取り出し、分電盤を通じて家庭の電力として使用できるしくみだ。また、晴天時には太陽電池から充電し、これを家庭の電力として使ったり、自動車の電力としても使うことができる。

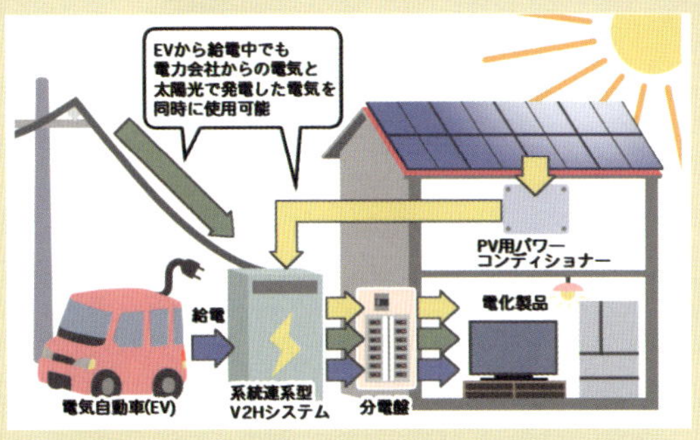

太陽光パネルがあり、電気自動車も所有しているならぜひとも設置したいシステムだ

5 開発が進む最新テクノロジー

畜エネルギーに関する技術は、蓄電池や超伝導を利用したもの、水素を利用したもののほかにも多彩な技術の開発が進められている。

省エネルギーに貢献するパワー半導体

カーボンニュートラルの達成には、余剰電力などをためておく**畜エネルギー技術**に加え、エネルギーの消費を少なくする**省エネルギー**も必要だ。その省エネルギーにひと役買うのが、**パワー半導体**と呼ばれる**半導体デバイス**だ。パワー半導体は、電気の流れをコントロールしてムダを抑える役割をする。パソコンなどの電子機器内では動作時に常に電気のロスが発生しているが、高性能なパワー半導体を使用すれば、電気のムダを低く抑えることが可能。もちろん、パソコンだけでなく、家電製品や電気自動車、電車、また変電所など、電気を使うあらゆる場面で省エネを効率的に実現する。**カーボンニュートラルの陰の主役**といってもいいのだ。

パワー半導体の需要は年々高まっており、現在約3兆円のパワー半導体マ

パワー半導体の役割

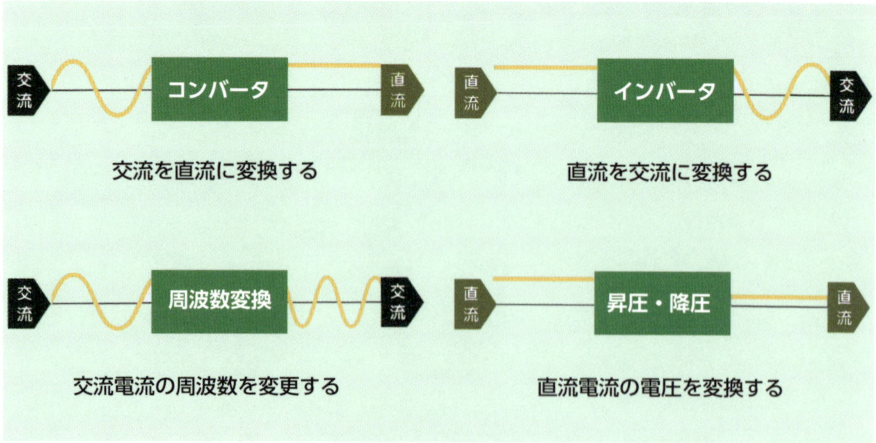

次世代パワー半導体に代替すれば、原子力発電所数基分に相当する省エネができると試算されている

ーケットは、2030年には約5兆円、2050年には10兆円まで拡大すると予想されている。これまでパワー半導体の基板には**シリコン**（Si）が使われてきたが、省エネ技術を高めた次世代パワー半導体ではその素材に**炭化ケイ素**（SiC）や**窒化ガリウム**（GaN）などの化合物半導体を使用。これにより、電力効率が改善することで機器の消費電力を大幅に削減したり、システムの小型化にも寄与したりすることが可能となる。

いままでパワー半導体というと地味な存在だったが、実際は身近なものに活用されているほか、普段目にすることが少ない工場などで使われる産業用ロボットや医療機器、太陽光発電や風力発電や送配電機器にもパワー半導体は欠かせない。日本の半導体は1986年の日米半導体協定で低迷を続けているが、パワー半導体市場では日本はアメリカ・ヨーロッパと並ぶ三極の1つであり、世界シェアの約26%を占めている。日本が世界のカーボンニュートラルをリードするためにも、パワー半導体の開発に注力したいものだ。

一時的に大容量を畜エネルギーするキャパシタ

キャパシタはコンデンサのことで、電気をためることができ、ためた電気を必要なときに放出することができる部品のこと。電気はためることができ

キャパシタの充電のしくみ

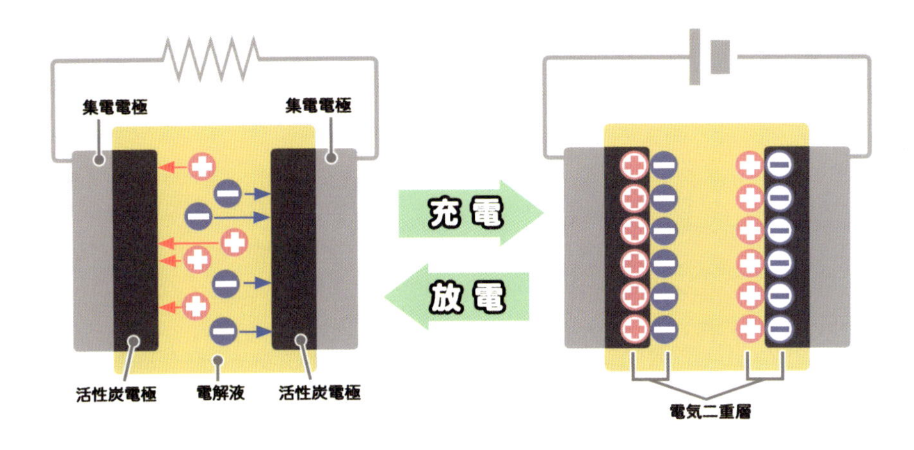

電流を流すと電極と電極のあいだ（この場合は電解液）のイオンが正負の電極に集まり、充電状態となる。電源を離し、電極のあいだに電気装置などの抵抗をかけると放電し、電流が流れる

ないが、キャパシタでは**電位差（静電気のようなかたち）で蓄電**する。蓄積できる電気は電池と比較すると少ないので、短時間しか電流を供給（放電）できないが、充電と放電は繰り返すことが可能だ。

短時間の充放電ではあまり利用価値がないと思われがちだが、太陽光発電など安定しない電力において、**一時的に電力を調整する役割として非常に重要**。また、**充電時間が一瞬**なので、例えば電気自動車がブレーキング時に発生して捨てていたエネルギーを回収する**回生ブレーキ**で発生したエネルギーを一時的に貯留することにも役立てられている。

このほかにもキャパシタは大容量キャパシタとして、リチウムイオン電池などの二次電池の代替としての利用も考えられている。ただし、電池はキャ

回生ブレーキのしくみ

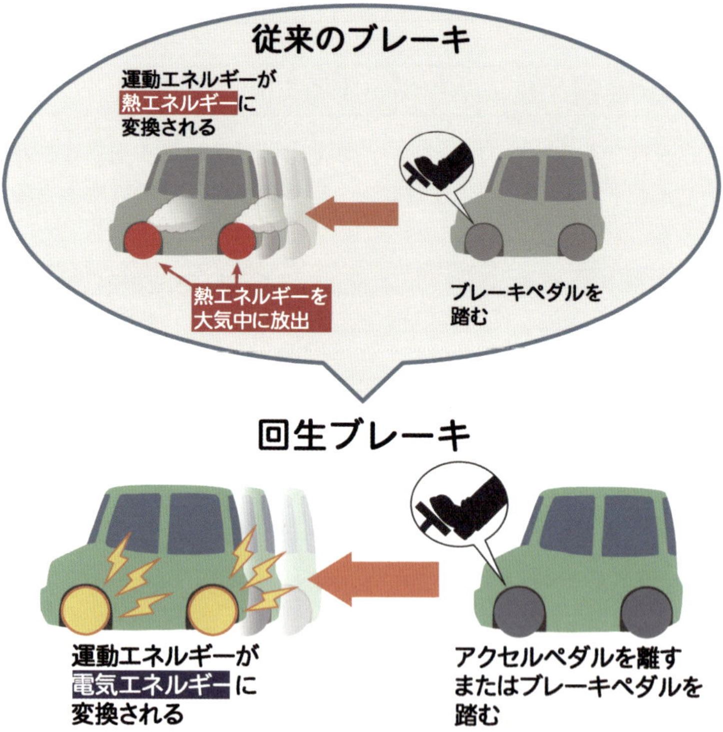

従来のブレーキ

運動エネルギーが熱エネルギーに変換される

熱エネルギーを大気中に放出

ブレーキペダルを踏む

回生ブレーキ

運動エネルギーが電気エネルギーに変換される

アクセルペダルを離すまたはブレーキペダルを踏む

エンジン車とは違い、モーターで走る電気自動車は減速時にもモーターを使う。モーターはアクセルを踏むと駆動力を生み出すが、アクセルから足を離して減速するときは、逆の力が働いて発電機になる。回生ブレーキはこの原理を使っている

パシタに比べ、重量当たりのエネルギー量（重量エネルギー密度）が10倍程度高い。この差を技術的に埋めるのは困難だが、技術が進めば克服できる可能性もある。そうなれば、一瞬で充電できる点などキャパシタの有効性を生かして、優れた蓄電池となるだろう。

蓄熱発電システム

生産された再生可能エネルギーを貯蔵する方法として、高出力・大容量発電、長時間エネルギー貯蔵が可能なのが、**蓄熱発電システム**だ。蓄熱発電システムは、再生可能エネルギー由来の電力を**ヒートポンプ**や**電気抵抗器**で熱

蓄熱発電の概念

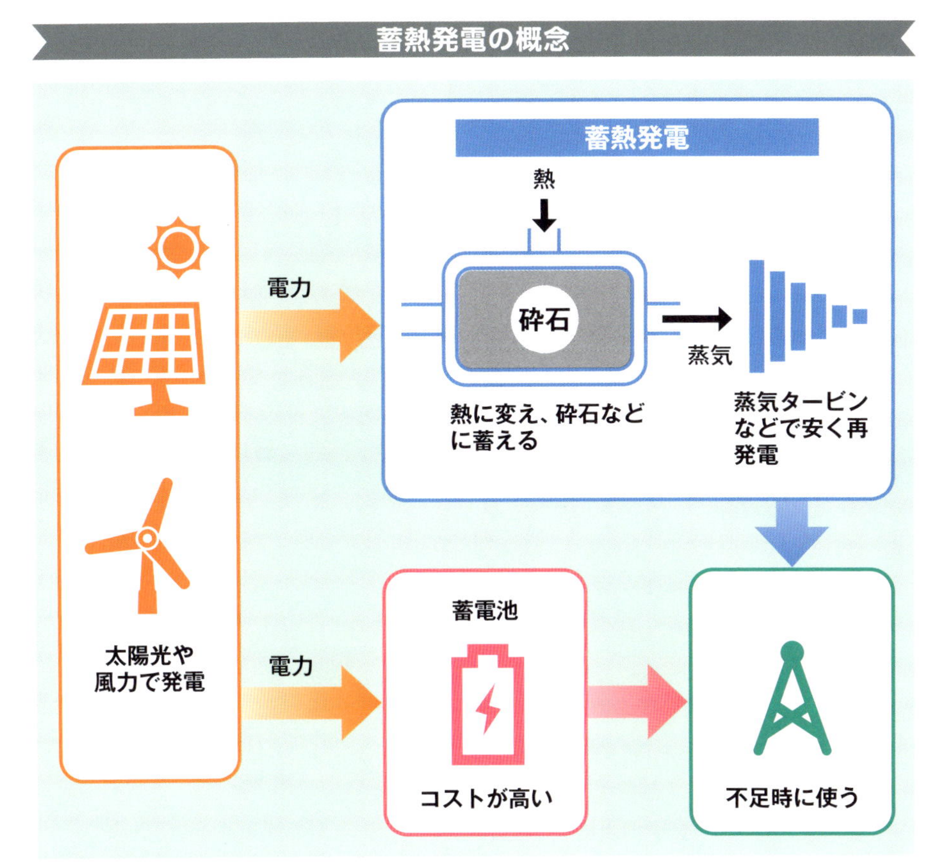

太陽光など発電した余剰電力を蓄熱発電で蓄える。設備が大きくなるので、蓄電池と組み合わせて利用することが多い

へ変換し蓄熱しておき、利用時にその熱を**スチームタービン**や**カスタービン**などで電気に変換して出力する。

●顕熱蓄熱

顕熱（けんねつ）とは物質の状態が変えないで熱を蓄えること（例えば、水を温めても湯気にならないなど、「固体・液体・気体」の物質の三態が変化しない）。顕熱蓄熱は蓄熱材にコンクリートや砕石、溶解塩などを使い、低温の蓄熱材を加熱して熱をためる。顕熱蓄熱は蓄熱材が安いので技術開発、実用化が進んでいる。

●潜熱蓄熱

潜熱（せんねつ）とは熱を蓄えるときに蓄える材料が固体から液体に変わるなどの状態変化を伴うもの。顕熱と違って、三態が変化する。蓄熱材としてはパラフィン系化合物や水化合物が使われ、顕熱蓄熱より蓄熱密度が大きく、一定温度で蓄熱可能。課題としては熱伝導率が低く、熱交換が必ず必要であることや蓄熱材の腐食性があげられる。

●化学蓄熱

水酸化カルシウム系の化学反応を利用する。水酸化カルシウムを熱で酸化マグネシウムに変化させ蓄熱。運搬や長期の保存でも劣化しないという特徴がある。

安全で大容量化ができるレドックスフロー電池

レドックスフロー電池（RFB：Redox Flow Battery）は極めて安全性で、寿命が長く、大容量化しやすい、周期変動に強いといった点が特徴の蓄電池。ただし、エネルギー密度がリチウムイオン電池の5分の1程度で、残念ながら小型化には向かない。太陽光発電など、発電量の変動が大きいものの変動が大きい再生可能エネルギーのための充電池として、期待されている。材料の1つのバナジウムの高騰が気になるが、代替品の開発も進んでいる。

レドックスフロー電池の特徴

	時間容量	特徴	国内の系統用蓄電池の導入事例（出力／容量）
レドックスフロー電池（RFB）	3～10時間以上	・難燃性で安全性が高い ・20年以上の長寿命 ・大容量化が容易	15 MW/60 MWh 17 MW/51 MWh （北海道勇払郡安平町）

レドックスフロー電池は、調達から廃棄までのライフサイクルコストはリチウムイオン電池よりも有利といわれる

6 カーボンニュートラルに役立つコジェネレーション

コジェネレーションとは、天然ガスや石油、天然ガスなどを燃料として発電したときに生じる廃熱も同時に回収するシステムのこと。エネルギーの有効利用につながる。

コジェネレーションとは？

コジェネレーション（熱電併給、コージェネともいう）は、発電するときに生じる熱を回収し、蒸気や温水などにして冷暖房、給湯、工場生産などに使用するシステムのこと。電気は発電所で生産され、送電網を通して離れた地点の工場や家庭まで運ばれるが、発電時に同時に排出される熱は電気とい

コジェネレーションの概念

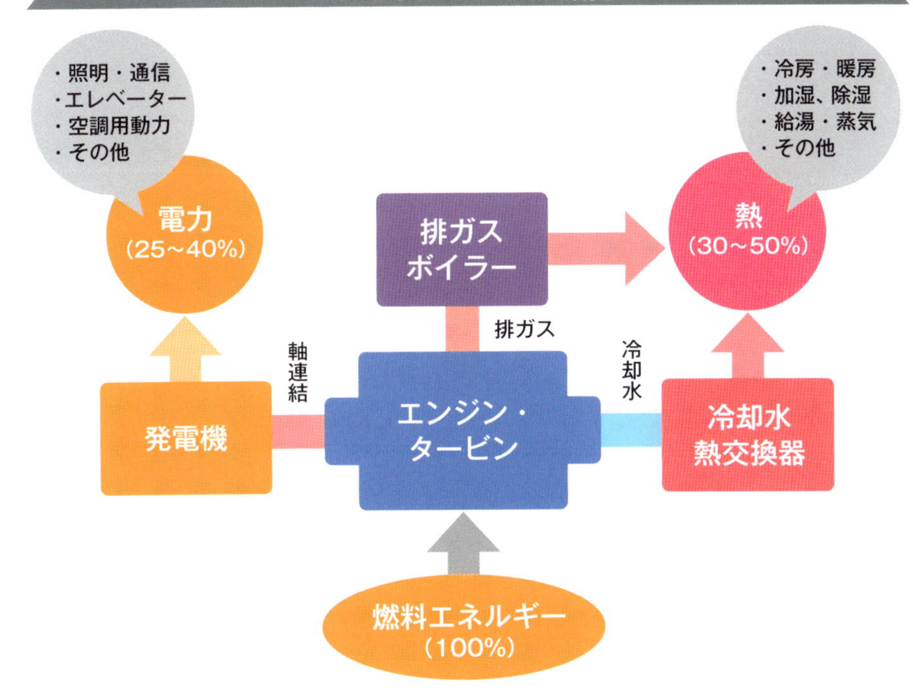

いままでは事業所がメインだったが、最近では燃料電池や都市ガスを利用した家庭用のコジェネレーションも登場してきている

っしょに運搬できないため、その約6割は廃熱となっていた。しかし、廃熱は、蒸気や温水として、工場の熱源、冷暖房・給湯などに利用できるので、これらを有効利用すれば燃料が本来持っているエネルギーの約75〜80%となる高い総合エネルギー効率が実現可能となる。

コジェネレーションそのものは、19世紀後半にはすでにヨーロッパではじまり、日本では1980年代後半から導入が進められた。その後、一時期は停滞していたが、東日本大震災以降、災害対応に効果的だということで見直しが進み、2018年時点で1000万キロワット以上に普及している。

コジェネレーションの種類と効果

コジェネレーションの発電装置には、ガスタービンやディーゼルなどの内燃機関、蒸気タービンや蒸気ボイラー、燃料電池など、発電機関によって３種類があり、日本では内燃機関によるものが主流になっている。

コジェネレーションのメリットの最大のものは、**省エネルギーの実現**だ。それまで**捨てていた熱を使う**ことで効率的なエネルギーの利用になる。

また、コジェネレーションでは**エネルギーの生産地と消費地が近い**ため、送電ロスやエネルギー輸送で生じる二酸化炭素の排出量の削減にもつながる。また、電力系統が遮断されていても発電は可能なので、**災害発生時などにもエネルギー供給ができる**点もメリットだ。

大規模な発電施設がなくてもコジェネレーションシステムを構築できる点もメリットだ。コジェネレーションには5〜30キロワット程度の**マイクロコジェネレーション**と呼ばれる比較的小さい出力のものがあり、こちらは飲食店やホテル、アミューズメント施設向けなどの業務用として利用されている。また、街づくりの一環としてもう少し大きな規模のコジェネレーションを積極的に導入する自治体も増えている。ある自治体は、コジェネレーションで地域内の商業施設やホテル、農業施設などに電力と熱を供給し、**災害にも強いサステナブルな街づくり**に取り組んでいる。**環境負荷の小さい街**として注目されているのだ。

そのほか、家庭で導入するコジェネレーションも普及がはじまっている。これらは**エネファーム**などと呼ばれているシステムで、都市ガスやLPガスから取り出した水素と空気中の酸素を化学反応させて発電をするもの。「エネルギー」と「ファーム＝農場」を組み合わせた造語で、水素と酸素でエネルギー（電気とお湯）をつくり出す。発電時に発生する熱は給湯や暖房などに活用する。

エネファームのしくみ

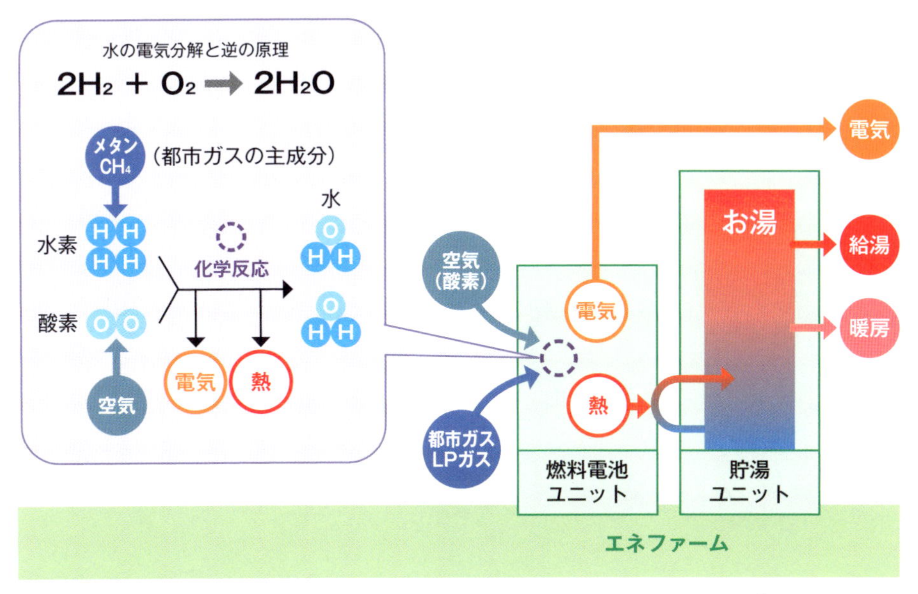

家庭用のコジェネレーション＝エネファームは、小さな発電所といってもいいシステムだ

先端技術の活用で生かす

コジェネレーションは、**AI（人工知能）**を生かすことで、さらに活用の幅が広がり、カーボンニュートラルに役立てることができるだろう。

例えば、生産部門であれば、生産工場の稼働やエネルギーをセンサーで監視。状況をAIで分析することにより、生産ラインを効率よく稼働したり、消費エネルギーの最適化ができる。

ある電力会社ではコジェネレーション設備の運転監視をAIが担当。1日以上先の電力消費をAIが計算することで、約1割のエネルギー消費削減に成功した。また、監視にかかる人員削減にもなる。

これまで、経験や勘に頼ってきたことにより可視化がむずかしかった領域でも、AIを導入することにより、効率的な運用が可能。ただし、AIなどの中枢であるデータセンターは大量の電力を消費するため、そのあたりの対策も必要だ。例えば、使用するエネルギーはすべて再生可能エネルギーとするなどだ。ただし、再生可能エネルギーでの電力は安定しないので、畜エネルギー技術や電源安定化の技術を利用して、データセンターに最適な電力に変換する必要もでてくる。

第6章

カーボンニュートラルへの取り組み

国の2050年のカーボンニュートラル達成に向け、官民一体となって温室効果ガスの削減に取り組みはじめた。しかし、産業によりカーボンニュートラルに取り組みやすい、取り組みにくいの違いがある。ここでは、産業別の取り組み状況を見るとともに、今後の動きを見ていきたい。

1 取り組みやすい部門と取り組みにくい部門

2050年カーボンニュートラル実現に向けて、すでに各産業とも脱炭素の取り組みを進めている。産業別に現状の動きとこれからの展望とその課題とは?

日本の温室効果ガスの排出の現状

2020年10月の政府のカーボンニュートラル宣言では、**温室効果ガスを2030年度に2013年度から46%削減**し、**2050年度にカーボンニュートラルを実現**するとうたっている。

では、現状はどうか。日本が排出している温室効果ガスの約9割が二酸化炭素（2022年度現在）で、その総量は11.1億トンにものぼる。その内訳は、38.7%をエネルギー転換部門が占め、その9割が電力からの排出となっている。次いで25%が産業部門、18%が運輸部門で、家庭部門はわずか4.5%にしかすぎず、カーボンニュ

2019年

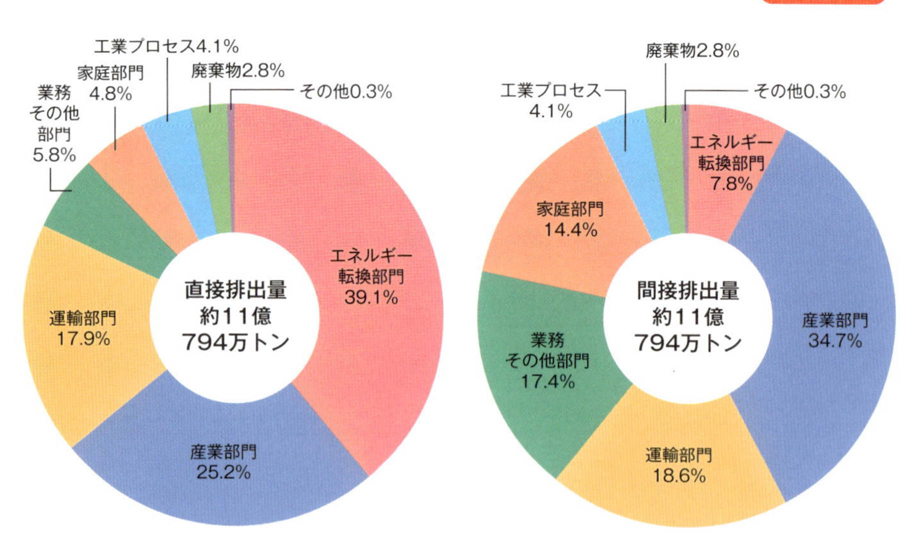

直接排出量は、発電に伴う二酸化炭素をエネルギー転換部門に計上。間接排出量は、発電した電力を使う最終ユーザーに発電に伴う二酸化炭素を計上している

ートラル実現のためには**電力部門および産業部門での脱炭素化が絶対的に必要**だということがわかる。

ここまで電力部門の取り組みについては解説してきたので、この章では産業部門を対象に見ていこう。

産業構造の変革が求められる

産業部門、なかでも**製造業**における二酸化炭素排出量の削減というと製造過程における二酸化炭素の排出と考えがちだが、近年では、素材の製造から

ライフサイクルアセスメント(LCA)とは

製品のライフサイクル

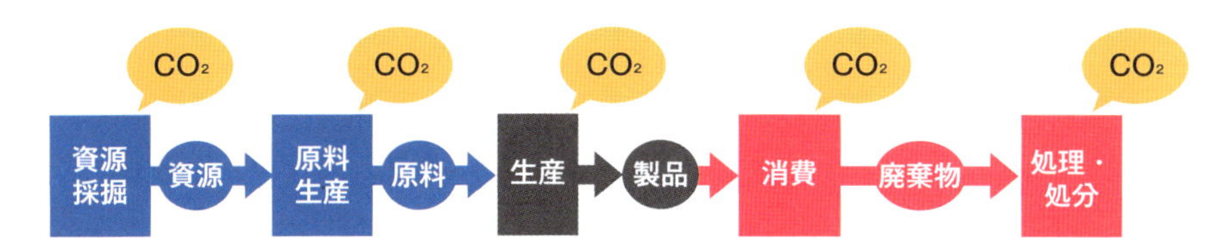

製品に関連する二酸化炭素排出量の比較（例）

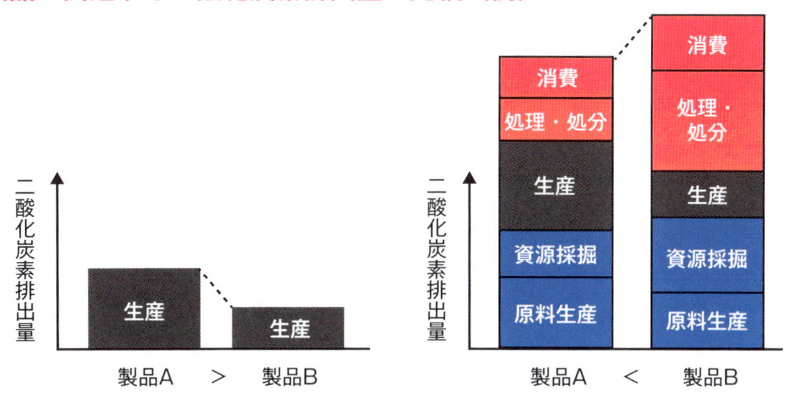

ライフサイクルアセスメントを用いて比較した例。生産段階のみに注目すると製品Ｂのほうが A より二酸化炭素排出量が少ないが、ライフサイクル全体を通してみると逆に製品Ａのほうが二酸化炭素の排出量は少ない（国立研究開発法人国立環境研究所・循環・廃棄物のまめ知識「ライフサイクルアセスメント（LCA）」）

製品の廃棄にいたるまでの製品のライフサイクル全体を対象とする「**ライフサイクルアセスメント（LCA：Life Cycle Assessment）**」という概念が一般的になってきた。

ライフサイクルアセスメントとは、ある製品・サービスのライフサイクル全体（資源採取→原料生産→製品生産→流通・消費→廃棄・リサイクル）、またはその特定段階における環境負荷を定量的に評価する手法。**国際標準化機構（ISO：International Organization for Standardization）**による環境マネジメントの国際規格のなかで**ISO規格**を作成。

こうした流れを受けて、日本の企業でもLCAが**CSR（Corporate Social Responsibility：企業の社会的責任）報告書**などで取り入れられている。これまでメーカーなどでは、省エネや再

二酸化炭素の部門別排出量の「部門」

産業部門や運輸部門、民生部門の言葉の意味をまとめておこう。なお、部門別排出量には、直接排出量と間接排出量があり、直接排出量は発電に伴う排出量をエネルギー転換部門からの排出として計算したもの。一方、間接排出量は、それを電力消費量に応じて最終需要部門に配分して計算したものだ。

エネルギー転換部門	石油や天然ガス、石炭などの一次エネルギーを産業、民生、運輸部門で消費される最終エネルギーに転換する部門。発電所などがこれに含まれる
産業部門	製造業、農林水産業、鉱業、建設業をまとめたもの
民生（家庭）部門	自家用自動車などの運輸関係をのぞく家庭でのエネルギーを消費する部門
民生（業務）部門	事務所・ビル、デパート、卸小売業、飲食店、学校、ホテル・旅館、病院、劇場・娯楽場、その他サービス（福祉施設など）の9業種が、事業所の内部で消費したエネルギーを消費する部門
運輸部門	最終エネルギー消費のうち、企業・家庭が住宅・工場・事業所の外部で人・物の輸送・運搬に消費したエネルギーを消費する部門

生可能エネルギーの一部導入などで二酸化炭素の排出量の削減の努力をしてきたが、これからはとてもそれだけでは対応しきれなくなり、**産業構造自体の抜本的な改革**が求められるようになった。

電化がむずかしい産業もある

カーボンニュートラルを実現のためには、

①**電化**
②**熱需要の水素の利用**
③**CCUS**

の3点が必要とされている。しかし、製造工程をすべて電化するのはむずかしい部門もある。

例えば、パルプ・紙・紙加工品部門では、パルプから水を蒸発させるのに**大量の熱エネルギー**が必要。現在は化石燃料や一部ではバイオ燃料などを燃焼させているが、すべて電化するのはむずしかいとされている。

化学産業でも、石油製品のナフサを高温で熱分解させる場合に大量の熱エネルギーが必要だ。この熱エネルギーに加え、鉄鋼、化学、セメントなど、製造工程で**化学反応**を用いている場合、大量の二酸化炭素が発生し、その扱いが課題になっている。

電力を大量に消費する製鉄は、新しい製鉄方法を開発するなどで、電力消費削減と温室効果ガスの非排出を模索している。

ただ、別の視点から見ると運輸、民生部門と比べて産業部門は、大量に二酸化炭素を排出しているものの、その出どころがはっきりしている。今後、二酸化炭素の分離・回収技術がより進んでいけば、CCS、CCUSに活用できるチャンスが増えてくるはずだ。

DXの導入が排出量削減を促す

先述したライフサイクルアセスメントの概念では、産業部門での二酸化炭素の排出は、製造工程に限ったものではない。比較的二酸化炭素の排出量を削減しやすいのが**企業の業務関連**だ。

非電力で排出される二酸化炭素排出量のうち、業務関連が占める割合は5%といわれる。製造プロセスの転換は技術革新やコストの問題など高いハードルが数多く立ちはだかるが、業務関連は使用機器やオフィスの省エネの実践、社内でのペーパーレス化、脱ハンコなど、比較的取り組みやすい。

また、**働き方改革**の推進から、フレックス制やリモートワークの導入、出張の削減、HRテック（HR：Human Resource＝人的資源）による業務プロセスの簡略化、コスト削減などは、多くの企業が取り入れている。

これら業務の改革には、**ICT**を有効に活用する**DX（Digital Transformation：デジタル変革）**の導入、推進が欠かせない。それにより企業のコストの削減、さらには二酸化炭素の排出量の減少へとつながっていく。2020年12月に発表された経済産業省の「**2050年カーボンニュートラルに伴うグリーン成長戦略**」では「**グリーンとデジタルは、車の両輪である**」と明記されている。

温室効果ガス排出の見える化は企業の責任

二酸化炭素の排出を減らすには、二酸化排出量の「**見える化**」が求められ、そのためには**IoT（Internet on Things：さまざまなモノをインターネットとつなぐ）技術**が有効だ。IoTセンサーで電力消費量を計算し、可視化することなどがある。

また、温室効果ガス排出量の算定・報告をするときに用いられる国際的な基準「**GHG（温室効果ガス）プロトコル**」にも、企業の責任が明記されていることも忘れてはならない。企業が直接排出している直接排出量とその企業の消費電力分の排出量の間接排出量、原材料の調達から消費までのサプライチェーンの排出量であるそのほかの間接排出量の3つが、**企業の責任**になるとしている。

DXによるカーボンニュートラル推進の例

テレワーク	人の移動に伴う二酸化炭素の排出（自動車通勤など）を抑制
AIによる需要予測	AIで需要を予測することで、廃棄ロスや製造・運輸などのコストを削減
電力の最適化	省エネ発電や需要の予測に加え、工場など複数の拠点間で電力を融通できるようにする
運輸・配送ルートの最適化・効率化	輸送にかかる二酸化炭素の排出を最小限に抑える
ペーパーレス化	紙資源の削減はカーボンニュートラルにつながり、また送付時などに発生する二酸化炭素を抑制

テレワークやAIによる需要予測、電力の最適化など、新しい価値観を導入する。これには、総合的な能力を持つDX人材の育成も重要な課題だ

2 産業部門（素材系製造産業）でのカーボンニュートラル

鉄鋼や化学などの素材系製造産業は、エネルギーの消費が大きいが特徴だ。製造プロセス中のエネルギー消費量を抑え、二酸化炭素排出を少なくするのが課題だ。

製鉄の現状

全産業の二酸化炭素の排出量のうち、実に5割近く占めている**鉄鋼部門**。その理由は、国産の鉄の75%を製造する**高炉法**（こうろほう）という製造方法だ。

鉄は高炉の中で、鉄鉱石と石炭を約1200℃の高温で乾留（蒸し焼き）することによってできるコークスを化学反応させて製造する。このとき、2000℃以上の高温が必要で、**1トンの鉄を製造する過程で約2トンの二酸化炭素が排出**されている。

なお、製鉄の方法には高炉法ほかに**直接還元法**と**電炉法**（でんろほう）となどが普及している。

二酸化炭素の発生しない水素還元製鉄

製造工程で実質二酸化炭素排出ゼロの鉄を「**グリーンスチール**」という。日本がカーボンニュートラルを実現する2050年時点で、グリーンスチールの需要は約5億トンになり、2070年には生産される鉄鋼のほとんどが、グリーンスチールに代わることが見込まれている。カーボンニュートラルを目指す世界では、たとえ高品位鋼であってもグリーンスチールでなければ市場に参入することができず、ビジネスの機会を失うことにもなりかねない。

そこで二酸化炭素を大量発生する高炉法に代わり、二酸化炭素を出さない製造法として開発が進められているのが**水素還元製鉄**だ。これは、コークスの代わりに水素と鉄鉱石を反応させる製造法で、鉄鉱石を鉄と水に還元させるため**二酸化炭素は排出されない**。日本が世界に先駆けて成功している。ただし、**大量の水素を使用**するため、コストの低い再生可能エネルギーとクリーンな**グリーン水素**の大量調達が必要となる。

実用化には、次のような課題がある。

- **鉄鉱石の還元に必要な高炉内の温度を保つ技術**
- **原料に含まれる不純物を除去する技術**

●**還元鉄の溶解に不可欠な電炉の高度化技術**

これらを確立するためには、設備投資などイニシャルコストも膨大だ。

現在、鉄鋼業界では排出された二酸化炭素の貯留（CCS）や回収・リサイクル（CCUS）など「**CO_2ネットゼロアプローチの推進**」、電化やグリーン電源化の推進、革新的な製造プロセスの確率といった「**非炭素化プロセスアプローチの推進**」、鉄リサイクルなど総合リサイクル業への展開、二酸化炭素フリー鋼材を使った製品開発などを重点施策として取り組んでいる。

また、企業だけの努力ではカーボンニュートラルの実現はむずかしいため、製鉄所近辺のほかの化学製造プラント、発電・ガス施設などとともに、

普及している3つの製鉄の方法

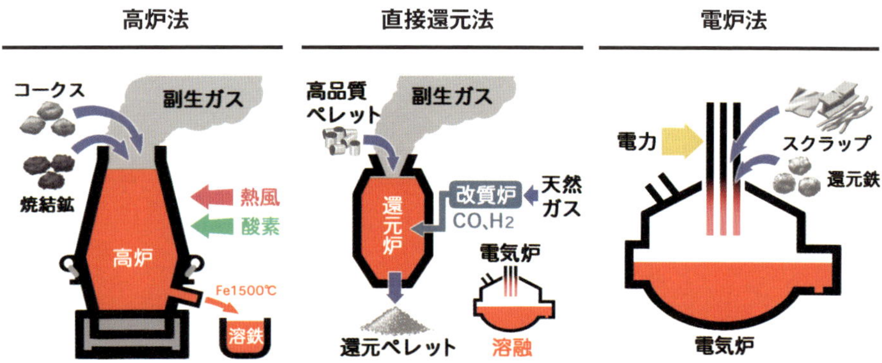

	高炉法	直接還元法	電炉法
特徴	高熱をかけて溶解と還元が同時に進むため、エネルギー効率が高い。高級鋼材の製造も可能	還元と溶解で別の工程となるため、エネルギー効率が低い	原料の鉄スクラップに不純物が多く、選別や配合管理が必要
二酸化炭素排出の度合い	コークスを大量に使用するため、大量の二酸化炭素が発生する	高炉法と比較すると二酸化炭素の排出量が少ない	高炉法と比較すると二酸化炭素排出量が少ない

電炉法は高炉法に比べて消費エネルギーが少なく、設備投資もそれほど必要ないので、採用されやすい。直接還元法は、日本では行われていない（新エネルギー・産業技術総合開発機構「水素を使ったCO_2排出量実質ゼロの革新的な製鉄プロセスの実現へ」）

エリア内の炭素と水素のマテリアルバランスを最適化し、二酸化炭素をオフセット化する試みもはじまっている。

政府の「**2050年カーボンニュートラルに伴うグリーン成長戦略**」では、2050年で最大約5億トン/年（約40兆円/年）のグリーンスチールの獲得が目標だ。

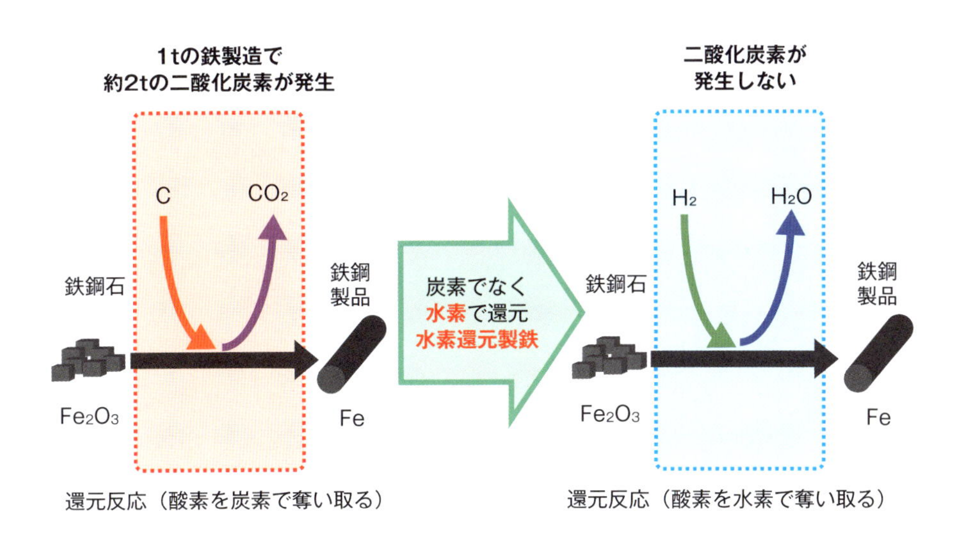

炭素（石炭）の代わりに水素を利用することで、製鉄から二酸化炭素の排出をなくす（経済産業省「『製鉄プロセスにおける水素活用』プロジェクトの研究開発・社会実装の方向性（案）」）

エネルギーを大量消費する化学産業

化学産業は、化学反応を利用して原料を加工する工業形態で、原油を製品化したときの副産物であるナフサからは、エチレンやプロプレン、ブタジエン、ベンゼンなどが製造される。これらを使って、現代生活に欠かせないにプラスチックや合成ゴム、合成繊維、電子材料などが生産されるのだ。

国内の化学産業での温室効果ガス排出量は、鉄鋼業に次ぐ第2位。**化学産業は熱エネルギーを多く消費する産業**であることから、カーボンニュートラルのためには燃料と原料それぞれにおける化石資源からの早期脱却が必要とされる。

特に医薬品や化粧品、洗剤、プラスチック製品などの有機化学製品は、原油由来のナフサを主原料として、これを高温で熱分解してエチレンやプロピレンなどの**基礎化学品**を製造している。このため、この工程で多くのエネルギーを消費することになるのだ。

化学産業ではカーボンニュートラルに向けて、以下の取り組みが行われている。

●ケミカルリサイクル

廃プラスチックや廃タイヤを化学分解し、**製品の原料として再利用**する。リサイクルによって新たなプラスチック製造も抑制できるので、限りある資源の消費量削減になる。

●プラスチック原料の技術開発

プラスチック原料製造のカーボンリサイクル技術である**「熱源のカーボンフリー化によるナフサ分解炉の高度化技術」「廃プラ・廃ゴムから**

原料由来とエネルギー由来の２つの二酸化炭素排出への対策

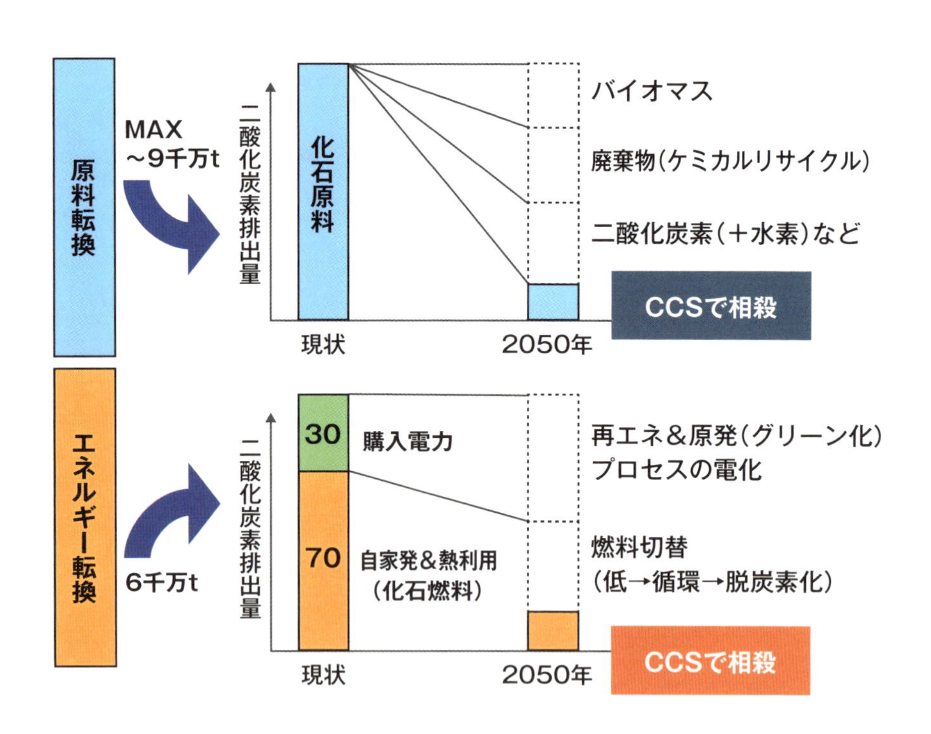

化学業界では、原料を化石原料から地表にある炭素源の循環に転換することに加え、製造時に使用するエネルギーをカーボンニュートラル燃料へ転換して二酸化炭素排出量を減らすことを実現するとしている(一般社団法人日本化学工業協会「2050 年カーボンニュートラルに向けた化学業界のビジョン (基本方針等)」)

の化学品製造技術」「二酸化炭素からの機能性化学品製造技術」「アルコール類からの化学品製造技術」を開発する。

●多様な化学品の生産体制の維持

廃プラスチックや廃ゴムの**原料への転換（原料循環）**や熱分解炉燃料のアンモニアなど**カーボンフリーのものへの置き換え（燃料転換）**、二酸化炭素からの化学原料や化学性機能品製造、人工光合成によるグリーン水素からの化学原料製造などを組み合わせて、化学品を生産。

化学産業は**エネルギー多消費産業**であり、カーボンニュートラルへの取り組みは必須であり、以上のような技術開発は欠かせない。また、**廃プラスチック**も製造過程だけでなく、消費者からの回収も必要となるだろう。

セメントなどその他の産業部門

産業部門には素材系産業として**セメント産業**をはじめ、**パルプ・紙・紙加工品**などもある。それぞれの産業の現状を見てみよう。

●セメント

セメントの主原料の石灰石は、炭酸カルシウム（$CaCO_3$）が成分。これを焼成してクリンカ（CaO）と呼ばれる中間製品を生成、それに石膏（せっこう）などを添加してセメントをつくる。

このとき、石灰石の焼成過程での脱炭酸反応により二酸化炭素が発生。セメント製造では、**焼成の熱源と化学反応の両方で二酸化炭素を排出**していることから、製造過程で発生する**二酸化炭素を回収するための技術開発**などが必要だ。特に焼成工程は消費エネルギーの8～9割を占める。

排出する二酸化炭素の削減には、石灰石に高炉スラグなどを混ぜるといいとされる。高炉スラグは、鉄鉱石に含まれる鉄以外の不純物の成分や石炭から取り出した炭素成分で燃料のコークスの灰分が、副原料の石灰石と結合したもの。また、前章で紹介したコンクリートに二酸化炭素を吸収させる方法も有効だろう。

●パルプ・紙・紙加工品

紙の製造には紙を乾かすための**熱エネルギー**が必要で、現状では化石燃料や一部バイオ燃料などを燃焼させて得ている。

この熱エネルギーは非常に大量であり、電力での熱発生では賄えない。しかし、カーボンニュートラルを実現するためには、燃焼による熱エネルギーから脱却し、**省エネルギー化**や**バイオ燃料の混焼割合を引き上げる**技術開発などを進めることが必要。また、植林や廃材の利用などを組み合わせたライフサイクルでの二酸化炭素排出量削減の取り組みも行われている。

3 運輸部門のカーボンニュートラル

カーボンニュートラル施策は、自動車以外の鉄道や航空などの物流、運輸部門にどのような影響を及ぼしているのかを見てみよう。

運輸部門での実現のむずかしさ

国内の**運輸部門**の二酸化炭素排出量は、直接排出量の約18%を占め、エネルギー転換部門、産業部門に次いで多い。間接排出量としても、約18%で、やはり産業部門に次いで多い。二酸化炭素排出のほとんど（約86%）は、旅客、貨物による自動車で占められている。

ただし、自動車の分野では2008年以降、次世代自動車の台数は年々増加しているものの、まだまだ少ない。また、運輸部門は、自動車をはじめ、航空機、鉄道、船舶など輸送手段によって二酸化炭素削減のための技術開発が別々になるところにカーボンニュートラル実現のむずかしさがある。

ほとんどが電力を使用する鉄道に対し、航空機や船舶はほぼ石油系の燃料を使用しているのが現状。航空機も船舶も、自動車よりははるかに重量があり、推進するために膨大なパワーを必要とする。そのうえ、運航距離が長いため途中で燃料補給が簡単にできない。二酸化炭素削減のためには、これらの特徴を考慮した**技術開発**が必要となる。

自動車の二酸化炭素削減

現在、自動車産業は「**CASE**」と呼ばれる100年に一度の大変革期を迎えているといわれる。「CASE」とは自動車業界における4つの革新的な技術やサービスのことで、「**コネクテッド（Connected＝IoT化）**」「**オートノマス（Autonomous＝自動運転）**」「**シェアリング（Smart / Shared & Services＝カーシェアリング）**」「**エレクトリック（Electric＝電気自動車）**」のそれぞれの頭文字をとったもの。2016年のパリモーターショーでドイツの自動車メーカー・ダイムラー社が発表した。現在、各国とも自動車に対して厳格な環境規制を行っており、それに対応するかたちで**EV（電気自動車）シフト**やさまざまな改革を進めている。

ガソリン車の廃止が進む

欧米先進国や中国は、2030〜40年までに**ガソリン車の販売禁止を宣言**し、電動化戦略を進めている。自動車は、メーカー本体だけでなく、部品や素材など数多くのサプライチェーンの下支えによって生産されており、カーボンニュートラルの影響でその産業構造そのものが転換をせざるを得ない状況だ。

また、ライフサイクルアセスメントの観点から、製造過程だけでなく、実際の走行や廃棄、リサイクルの過程においても二酸化炭素排出削減の対策を施さなければならない。

産業構造の転換も必要に

日本の二酸化炭素排出量の18%を運輸部門が占めているが、そのほとんどが**自動車から排出**されている。そのため、今後製造される自動車は**BEV（バッテリー式電気自動車）**、**FCV（燃料電池自動車）**などのEVが主流

CASEとは

C **(Connected：コネクテッド)**	車両とインターネットとが接続され、外部とさまざまなデータをやり取りすること。渋滞情報の共有や駐車場空き情報の共有、車両盗難時の自動追跡システム、事故時の自動通報システムなどがある
A **(Autonomous：自動運転)**	自動運転は、レベル0からレベル5までの6段階に分類され、レベルが高くなるほど完全自動運転に近づく
S **(Smart / Shared & Services：スマート / シェアリング&サービス)**	車は所有からシェアへの時代に突入しつつある。カーシェア市場は徐々に拡大しており、日常的な短距離移動や買い物などに活用している利用者が増加
E **(Electric：電動化)**	ハイブリッドカーや電気自動車などの非ガソリン車の利用推進のこと。自動車の電動化は二酸化炭素の排出抑制につながり、地球温暖化防止に大きく貢献すると期待されている

CASEは自動車業界だけでなく、AI業界やICT業界、通信業界との連携が欠かせない。また、国や業界、メーカーなどが垣根を越えた技術開発も重要となる

になるだろう。しかし、まだ販売コストが高く、**充電設備**や**水素ステーション**などが不足しているほか、素材や部品の二酸化炭素削減や再生可能エネルギーの活用など、EVシフトのための課題は山積み。カーボンニュートラルへ向けての世界的な潮流のなか、このCASE革命が大きなビジネスチャンス

おもな国のガソリン自動車規制

国	新車販売禁止の年	内容
ノルウェー	2025年までに禁止	電気自動車へのシフトを世界でいち早く取り組みはじめた。新車販売における電気自動車の割合も高い
ドイツ	2035年までに禁止	グリーン燃料で駆動するエンジンは2035年以降も合成燃料（e-fuel）対応の車に限り、継続的に販売が可能
イギリス	2035年までに禁止	当初、2030年をガソリン車の新車販売禁止目標に設定していたが、2035年まで延期
アメリカ	2035年までに禁止（州により異なる）	カリフォルニア州は、2022年にガソリン車の新車販売禁止政策を発表。他の州にも波及している
中国	2035年までに禁止	2035年までに新車販売は新エネルギー車にする方針を2020年10月に発表
インド	2030年までに禁止	カーボンニュートラル達成年は他国よりも遅いが、ガソリン車規制は早め。深刻な大気汚染が背景にある
日本	2035年までに100%電気自動車に	2035年までに新車販売を電気自動車100%にすることを表明。ただし、ガソリン車禁止には言及していない

各国とも近い将来の廃止を宣言したが、お国の事情で延期や修正されることも多い

にもなっているといえよう。
　政府の2050年カーボンニュートラルに伴うグリーン成長戦略では、乗用車は2035年までに新車販売でEV100%を実現、2030年までに公共用の急速充電器３万基を含む充電インフラ15万基を設置、水素ステーション1000基の配置を掲げている。

最も電化が進んでいる鉄道

　鉄道は運輸部門のなかで最も電化が進んでいるので、**電力の脱炭素化と非電化車両の電化**が重要となる。ディーゼル車両の電化は、架線を電化にする場合、多額の費用がかかるが、ディーゼル車両を蓄電池または燃料電池を積んだ電気車両にしたりすることで解消可能だ。
　国土交通省は2023年に「**鉄道分野のカーボンニュートラルの目指すべき姿**」を発表。そのなかで、以下の3つの取り組むべき施策を示した。

●鉄道事業そのものの脱炭素化
　最新の半導体デバイス搭載車両など、**高効率な車両の導入加速化、車両の減速時に発生する回生電力の活用（回生電力貯蔵装置など）**。また、蓄電池車両・ディーゼルハイブリッド車両による非電化区間の実質電化、非化石ディーゼル燃料の使用、水素を用いた燃料電池**鉄道車両等の開発・導入**などがそれだ。

●鉄道以外の設備の脱炭素化
　駅舎などで**太陽光発電**を行い創エネする。また、蓄電池の導入で再エネ調整力の確保、架線などを活用したクリーンな再エネの送電など。

●環境優位性のある鉄道利用を通じた脱炭素化
　鉄道利用による二酸化炭素排出削減効果の見える化など、企業や荷主、一般消費者等の行動変容を促すとともに、貨物鉄道を活用する。
　一般財団法人日本民営鉄道協会も2030年度目標の前向きな見直しを行うとし、以下のような施策に取り組むとしている。

- **電力をより効率的に利用する車体や車体の軽量化などで省エネルギーを実現**
- **非化石証書（クレジット➡P49）などを活用した再生可能エネルギーや回生電力を使用した列車運行**
- **加速時間の短縮による省エネ運転、需要の分散化などによる列車運行ダイヤ・車両運用の適正化**

　上記に加え、同財団は政府が掲げる2050年のカーボンニュートラル実現に向けて、以下の2点を基本方針として発表した。

- **二酸化炭素排出量の最大限の削減を図る**
- **環境負荷が小さい鉄道の利用促進を図る**

航空産業での二酸化炭素の削減

航空機の場合、最優先されるのが**燃料の脱炭素化**だ。

具体的な事例として、微細藻類や廃棄された食用油を改質した**バイオジェット燃料**の技術開発が各国で行われている。ただし、バイオジェット燃料は既存のジェット燃料と比べて高価で、低コスト化が課題だ。

ヨーロッパのエアバス社は、水素を燃料とする航空機を2035年の目標に開発に着手。日本企業も主要部品開発に参画している。しかし、水素は体積当たりのエネルギー密度が低いため、液体水素として航空機に搭載することが求められる。そのため、液体水素に適した燃料タンクの開発が必要だ。また、水素を安定的に供給するサプライチェーンの構築も重要となる。

このほかにも機体やエンジンの軽量化、装備品などの電動化などを進めている。なお。航空機そのものの電動化については、現状では大型・長距離飛行に対応しうる技術は開発されていないが、一部、**電動モーターを使った航空機**や**エンジンとのハイブリッド化した航空機**の実証実験が進んでいる。

開発が進む大型電動航空とアンモニア船

アメリカ・マサチューセッツ工科大学のエンジニアチームは、大型航空機の電動化に向けて1メガワットの高出力モーターを製作した。航空業界の膨大な二酸化炭素排出量は、電動化によって大幅に削減される可能性がある

大型の船舶への大容量の電池の搭載は困難。そのため、現在、主流の重油燃料の代わりに、燃やしても実質的に二酸化炭素の排出がないアンモニアなどに換える動きが出ている。写真はイメージ

船舶における二酸化炭素の削減

船舶も航空機と同様、燃料の脱炭素化が重要。**消費エネルギーのほぼ100%を化石燃料に頼っている**船舶では、ゼロエミッション船の実用化を進めている。近距離・小型船には水素燃料電池やバッテリー推進システム、遠距離・大型船には水素・アンモニア燃料エンジンの開発が考えられている。また、**船上での二酸化炭素の分離・回収**の実現に向けても検討されている。

国際海事機構（IMO：International Maritime Organization）では、2030年までに平均燃費を40％削減し、2050年までに温室効果ガス総排出量を50%削減、今世紀中に温室効果ガス排出ゼロを目指す。

AIを活用したスマート物流で二酸化炭素の削減

運輸部門では運輸機械の改良などに加えて、**物流の効率化**も進めている。

これまで、より速く正確な時間に、安く、しかも商品を安全に運ぶことが求められていた物流業界では、二酸化炭素排出量の削減の比重が大きくなった。トラックドライバーの時間外労働時間上限規制である2024年問題に加え、カーボンニュートラルを目指すことで、時間とコストの削減のハードルがより高くなったといえるだろう。

この難題を乗り越えるため、物流各社ではすでに動き出しいる。宅配便大手のなかには、**電気自動車や低公害車の導入**に加えて、**梱包の省資源化**、**再生可能エネルギーの活用**などに取り組んでいるところもある。また、厳格な納期や届け先への直接配送を改めて、置き配を導入するなどして、余計な再配達を減らすことで二酸化炭素の排出量を抑えるといった**適正なオペレーション、サービスの提供**に転換。

さらに、宅配便をはじめ物流業界で最近取り入れはじめたのが、商品の流れや物流のデータを収集し、AIで分析して、効率のいい物流を行う「**スマート物流**」だ。限られた人材と労働時間の上限に直面している物流業界は、今後さらにDXの導入していくことになるだろう。

デジタルで脱炭素、デジタルを脱炭素

政府は情報通信産業のカーボンニュートラルに対するアプローチを、「**グリーンby デジタル＝デジタル化によるエネルギー需要の効率化**」と「**グリーン of デジタル＝デジタル機器・情報通信産業の省エネ・グリーン化**」の

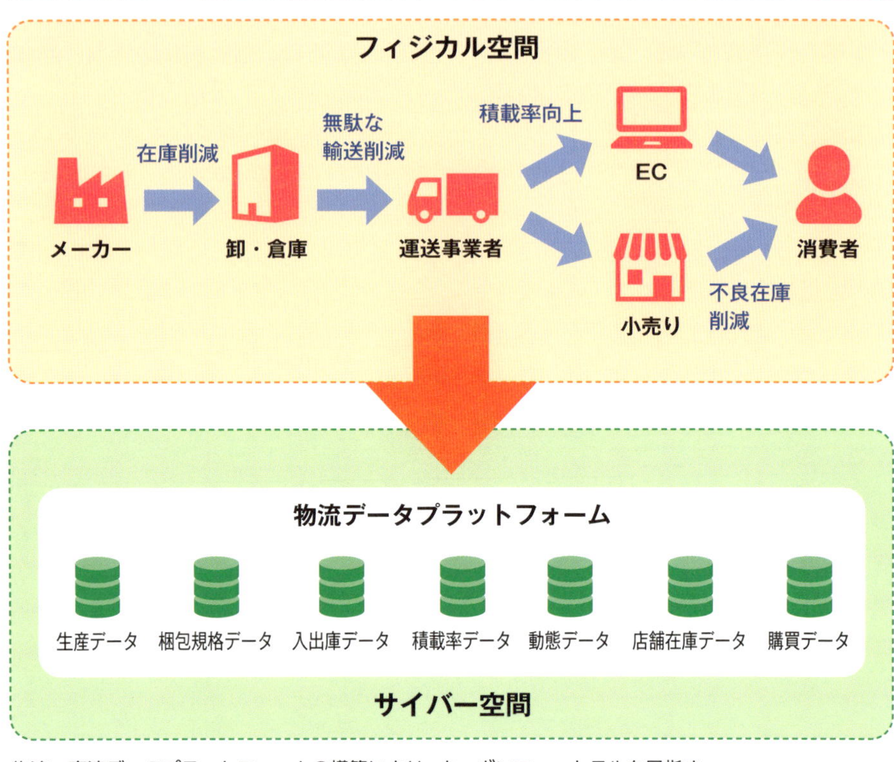

物流・商流データプラットフォームの構築により、カーボンニュートラルを目指す

2つ方向から進めていくことを掲げている。

「**グリーン by デジタル**」は社会・経済にDXの導入で省エネを推進していくことで、オンライン会議による通勤、出張などの移動にともなう二酸化炭素の排出量削減やペーパーレス化、二酸化炭素排出量の見える化などがあげられる。

また「**グリーン of デジタル**」はデジタル機器・産業自体の省エネ化で、再生可能エネルギーへの切り替えや、機器の自然空冷ができる寒冷地での立地、次世代通信インフラの整備などがある。

4 民生部門のカーボンニュートラル

民生部門は家庭部門と業務部門（業務その他部門）にわかれ、業務部門はビルやホテル、百貨店、サービス業などを指す。

民生部門のエネルギー削減

民生部門は最終エネルギー消費量の約34％にも達し、二酸化炭素排出量も多い。ただし、この部門の消費エネルギーの約半分は電力によるもので、カーボンニュートラルに寄与するためには、**電力消費量を下げる**ことに加え、**化石燃料由来の電力**をどうやって減らしていくかがカギとなる。

まちづくりを通して、カーボンニュートラルを実現

民生部門のカーボンニュートラルを実現するためには、**エネルギーの利用状況の見える化**が必要。そのうえで、工場やビル、住宅などに**最適な条件で電力を供給**したり、エネルギーを利用することを考える。このエネルギーを合理的に利用するシステムを「**エネルギーマネジメントシステム（EMS：Energy Management System）**」といい、地域のカーボンニュートラルを実現するためのまちづくりとして注目されている。デジタル技術を活用して、都市インフラ・施設や運営業務等を最適化し、企業や生活者の利便性・快適性の向上を目指す都市「**スマートシティ**」の構築にもEMSはひと役買っている。

国土交通省は「**都市行政におけるカーボンニュートラルに向けた取組事例集（第2版）**」のなかで、二酸化炭素総排出量のうち約5割が都市活動に由来するとし、都市は人やモノだけでなくエネルギーが集中する場でもあり、その在り方は二酸化炭素排出量に影響するとする。そのうえで、2050年カーボンニュートラルの実現に向け、脱炭素に資する都市・地域づくりを推進。「**コンパクト・プラス・ネットワーク**」も推し進める。居住性がよく歩きたくなる空間づくりなどとあわせて、デジタル技術などを活用したエネルギーの面的利用による効率化、グリーンインフラの社会実装、環境に配慮した民間都市開発等のまちづくりのグリーン化の取り組みを総合的に支援するとしている。

スマートシティとエネルギーマネジメントシステム

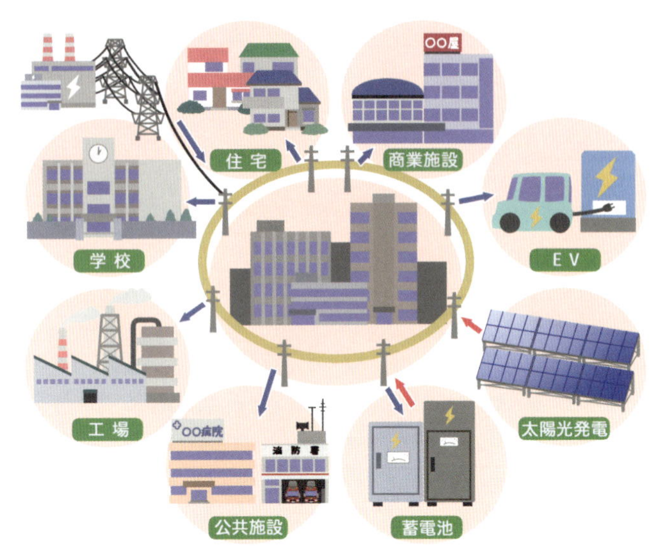

スマートシティとは、都市が抱えるさまざまな課題をICTやIoTなどの新技術やデータを活用して解決を図る都市や地区のこと。スマートシティにエネルギーマネジメントシステムを導入することで、カーボンニュートラルが加速する

省エネを実現する建築物

スマートシティやエネルギーマネジメントシステムに欠かせないのが、**省エネを実現する建物**だ。これには、「**ネットゼロ・エネルギービルディング（ZEB：net Zero Energy Building）**」と「**ネットゼロ・エネルギーハウス（ZEH：net Zero Energy House）**」だ。

これらは、年間での一次エネルギー消費量が正味でゼロ、またはおおむねゼロとなる建築物のこと。ただし、消費エネルギーをゼロにするのはハードルが高いので、50％、75％などゼロエネルギーの達成状況に応じて4段階のZEB・ZEHシリーズが定義されている。

ネットゼロとするステップは以下の3つ。

①断熱性能を高め、建物自体のエネルギー効率を高める

どんなに高効率のエアコンを入れても、断熱が不十分だと意味がない。日差しとともに風通しも考えて設計する必要がある。

②照明や空調・給湯などの設備にはなるべく高効率のものを選ぶ

エネルギー使用量を減らす。照明であればLED、空調や給湯機器はヒートポンプを利用したものにする。

③必要なエネルギーは、太陽光や地熱、バイオマスなどの再生可能エネルギーを活用

太陽光発電パネルを設置し、発電した電力を効率的に使うこと。

年間で消費する住宅のエネルギー量が正味でおおむねゼロ以下とは

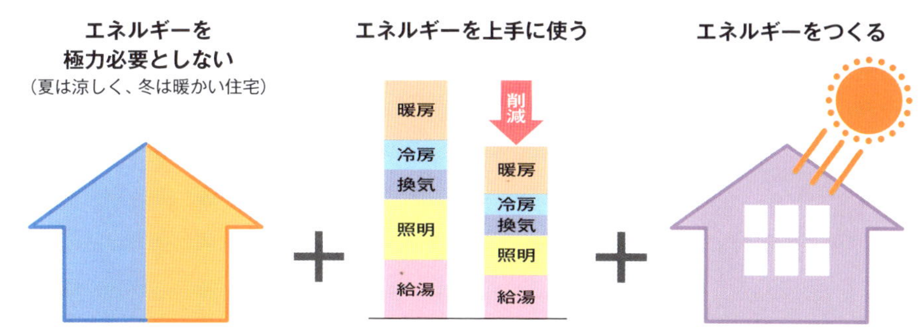

快適な室内環境を保ちながら、住宅の高断熱化と高効率設備によりできる限りの省エネルギーをすることに加え、太陽光発電などによりエネルギーをつくる。その結果、年間で消費する住宅のエネルギー量が正味(ネット)でおおむねゼロ以下となる

家庭でカーボンニュートラルを実現するZEH

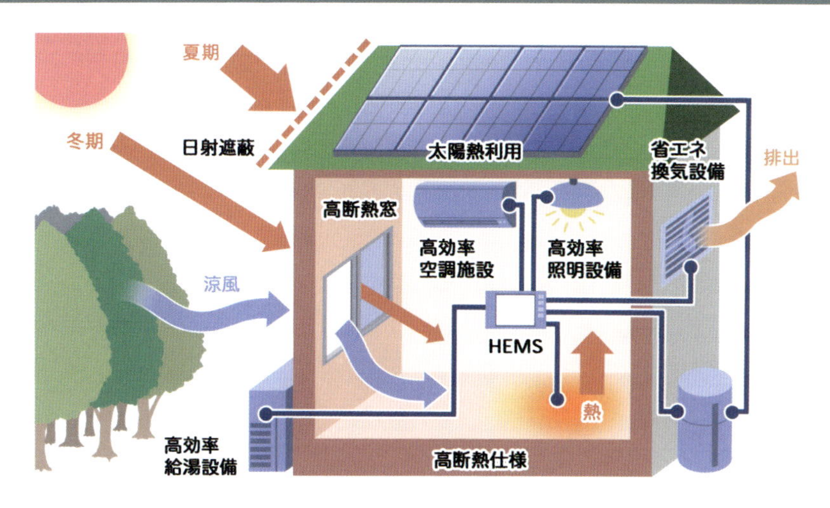

エネルギー消費を徹底的に抑えて省エネルギー化し、使うエネルギーは再生可能エネルギーから得る(経済産業省 資源エネルギー庁「ZEH普及に向けて～これからの施策展開～」)

第7章

カーボンニュートラルへの道

カーボンニュートラルを早期に実現することは、人類がこの先、豊かな暮らしとともに生活していくための必須だ。世界を持続可能な社会にするために、社会はさまざまな方策で取り組んでいる。

1 カーボンニュートラルとSDGs

気候変動を抑えるカーボンニュートラルは、持続可能な開発目標（SDGs）とも密接な関連がある。SDGsのカーボンニュートラルの関係について考察する。

SDGsとは

SDGs（Sustainable Development Goals：エスディージーズ：）とは、「**持続可能な開発目標**」のことで、2015年の第70回国際連合総会で採択された2030年までの国際目標。

この持続可能とは、なにかをし続けられるということをいう。1つしかない私たちの大切なこの地球で暮らし続けられる「**持続可能な世界**」を実現するために進むべき道を示したナビのようなものだ。SDGsには、**具体的なゴールである17の国際目標とそれにひも付く169のターゲット、その成果を図るための232の指標**があり、国際社会が直面している課題を提示しているといえよう。

カーボンニュートラルに直結するSDGsの国際目標は**目標7**の「**エネルギーをみんなに　そしてクリーンに**」と**目標13**の「**気候変動に具体的な対策を**」だろう。

目標7のターゲットは、以下の2つがある。

[7-1] **2030年までに、だれもが、安い値段で、安定的で現代的なエネルギーを使えるようにする**

[7-2] **2030年までに、エネルギーをつくる方法のうち、再生可能エネルギーを使う方法の割合を大きく増やす**

目標13のターゲットは、以下の3つだ。

[13-1] **気候に関する災害や自然災害が起きたときに、対応したり立ち直ったりできるような力を、すべての国で備える**

[13-2] **気候変動への対応を、それぞれの国が、国の政策や、戦略、計画に入れる**

[13-3] **気候変動が起きるスピードをゆるめたり、気候変動の影響に備えたり、影響を減らしたり、早くから警戒するための、教育や啓発をよりよいものにし、人や組織の能力を高める**

そのほか、カーボンニュートラルなどの環境問題には、**目標9**「**産業と技術革新の基盤をつくろう**」や**目標12**「**つくる責任　つかう責任**」も関連するだろう。

SDGsの17の持続可能な開発目標

SUSTAINABLE DEVELOPMENT GOALS

目標1から6「社会分野」	貧困や飢餓、健康福祉、教育に加え、ジェンダーや水、エネルギーなど人間が人間らしく生きていくための社会に関する目標
目標7から12「経済分野」	雇用や格差、経済成長、生活インフラなど、最低限の暮らしの保証からよりよい暮らしに関する目標
目標13から15「環境分野」	気候変動問題、海と陸の資源に対して、人間だけでなく動植物が暮らす自然の持続可能性に関する目標
目標16から17「枠組み分野」	SDGsの目標を達成するために3分野すべてに関する暴力の撲滅をはじめ、ガバナンス強化、投資促進、パートナーシップに関する目標

SDGsの前文には「この計画（アジェンダ）は、人間と地球、そして 繁栄のための行動計画です。そして、より大きな自由と、平和を追い求めるものでもあります」とある

SDGsのエネルギー対策

目標7では、世界中のすべての人々に手ごろで信頼でき、持続可能かつ近代的な**エネルギーへのアクセスを可能とする**ことを目標に掲げている。

国連広報センターによると2023年現在、世界で電力を使えない人々は約6億7500万人いるという。現状のままだと2030年には4人に1人が安全でない非効率な調理システムを使うことになるともいわれている。

これを解決に導くためには、世界中でカーボンニュートラルの動きを強め、導入のコストの低い電力を創出することだ。加えて、国や企業の再生可能エネルギー投資が拡大することも求められる。

SDGsの気候変動対策

国連が1995～2015年の20年間に起きた**気候に関連した災害**について調査した報告書では、災害が発生する回数は増え続けている。

各国の気候に関連した災害が起きた件数

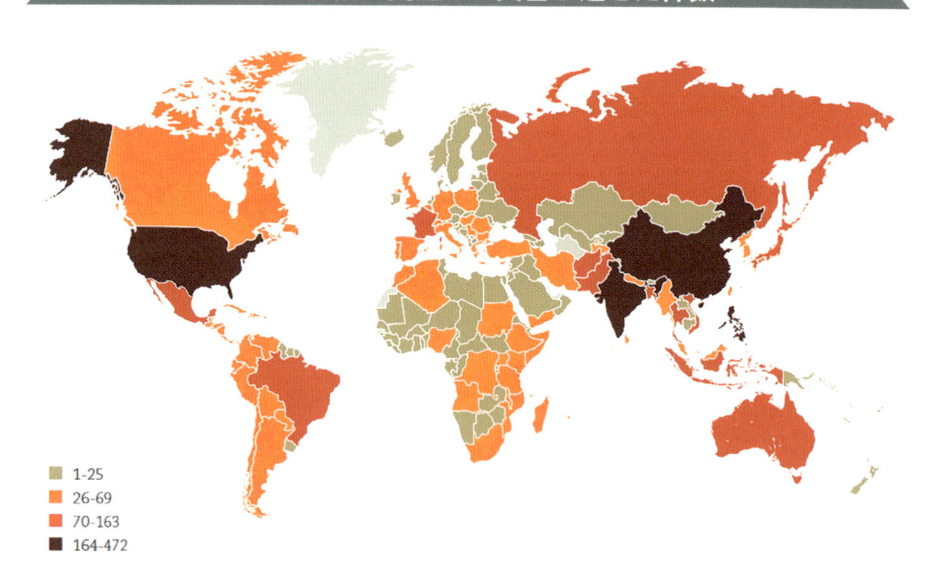

1995～2015年の20年間に起こった気象関連の災害数。災害は途上国だけでなく先進国でも起こるが、大きな影響は特に途上国で起きているとされる（UNDRR「The human cost of weather-related dIsasters 1995-2015」）

特に増えているのは**洪水**と**台風やハリケーン、サイクロン**。特に洪水はこの期間に起きた気候に関連した災害の47%を占め、世界の約23億人が影響を受け、そのほとんどがアジアに住む人々だった。また、危険度の高い台風などは低所得国の人々の命にかかわる大きな影響をもたらし、亡くなった人の89%が低所得国。

SDGsの**気候変動対策**は、**国際気候変動枠組条約（UNFCCC）**で政府間対話が必要だとし、**COP21のパリ協定**でも確認されている。ただ、途上国は、国の予算で気候変動の対策に資金を割くことはむずかしくといわれる。そのため、SDGsでは**途上国への資金の供給や気候変動の軽減に向けた人的協力も必要**だと説いている。

日本国内のSDGsの取り組み

日本でも2016年に「**持続可能な開発目標（SDGs）実施指針**」が決定された（2019年、2023年一部改訂）。2023年改訂に一部改訂されたが、引き続き2030 年までの国内外におけるSDGs達成を目指し、これまでの実施指針で示された

- **「5つのP（People：人間、Planet：地球、 Prosperity：繁栄、 Peace：平和、 Partnership：パートナーシップ）」**
- **「8つの優先課題」**

などの根幹的な考え方を引き継いでいる。

「8の優先課題」とは、以下のことをいう。

①**あらゆる人々が活躍する社会・ジェンダー平等の実現**
②**健康・長寿の達成**
③**成長市場の創出、地域活性化、科学技術イノベーション**
④**持続可能で強靱（きょうじん）な国土と質の高いインフラの整備**
⑤**省・再生可能エネルギー、防災・気候変動対策、循環型社会**
⑥**生物多様性、森林、海洋等の環境の保全**
⑦**平和と安全・安心社会の実現**
⑧**SDGs 実施推進の体制と手段**

このなかの⑤、⑥でカーボンニュートラルを目指すことになる。

実施にあたっては、実施体制の強化と**ステークホルダー間の連携**を図るため、内閣総理大臣を本部長、官房長官および外務大臣を副本部長、全閣僚を構成員とする**SDGs推進本部**が引き続き司令塔の役割を果たす。ステークホルダーは、企業をはじめ市民・消費者、公共的な活動を担う民間主体など多岐にわたる。

また、経済産業省は2019年に「**SDGs経営ガイド**」を作成。SDGsが企業の経営者をはじめ、社員、投資家に普及するようにしている。

企業にとってのSDGsとカーボンリサイクル

「**SDGs経営ガイド**」のなかで、SDGsは企業と世界をつなぐ「**共通言語**」と位置付けられ、世界中のステークホルダーとコミュニケーションをして、SDGsで評価されることが企業価値を向上させるとする。SDGsを無視して企業経営をすることは大きなリスクが伴い、逆に取り組むことは企業の存続基盤を強固なものにすると明記したのだ。

「**地球温暖化を食い止めたい**」といったミッションのもとに設立された企業は、会社そのものがSDGsの理念に合致した存在だといえるだろう。

日本の代表的な企業の取り組み事例

パナソニック	二酸化炭素排出量がゼロとなる工場の建設を進めているほか、省エネ性を高めた製品の開発も実施。製品使用時の電力消費を抑えることで、環境負荷の軽減も目指す
積水ハウス	2016年度における積水ハウスの新築販売のうち、74%がZEHだった。2009～2016年に導入した二酸化炭素排出を削減する住宅は、年間で30万トンの二酸化炭素排出を削減したと試算
富士通	最先端のICT技術を利用して運輸などの分野でのエネルギー消費を抑えたり、製造業での省エネ技術の開発
セブン&アイ・ホールディングス	環境宣言「GREEN CHALLENGE 2050」を掲げ、2050年までにカーボンニュートラル実現を目指す
三井不動産	グループ全体の温室効果ガス排出量を2030年度までに40%削減(2019年度比)、そして2050年度までにゼロにすることが目標

各企業はSDGsにのっとった社会の実現のため、経営計画に反映させたり、社員の意識改革に努めている

2 カーボンニュートラルと経済の関係

カーボンニュートラルの推進には、技術開発とそれを実現するための資金がかかる。カーボンニュートラルが経済の及ぼす影響とは。

経済と再生可能エネルギー

1章で説明したように、カーボンニュートラルを目指すうえで大切なのは、**行動変容と技術革新を両輪**で進めていくことだ。

世界で**期限付きのカーボンニュートラル宣言をした国・地域は130を超え**、これらの国・地域のGDPは世界全体の9割を超える。これらのことから、カーボンニュートラルの実現には、政治的に大きな影響を与えるだけでなく、経済にもかなりのバイアスがかかることになる。

2022年のロシアによるウクライナ侵攻は、**エネルギー安全保障**の面で大きなインパクトを与えた。ロシアは天然ガスの輸出国であるため、ロシアの天然ガスに依存していた国々は**エネルギーの調達方法の多様化や国家備蓄、国産エネルギーの開発**へと動いたのだ。もちろん、エネルギー自給率が1割に満たない日本も例外ではない。

資源を持たない国がエネルギーを自国で賄おうと思うと、枯渇することがなく、地球上に偏在することなくある**再生可能エネルギー**に頼ることになる。これは、エネルギー安全保障の面からも、カーボンニュートラルの面からも好ましいといえよう。ただし、これまで本書で述べてきたように、いままでのエネルギーをすべて再生可能エネルギーに置き換えることは、一朝一夕に行えるものではない。

また、経済全体では、電力関連産業が増大する一方、旧来の自動車関連産業は縮小することが懸念されるなど、**産業構造が大きく変化することが予想される**。円滑カーボンニュートラルを実現するためには、この先必要とされる産業への業種を超えた雇用移動に加えてカーボンニュートラルにおける成長産業に必要な専門性の高い人材の育成なども重要となる。

2050年の気温上昇を1.5度より低く抑え、脱炭素化が進むと**日本には388兆円の経済効果**が生まれる試算がある。逆に**失敗すると、95兆円の損失**が発生するとともに、気候変動などで資源や食品が調達できにくくなり、物価の高騰を招くことも考えられるの

2050年カーボンニュートラルが成功・失敗した場合の経済

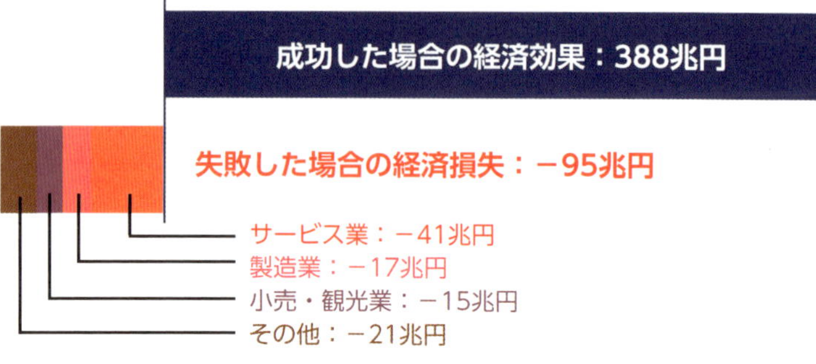

2021年にデロイトトーマツのレポートによると、日本が2050年の気温上昇を1.5度に抑えて脱炭素化が進めば、388兆円の経済効果が生まれる。逆に失敗すると、サービス業の41兆円など合計95兆円もの経済損失が発生すると予測している

だ（2021年デロイトトーマツ）。

カーボンニュートラルの失敗により、経済活動が停滞すれば、物価は上がるが賃金が上がらない最悪のシナリオである**スタグフレーション**に陥る危険性もあるとされる。

経済に与える影響のさまざま

再生可能エネルギーに切り替えるだけでも経済に大きな影響を与えるカーボンニュートラル。それは、**企業の経営にも大きなメリット・デメリット**が発生することになる。

カーボンニュートラルが経済に与えるよい影響としては以下のようなことが考えられる。

●**経済成長が加速する**

カーボンニュートラルに向けた投資やイノベーションは、**新たな産業や市場を創出**。これにより経済成長を促進することが期待される。例えば、再生可能エネルギーを用いた産業や省エネ技術の開発・普及による経済効果だ。

世界のエネルギーシステムを脱炭素化するために必要な資金は、**国際エネルギー機関**（IEA：International Energy Agency）によると2050年までに年間1兆3000億ドルに達すると予想される。これは2022年における世界のGDP95兆8921億ドル（比較可能な178か国の合計）の1%超にあたる額だ。

●新たな雇用が創出できる

カーボンニュートラルにより、**新たな雇用**にもつながる。再生可能エネルギー発電所の建設・運営や省エネ住宅の改修工事などに人材が必要となるのだ。

国際エネルギー機関（IEA）の「**2050ネットゼロ**」では、カーボンニュートラルへの移行プロセスで、化石燃料関連産業では500万人が雇用を失うが再生可能エネルギー発電・電力系統では1400万人の雇用を得るとしている。また、省エネ機器、自動車、建物の分野で1600万人の雇用が増えるとも報告する。

●エネルギー安全保障に寄与

カーボンニュートラルを進めることで、化石燃料への依存度を減らすことができ、**エネルギー安全保障を強化**できる。

化石燃料は世界的な政情不安により価格変動や供給面でリスクがあるが、再生可能エネルギーなら自国内で発電できるので安定したエネルギ

カーボンニュートラルを目指すうえでのメリット・デメリット

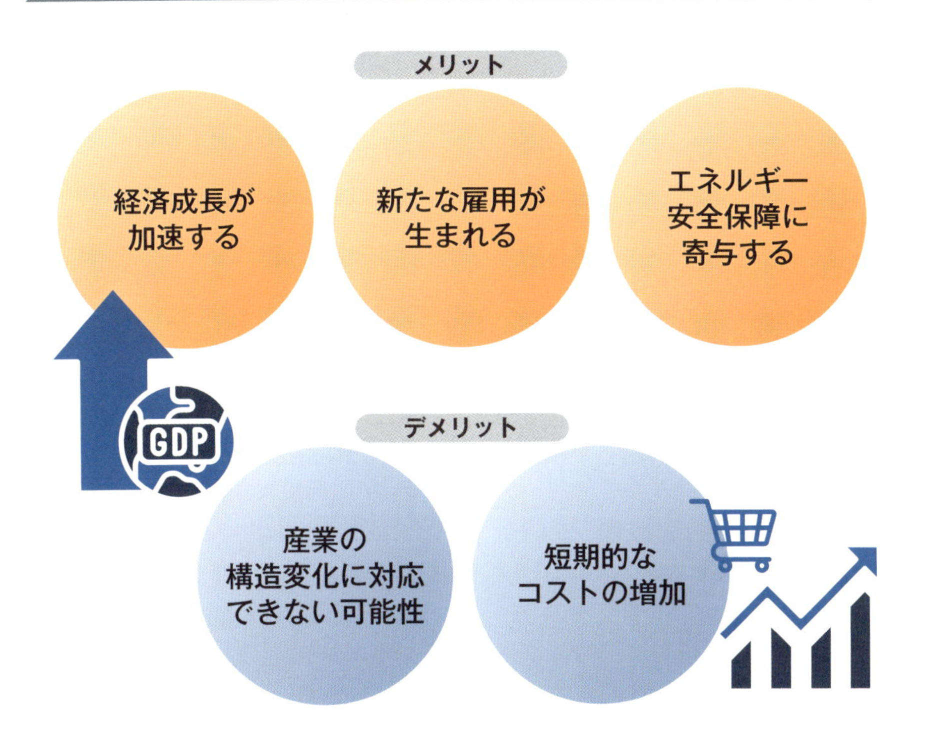

初期投資が必要などカーボンニュートラルを実現するにはデメリットがあるが、長期的な視点なら、企業はもちろん、人類にとってメリットはありあまるほど大きい

一供給を実現。

これらのメリットに対して、次のようなデメリットも指摘されている。

● **産業構造の変化に応できない可能性**

カーボンニュートラルは、産業構造が大きく変えるかもしれない。従来の、化石燃料関連産業は縮小するが、再生可能エネルギー産業関連は成長するだろう。

その結果、業種間の雇用移動が発生。変化に対応できない企業や労働者、特に従来の炭素集約型の産業では、**経済的な損失を被る可能性**があるかもしれない。

● **短期的なコストの増加**

カーボンニュートラルには、初期投資や技術開発などのコストがかかるのは述べたとおり。これらのコストは、**短期的には経済成長をおさえてしまう要因**ともなる。再生可能エネルギー発電設備や省エネ住宅の改修工事などに費用がかかり、これらは従来よりも割高だ。

そのほかのデメリットとしては、**中小企業など資金に余力がない**場合、エネルギー価格の上昇は一時的に大きな負担となる。これに加えて、カーボンニュートラルの経済に与える影響は不透明な部分も多く、中小企業がおいそれと手を出しにくいということもあげられるだろう。

2050年カーボンニュートラルに向けたビジョン

利益に直結するわけではないカーボンニュートラルを積極的に導入することは、会社の経営としては二の足を踏みがちなのは事実だ。しかし、現在、企業活動に投資する投資家は、単にリターンの大きさだけを求めるだけでなく、責任ある投資を行うことが求められている。

これは「**責任投資原則（PRI：Principles for Responsible Investment）**」といわれるもので、機関投資家が意思決定プロセスや株式の保有方針の決定をする場合に、投資先企業の財務状況に加え、**環境（Environment）・社会（Social）・ガバナンス（Governance：企業統治）**の**ESG要素**を反映させるための考え方を示す原則だ。

環境に関するさまざまな国際的活動を推進する**国際連合環境計画（UNEP：United Nations Environment Programme）**と企業に対し、人権や労働権、環境、腐敗防止に関する10原則を順守し実践するよう要請する**国連グローバルコンパクト（United Nations Global Compact）**が推進している。

つまり、カーボンニュートラルへの施策を怠っていたり、炭素への依存度が高いビジネスには、投資がしづらくなるということだ。投資や融資が受けられなくなる可能性もある。この流れは世界的潮流であるとともに、日本国内でもすでにはじまっている。

このような状況のなか、日本の一般社団法人日本経済団体連合会（経団連）も「**経団連カーボンニュートラル行動計画**」を2024年に発表した。2050年カーボンニュートラルに向け、行動していくとしたのだ。経団連が発表するということは、日本の経済界がカーボンニュートラルの実現に向け、団結して進むことを決意した表れともいえる。

企業に求められるESGとは

これからの投資は、ESG要因が重要。カーボンニュートラルの側面ではE（Environment：環境）が重要だが、これらをバランスよく実現している企業が、リードすることになるだろう

3 ESG投資

企業の投資価値を計る指標がいままで貸借対照表やキャッシュフロー計算書などの財務諸表だったが、これらに加えて環境負荷に関する情報も重要となってきている。

ESG要因が企業の投資価値を決める

ESG要因とは、企業の非財務情報のことで「**環境（E：Environment）**」「**社会（S：Social）**」「**企業統治（G：Governance）**」の頭文字をとったもの。前節で述べたように機関投資家は企業が多くの儲けを出しているだけでなく、むしろESG要因に関してきちんと行動しているかを見るようになってきた。環境に対する姿勢や社会性、当該企業の**企業統治**ができていない企業には投資しないのだ。

このなかでもEの環境に関する取り組みが重視されるようになってきた。このESG要因を元に投資をするのが**ESG投資**だ。

ESG投資は欧米では長い歴史があ

年金積立金管理運用独立行政法人が採用するESG指数一覧

総合指数型		テーマ指数
FTSE Blossom Japan Index 国内株 1兆305億円	E（環境）	S&P/JPXカーボン・エフィシェント指数シリーズ 国内株 1兆6434億円 外国株 3兆4770億円
FTSE Blossom Japan Sector Relative Index 国内株 1兆16億円	S（社会）	MSCI日本株女性活躍指数（WIN） 国内株 6492億円
MSCIジャパンESGセレクト・リーダーズ指数 国内株 2兆562億円	G（ガバナンス）	Morningstarジェンダー・ダイバシティ指数シリーズ 国内株 5206億円 外国株 4884億円
MSCI ACWI ESGユニバーサル指数 外国株 1兆6550億円		

国民の大事な年金を預かり、運用しいるので、将来的に投資家から見放される可能性がある投資先に資金を投じるわけにはいかない（2023年３月末現在。年金積立金管理運用独立行政法人）

るが、日本は出遅れの感がある。しかし、2015年に年金を管理する**年金積立金管理運用独立行政法人（GPIF：Government Pension Investment Fund）**が国連の責任投資原則に署名、**ESG投資を積極的に進める**と発表したことから注目された。

GPIFは自ら投資先などを選定せず、資産運用会社に任せているため、運用会社もESGの観点から投資を行う必要がある。GPIFは、投資先の個々の企業の価値が長期的に高まり、資本市場全体が持続的・安定的に成長することが重要としている。

また、資本市場は長期的視点では環境問題や社会問題の影響から逃れられず、こうした問題が資本市場に与える負の影響を減らすことも必要だという。つまり、**ESGを重視した投資**は、投資リターンを持続的に追求するうえでは不可欠だということになってくるだろう。

ESG投資の種類

世界のESG投資額の統計を集計している国際団体の**GSIA**（Global Sustainable Investment Alliance）は、**ESG投資を以下の7つに分類**している（それぞれの詳細については、次ページの表を参照）。

- **ネガティブスクリーニング**（Negative/exclusionary screening）
- **ポジティブスクリーニング**（Positive/best-in-class screening）
- **規範に基づくスクリーニング**（Norms-based screening）
- **ESGインテグレーション型**（ESG integration）
- **サステナビリティテーマ投資型**（Sustainability-themed investing）
- **インパクト投資型**（Impact/community investing）
- **エンゲージメント・議決権行使型**（Corporate engagement and shareholder action）

ネガティブスクリーニングなど古くからある手法もあるが、最近は**カーボンニュートラルに関する投資**に多くの注目が集まっている。

ESG投資のメリット・デメリット

ESG投資はこの先、環境などに配慮して、成長が見込める企業に投資する手法。ESGに配慮した企業は、中長期的な成長が見込まれるので、**持続可能な成長への投資**だ。また、環境問題や社会問題に関連するリスクを回避

ESG投資の7つの分類

ネガティブスクリーニング (Negative/exclusionary screening)	1920年代にアメリカのキリスト教系財団からはじまった最も歴史の古い手法。いまでは欧州でも広く普及している。武器やギャンブル、たばこ、アルコール、原子力発電、ポルノなど、倫理的でないと定義される特定セクターの企業を投資先から除外
ポジティブスクリーニング (Positive/best-in-class screening)	1990年代にヨーロッパではじまった手法。同種の業界のなかでESG関連の評価が最も高い企業に投資する戦略
規範に基づくスクリーニング (Norms-based screening)	2000年代に北欧ではじまった比較的新しい手法。ESG分野での国際基準に照らし合わせ、その基準をクリアしていない企業を投資先リストから除外する手法
ESGインテグレーション型 (ESG integration)	最も広く普及しつつある手法。投資先選定の過程で、これまで考慮してきた財務情報だけでなく非財務情報も含めて分析する戦略
サステナビリティテーマ投資型 (Sustainability-themed investing)	サステナビリティを全面にうたうファンドへの投資。サステナビリティ関連企業や再生可能エネルギーなどのプロジェクトに対する投資が有名
インパクト投資型 (Impact/community investing)	社会・環境に貢献する技術やサービスを提供する企業に対して行う投資。比較的小規模の非上場企業への投資が多い
エンゲージメント・議決権行使型 (Corporate engagement and shareholder action)	株主として企業に対してESGに関する案件に積極的に働きかける投資手法。株主総会での議決権行使、日常的な経営者へのエンゲージメント、情報開示要求などを通じて投資先企業に対してESGへの配慮を迫る

7つの戦略は重複しても用いられることも多く、特に前6つと「エンゲージメント・議決権行使型」は重複することが多い

できるとともに、**持続可能な社会の実現に貢献できる**メリットがある。

一方で、ESGの評価は主観的な要素を含み、基準がないので、**投資先の選定がむずかしい**。また、企業が自社のESG活動を過剰にアピールする「**グリーンウォッシング**」にだまされる可能性があるのがデメリットといえる。

しかしながら、ESG投資は世界中で注目を集めており、**運用資産額は急速に増加**している状態。今後は、さらに多くの投資家がESG投資を取り入れることが予想される。現在、世界の投資額の3分の1がESG投資だといわれているのだ。

ESG投資の今後の展望

ESG投資は、世界的な潮流に加え、投資家の強い関心から、今後ますます拡大していくことが予想される。その背景には次のような要因があると

各国の運用資産全体に占めるESG投資割合

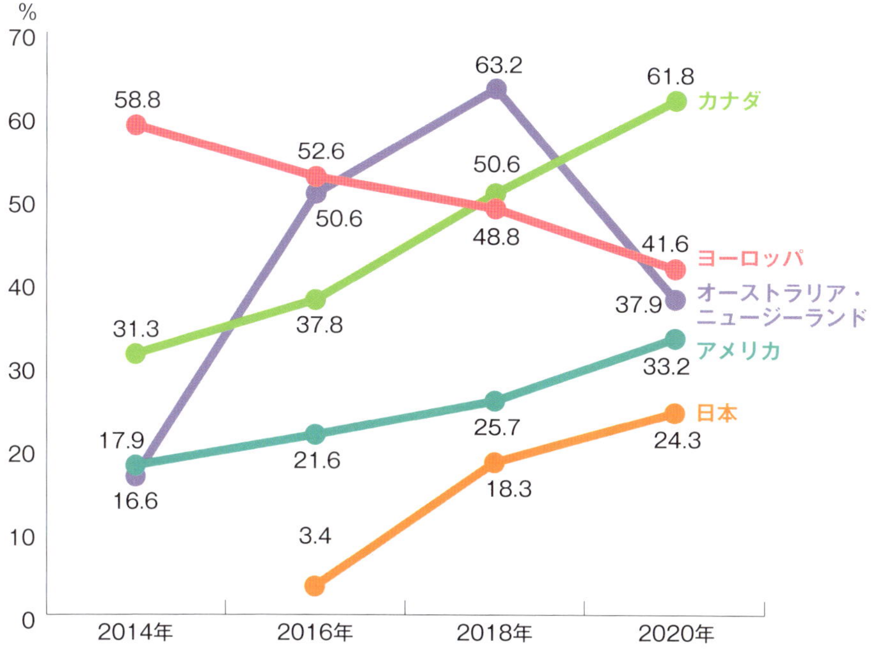

ヨーロッパとオーストラリア・ニュージーランドでの比率が下がってきているが、これはESG投資の定義が変更されたからだと考えられる。その他各国は、伸び続けている（GSIR 2020）

考えられる。

●持続可能性への意識の高まり

気候変動や社会問題へ問題意識が強まり、持続可能な社会の実現を目指す投資がいっそう求められるようになった。

●規制強化

金融庁によるESG投資に関するガイドラインが策定されたことや**企業の情報開示義務の強化**など。

●機関投資家の参入

GPIFなどの年金基金や保険会社などの**機関投資家**がESG投資を積極的に取り入れていること。

●運用実績の改善

ESG投資の運用実績が良好であることが実証され、**投資家からの信頼**が高まったこと。

一方で、ESG要因の将来を予測するには、政治的要因をはじめ、科学技術の進歩の度合い、気候変動の影響などさまざまな要因が複雑に絡み、困難を極める。

これらは個々の投資家ではむずかしいため、ガイドラインや標準枠組みを整え、ESGに安心して投資できる環境の整備も必要となるだろう。

投資家のESG投資への態度

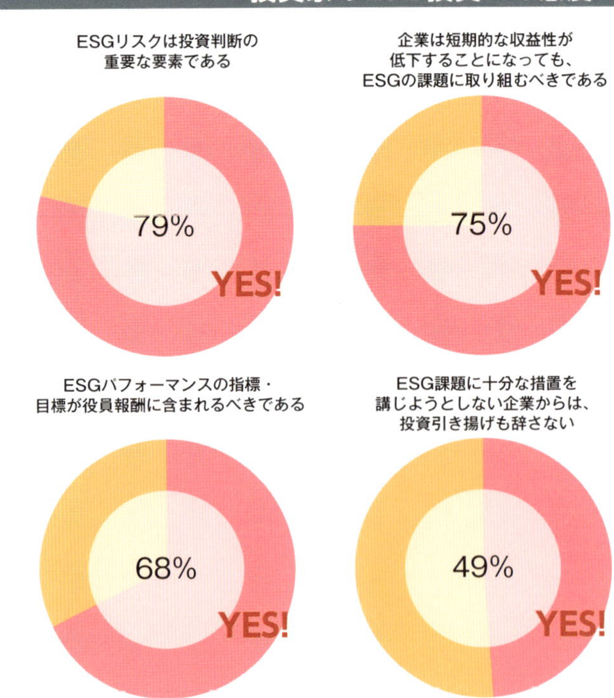

投資家はESGの重要性を理解しつつあり、積極的な行動を取る姿勢を見せているが、社会的便益や環境的便益と引き換えに投資収益率の低下を受け入れる用意があるとの問いには3分の1程度の同意しかなかった（PwC「ESGの経済的現実」）

4 脱炭素経営

気候変動の対策を盛り込んだ経営を脱炭素経営といい、自社の経営上の重要課題と捉え、全社をあげて取り組む企業が大企業を中心に増加している。

脱炭素経営の背景

脱炭素経営とは、**気候変動対策の視点を織り込んだ企業経営**のことを指す。従来、企業の気候変動対策は、あくまで企業の**社会的責任（CSR：Corporate Social Responsibility）**活動の一環として行われてきたが、社会的要請から気候変動対策を経営上の重要課題と捉え、大企業を中心に**全社あげて取り組む企業が増加**している。

これにパリ協定などの国際的な枠組みので温室効果ガスの排出量を削減することが求められていることや前節のESG投資への関心の高まりから企業のESGへの取り組みを評価するようになり、**脱炭素化への取り組みが企業の競争力強化**につながることから、脱炭素経営が推進されるようになったと考えられる。また、**二酸化炭素排出量取引制度**などの規制強化により、企業は排出量削減に取り組む必要性が高まってきたことも理由の1つ。

企業は、他社に先んじて脱炭素経営の取り組みを進めることにより、差別化を図ることができ、新たな取引先やビジネスチャンスの獲得に結びつく可能性もある。

脱炭素経営の取り組み

ところで、脱炭素経営を推進することにより、企業にはどのような**メリット**があるのだろうか。

企業イメージを大事とする大企業であれば取り組みはしやすいものの、直接的な経済メリットが薄い環境に配慮した経営は、中小企業にとって負担となるばかり。そんななか、環境省は「**中小規模事業者向けの脱炭素経営導入ハンドブック～温室効果ガス削減目標を達成するために～ver.1.1**」を発表。中小企業にとってのメリットと、脱炭素経営の取り組み方法について提示した。

そのなかで次ページの図のようなメリットを紹介している。例えば優位性の構築では、グローバルに事業を展開する企業は脱炭素化に向けた社会の流れに敏感で、自社の排出量削減を進めるだけでなく、サプライヤーに対しても排出量削減を求める傾向が強まりつつあり、脱炭素経営の実践は、こういった**企業に対する訴求力の向上**につながるという。つまり、新たな取引先を獲得するうえで、**脱炭素経営を実践していることは大きなアドバンテージ**になるということだ。

そのほか、企業経営にとっては夢のようなメリットがたくさんある。

もちろんこれは脱炭素経営という代償を払ってこそ得られるメリットなので、経営者としてはメリット・デメリットの比率を考えてしまいそうだが、この先、SDGsをまったく考慮しない企業の生き残りはむずかしいと予想できるため、短期的なデメリットを甘受して**脱炭素経営の道を選ぶ必要性**が増すだろう。

脱炭素経営の表明

脱炭素経営を実践していると外部の企業に示すためには、**SBTイニシアチブに加盟**する方法がある。**SBT（Science Based Targets）**とは、気候変動に関するNGOであるCDP（カーボン・ディスクロージャー・プロジェクト：Carbon Disclosure Project）や国連グローバルコンパクト、世界資源研究所（WRI：World Resources Institute）、世界自然保護基金（WWF：World Wide Fund for Nature）が共同で運営する国際

カーボンニュートラルに関する国内の法規制

法律名	概要
「地球温暖化対策の推進に関する法律」（温対法）	2050年のカーボンニュートラルの実現を法律に明記。政策の継続性や予見性を高め、脱炭素に向けた取り組み・投資やイノベーションを加速させるとともに、地域の再生可能エネルギーを活用した脱炭素化の取り組みや企業の脱炭素経営の促進を図る法律。一定以上の温室効果ガスを排出する事業者に対し、排出量を報告させ、国がとりまとめて公表
「エネルギーの使用の合理化及び非化石エネルギーへの転換等に関する法律」（省エネ法）	法律としては古いが、改正を重ねてカーボンニュートラルに対応している。一定規模以上の事業者に対し、エネルギーの使用状況などについて定期的に報告させ、省エネや非化石エネルギーへの転換などに関する取り組みの見直しや計画の策定などを行わせる

2050年にカーボンニュートラルを達成すると国際的に公約した日本は、法律を整備することで実施に弾みを付けようとしている。脱炭素経営は、これらの法律に適応する企業の方針といえる

脱炭素経営を推進するメリット

- 優位性の構築（自社の競争力を強化し、売上・受注を拡大）
- 光熱費・燃料費の低減
- 知名度や認知度の向上
- 従業員のモチベーション・人材獲得力の向上
- 好条件での資金調達
- 補助金・支援金制度の活用

脱炭素化の流れを上手に捉えれば比較優位・競争力を生み出す機会に変わることもあるともいう

脱炭素経営による自社製品の訴求力の向上

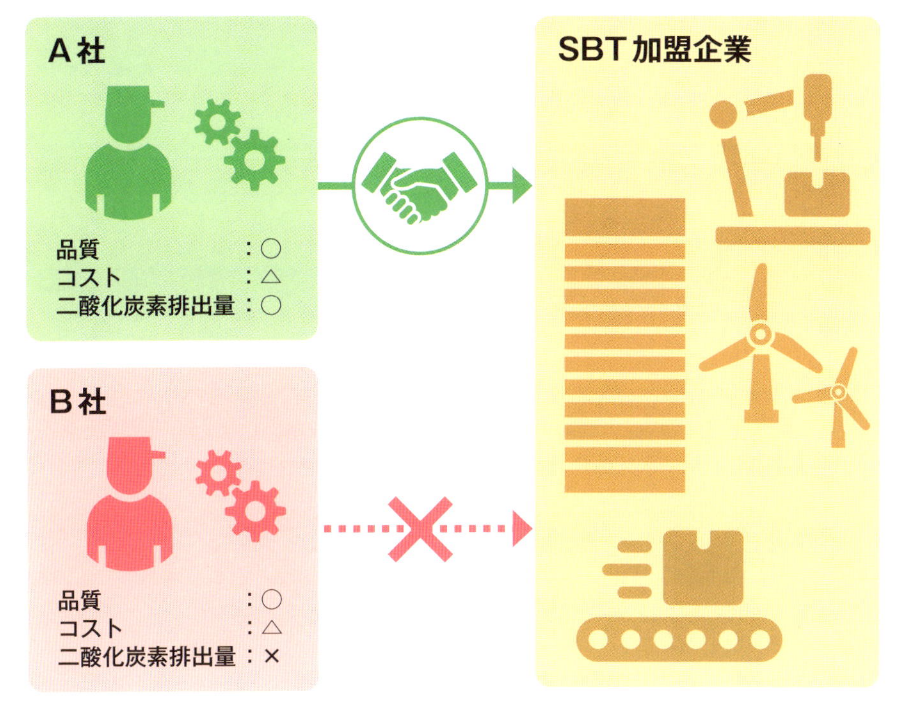

同様の品質であって、若干コストが高くついても二酸化炭素の排出量に気を配っている企業の製品が採用されるようになる

的なイニシアチブで、「**科学的根拠に基づいた（温室効果ガスの排出削減）目標**」を意味する。SBTイニシアチブに加盟する企業は、SBTが定める認定基準を満たすように温室効果ガスの削減目標を設定しているとされ、これが認められればSBTの認定を受けられる。世界中でSBTに加盟する企業は増加し、日本でも2024年5月時点で1084社が認定された。

SBTに加盟するメリットとしては、**脱炭素経営に積極的であると客観的に評価された**ことをアピールできることがある。

SBT認定までの流れ

企業がSBT事務局にコミットメントレターを提出する

※コミットメントレターは2年以内にSBTの目標（ターゲット）を設定するという宣言

SBT事務局がコミットメントレターを受領し、企業はSBTコミット中となる

企業はSBTの定める基準と合致するように、目標を設定

※目標の設定方法、内容はSBT事務局のマニュアルに従う

設定した目標をSBT事務局に提出し、SBT認定を申請

SBT事務局の専門チームによって目標の検証が行われる

提出した目標が基準を満たしており、認められればSBT認定取得

企業は温室効果ガスの排出量と取り組みの進捗状況を年1回報告して開示、定期的に目標の妥当性の確認を受ける

中小企業で認定を受けるのはむずかしいかもしれないが、今後の企業経営にカーボンニュートラルの考えを付加していく必要は残る

5 カーボンニュートラルで成長を目指すために

カーボンニュートラル戦略が今後の企業経営に必須だが、これを余計な支出として捉えないで、競争力を高める企業の戦略として活用する。

脱炭素社会実現のため企業に求められること

これまでにも述べたように温室効果ガスの排出による気候温暖化の影響を最小限にし、今後、大気中の温室効果ガスを増やさないためには、**世界各国と国連、企業と私たち個人の意識改革**が求められる。ただし、国連や各国が主導したとしても、企業がカーボンニュートラルに真剣に取り組まないと、2050年のカーボンニュートラルの達成は絶望的だろう。

中小企業でも工夫次第でビジネスチャンスに

企業の規模によらず、これからの経営には脱炭素を意識していくことが肝心となる

企業が、まず考えなくてはならないのは、脱炭素社会にあって脱炭素に取り組むことでビジネス上、**チャンスとリスクがどこにあるのかを見極める必要**がある。それを見極めるためには、各企業が温室効果ガス排出量の見える化をすることが必要。そのうえで、再生可能エネルギーに切り替えたり、省エネ対策を実施したり、生産効率を向上させることを考える。これらを実施すれば企業価値が向上するが、中小企業の場合、時間がかかり、費用対効果

カーボンニュートラルに関する補助金の例

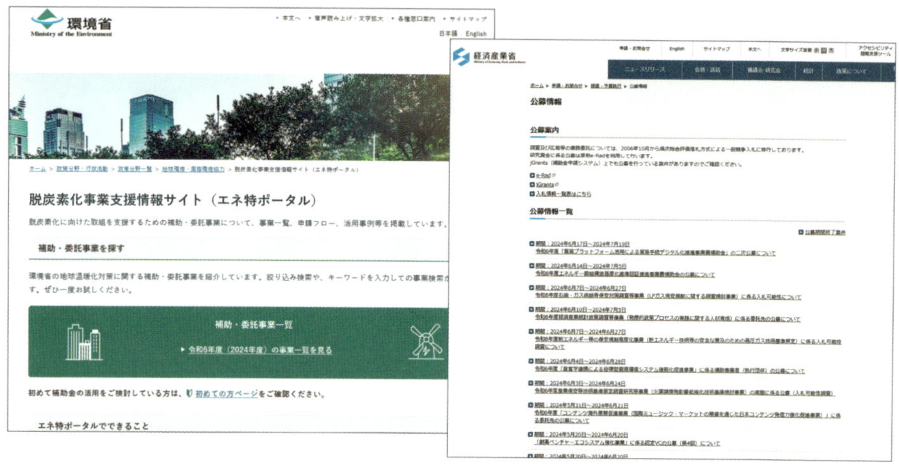

（左）環境省の脱炭素化事業支援情報サイト（エネ特ポータル）：www.env.go.jp/earth/earth/ondanka/enetoku/　（右）経済産業省の公募情報：www.meti.go.jp/information/publicoffer/kobo.html

実施省庁	主要補助金名称	2022年度予算
経済産業省	経産省 先進的省エネ補助金（先進的省エネルギー投資促進支援事業費補助金）	253.2億円
	トラック輸送／デジタコ補助金（AI・IoT等を活用した更なる輸送効率化推進事業補助金）	62億円
環境省	SHIFT補助金（工場・事業場における先導的な脱炭素化取組推進事業）	37億円
	水素関連補助金（脱炭素社会構築に向けた再エネ等由来水素活用推進事業：一部経済産業省、国土交通省連携事業）	65.8億円
	リサイクル設備補助金（脱炭素社会構築のための資源循環高度化設備導入促進事業）	50億円

のわかりにくいところには投資しづらいだろう。

そこで利用したいのが、**補助金や支援**だ。

脱炭素化の補助金と支援

脱炭素化に向けて、**国や自治体、金融機関などは補助金や支援制度**が設けている。例えば、以下のようなものがある。

- **経済産業省**
  - 省エネルギー・CO_2削減技術導入事業：省エネルギー設備や再生可能エネルギー設備の導入を支援
  - 地域脱炭素の推進のための交付金：地方公共団体などによる脱炭素化事業を支援
- **環境省**
  - 地域脱炭素移行・再エネ推進交付金：地域の脱炭素化と再生可能エ

カーボンニュートラルに関する補助金

左から、「再生可能エネルギー事業支援ガイドブック（令和５年度版）」「再生可能エネルギー事業支援ガイドブック（令和４年度版）」「再生可能エネルギー事業支援ガイドブック（令和３年度版）」「再生可能エネルギー事業支援ガイドブック（令和２年度版）」。ここでは、「エネルギー対策特別会計における補助・委託等事業」の最新版もダウンロード可能（www.env.go.jp/earth/earth/ondanka/enetoku/pamphlet/）

ネルギーの導入を支援

- 工場・事業場における先導的な脱炭素化取組推進事業（SHIFT事業）：中小企業等による脱炭素化事業を支援

●自治体の補助金・支援制度

各自治体でも、独自の補助金や支援制度を設けている場合がある

●金融機関の支援制度

金融機関では、脱炭素化に取り組む企業に対して、低金利融資や融資条件の優遇などの支援制度を提供している場合がある。

これらの補助金は、環境省の補助金ポータルサイト「**エネ特ポータル**」や経済産業省のウェブサイト、各都道府県・政令指定都市のウェブサイト、金融機関のウェブサイトなどで検索できる。なお、環境省は「**エネルギー対策特別会計における補助・委託等事業**」のパンフレットも公開している

日本の企業のカーボンニュートラル戦略

出遅れ感があった日本企業のカーボンニュートラルだが、ここにきて大きな進展を見せている。おもな**企業の取り組み**を見てみよう。

●ヤマト運輸

テレビCMで菅田将暉が歌う「♪クロネコヤマトのカーボンニュートラル配送の宅急便」というのが放送され、カーボンニュートラル企業をアピールした。

ヤマト運輸は「宅急便」「宅急便コンパクト」「EAZY」の宅配便の3商品で、各種温室効果ガス排出量削減施策を実行。未削減の排出量に対してカーボンクレジットを使用し、カーボンオフセットを実施した。2022年度には、一連の人為的活動を行ったときに発生する温室効果ガスの排出量 から森林などによる「吸収量」を差し引いて温室効果ガスの合計を実質ゼロにする「**カーボンニュートラリティ**」を達成し、2050年までのカーボンニュートラリティを維持することを表明。運輸分野はカーボンニュートラルがむずかしいが、積極的に取り組む。

●ソフトバンク

2050年までに温室効果ガス排出量を実質ゼロにすることを目指す。こ

ソフトバンクのウェブページ

れを遂行するために、事業活動や電力消費などに伴い排出される温室効果ガスを2030年までに実質ゼロにする「**カーボンニュートラル2030**」を実行中。

また、取引先などで排出される温室効果ガスの排出量も含めた**サプライチェーン排出量**についても2050年までに**実質ゼロ**にすることを表明した。取引先までを含んでカーボンニュートラルを実施している。パリ協定にも賛同している。

●良品計画

衣料品や雑貨、食品、家具などを販売する「無印良品」を展開する良品計画も、2050年までに温室効果ガス排出量を実質ゼロにすることを目指している。

サステナビリティの先駆けともいえる創業時からの同社の3つの視点「**素材の選択**」「**工程の点検**」「**包装の簡略化**」をさらに進め、ESG経営のトップランナーを目指す。ESG経営をさらに加速するため、「**ESG推進委員会**」も発足。

●ソニーグループ

ソニーグループは、2010年に、2050年までに環境負荷ゼロを目指す長期環境計画「Road to Zero」を発表した。これに基づき、気候変動や資源、化学物質、生物多様性の4つの視点から活動を継続。

2022年には、世界的に気候変動リスクが一層深刻化している状況を鑑み、目標達成年を10年前倒しすることを決定。2040年までにバリューチェーン全体で温室効果ガス排出量を実質ゼロにする「**ネットゼロ目標**」に向けて、活動を進めている。

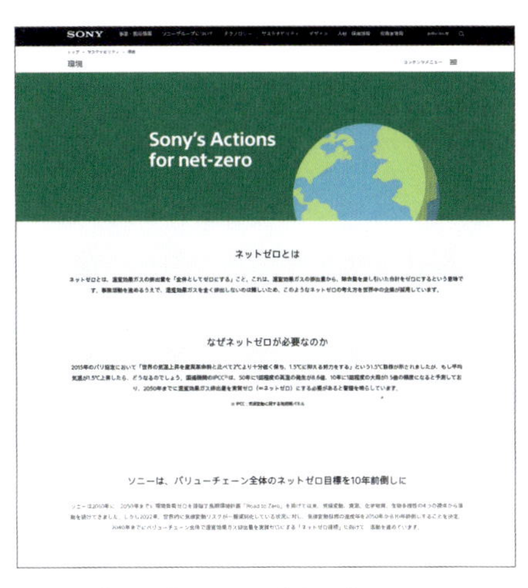

ソニーグループののウェブページ

●三菱商事

ポートフォリオの入れ替えや再生可能エネルギーの調達、省エネルギー・DX効果、燃料転換など、あらゆる方法を駆使して温室効果ガス排出量を半減すると宣言。具体的には、2030年度には2020年度比で、温室効果ガス外出量を半減させ、**2050年度にはネットゼロを達成**する。

実現のため**EX（エネルギートランスフォーメーション）とDXに積極的に投資**し、2つの両輪でカーボンニュートラル社会を実現。環境負荷が低く生産性の高い社会、プラス便利で災害に強い地域の構築を目指すという。

6 カーボンニュートラル実現のための課題

カーボンニュートラルの実現は国家だけでなく、企業や私たちの生活も大きく変える可能性がある。ここでは企業におけるカーボンニュートラル実現の課題を探る。

企業のカーボンニュートラル検討課題

カーボンニュートラルは経営だけでなく、**企業の運営**のあらゆるレベルにかかわる問題といっていいだろう。ここでは、経営レベルをはじめ、事業レベル、運営レベル、個々の従業員レベルにわけ、検討すべき課題を解説。

経営レベルで検討したい課題

経営レベルでは、経営戦略にカーボンニュートラルの推進を組み込むことからはじめる。その際、トップマネジメント層がカーボンニュートラルを経営の最重要課題と位置づけ、経営層が率先して取り組む姿勢を企業の内外にアピール。2050年カーボンニュートラルに向けた**中長期的なビジョンと具体的な削減目標を設定**することからはじめる。気候変動や脱炭素化政策が企業にもたらすリスクとチャンスを評価したうえで、経営戦略に反映。

また、**組織体制の整備**も必要となる。**カーボンニュートラルを実現するための専門部署**を設置する。この部署が中心となって関係部署間の連携を強化し、情報共有や意思決定を迅速に行う。カーボンニュートラルに関する知識やスキルを持つ**人材を育成**したり、外部から採用することも必要だ。

ファイナンスの面でも検討が必要となるだろう。カーボンニュートラルの取り組みに関わる適切な情報開示をしたうえで、投資計画と新たな産業・社会構造への転換を促して持続可能な社会を実現するための金融手法である**サステナブルファイナンス**を活用する戦略を立てる。

投資家や株主などの**ステークホルダーへの対応**も検討も必要だ。

事業レベルで検討したい課題

自社の製品やサービスで排出する温室効果ガスをいかに低減するかが重要

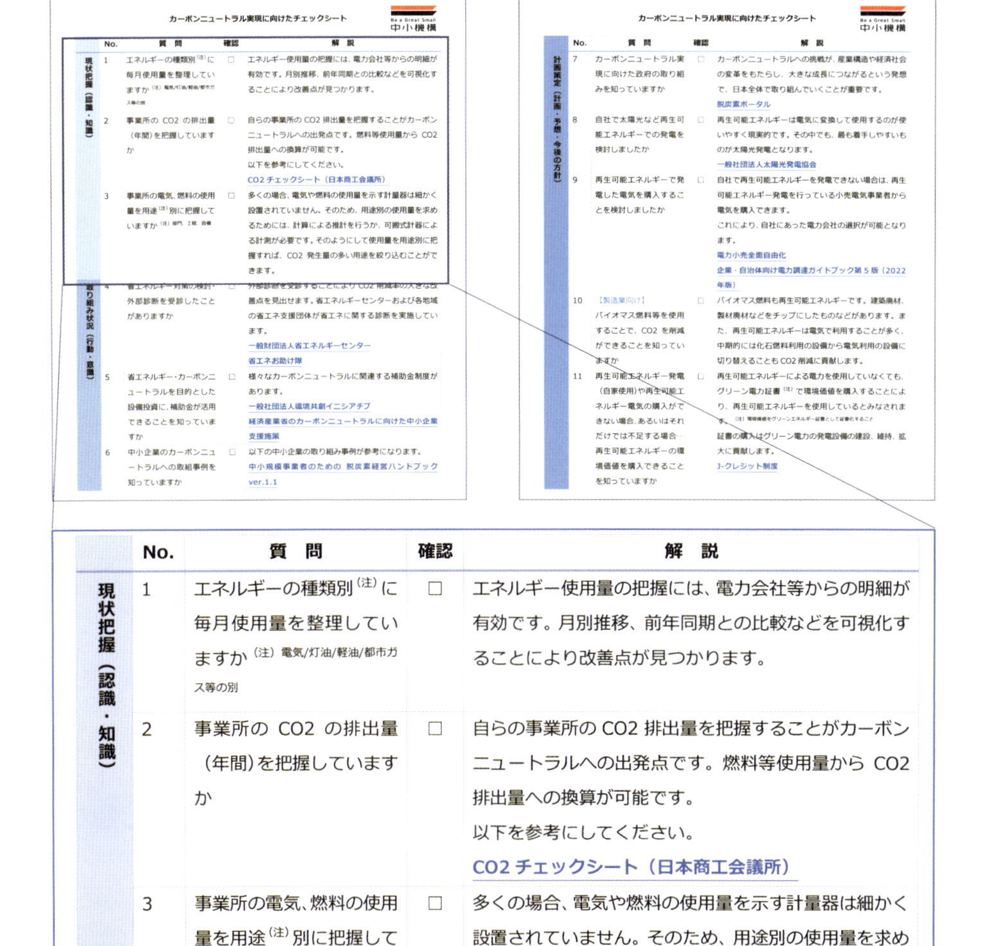

カーボンニュートラル実現に向けたチェックシート

カーボンニュートラル実現に向けたチェックシート

Be a Great Small 中小機構

	No.	質 問	確認	解 説
現状把握（認識・知識）	1	エネルギーの種類別（注）に毎月使用量を整理していますか（注）電気/灯油/軽油/都市ガス等の別	□	エネルギー使用量の把握には、電力会社等からの明細が有効です。月別推移、前年同期との比較などを可視化することにより改善点が見つかります。
	2	事業所の CO2 の排出量（年間）を把握していますか	□	自らの事業所の CO2 排出量を把握することがカーボンニュートラルへの出発点です。燃料等使用量から CO2 排出量への換算が可能です。以下を参考にしてください。CO2 チェックシート（日本商工会議所）
	3	事業所の電気、燃料の使用量を用途（注）別に把握していますか（注）部門、工程、設備	□	多くの場合、電気や燃料の使用量を示す計量器は細かく設置されていません。そのため、用途別の使用量を求めるためには、計算による推計を行うか、可搬式計器による計測が必要です。そのようにして使用量を用途別に把握すれば、CO2 発生量の多い用途を絞り込むことができます。
取り組み状況（行動・意識）	4	省エネルギー対策の検討・外部診断を受診したことがありますか	□	外部診断を受診することによりCO2削減率の大きな改善点を見出せます。省エネルギーセンターおよび各地域の省エネ支援団体が省エネに関する診断を実施しています。一般財団法人省エネルギーセンター 省エネお助け隊
	5	省エネルギー・カーボンニュートラルを目的とした設備投資に、補助金が活用できることを知っていますか	□	様々なカーボンニュートラルに関連する補助金制度があります。一般社団法人環境共創イニシアチブ 経済産業省のカーボンニュートラルに向けた中小企業支援施策
	6	中小企業のカーボンニュートラルへの取組事例を知っていますか	□	以下の中小企業の取り組み事例が参考になります。中小規模事業者のための 脱炭素経営ハンドブック ver.1.1

カーボンニュートラル実現に向けたチェックシート

Be a Great Small 中小機構

	No.	質 問	確認	解 説
計画策定（計画・予想・今後の方針）	7	カーボンニュートラル実現に向けた政府の取り組みを知っていますか	□	カーボンニュートラルへの挑戦が、産業構造や経済社会の変革をもたらし、大きな成長につながるという発想で、日本全体で取り組んでいくことが重要です。脱炭素ポータル
	8	自社で太陽光など再生可能エネルギーでの発電を検討しましたか	□	再生可能エネルギーは電気に変換して使用するのが使いやすく現実的です。その中でも、最も着手しやすいのが太陽光発電となります。一般社団法人太陽光発電協会
	9	再生可能エネルギーで発電した電気を購入することを検討しましたか	□	自社で再生可能エネルギーを発電できない場合は、再生可能エネルギー発電を行っている小売電気事業者から電気を購入できます。これにより、自社にあった電力会社の選択が可能となります。電力小売全面自由化 企業・自治体向け電力調達ガイドブック第 5 版（2022 年版）
	10	【製造業向け】バイオマス燃料等を使用することで、CO2 を削減ができることを知っていますか	□	バイオマス燃料も再生可能エネルギーです。建築廃材、製材廃材などをチップにしたものなどがあります。また、再生可能エネルギーは電気で利用することが多く、中期的には化石燃料利用の設備から電気利用の設備に切り替えることも CO2 削減に貢献します。
	11	再生可能エネルギー発電（自家使用）や再生可能エネルギー電気の購入ができない場合、あるいはそれだけでは不足する場合…再生可能エネルギーの環境価値を購入できることを知っていますか	□	再生可能エネルギーによる電力を使用していなくても、グリーン電力証書（注）で環境価値を購入することにより、再生可能エネルギーを使用しているとみなされます。（注）環境価値をグリーンエネルギー証書として証書化すること 証書の購入はグリーン電力の発電設備の建設、維持、拡大に貢献します。J-クレジット制度

	No.	質 問	確認	解 説
現状把握（認識・知識）	1	エネルギーの種類別（注）に毎月使用量を整理していますか（注）電気/灯油/軽油/都市ガス等の別	□	エネルギー使用量の把握には、電力会社等からの明細が有効です。月別推移、前年同期との比較などを可視化することにより改善点が見つかります。
	2	事業所の CO2 の排出量（年間）を把握していますか	□	自らの事業所の CO2 排出量を把握することがカーボンニュートラルへの出発点です。燃料等使用量から CO2 排出量への換算が可能です。以下を参考にしてください。CO2 チェックシート（日本商工会議所）
	3	事業所の電気、燃料の使用量を用途（注）別に把握していますか（注）部門、工程、設備	□	多くの場合、電気や燃料の使用量を示す計量器は細かく設置されていません。そのため、用途別の使用量を求めるためには、計算による推計を行うか、可搬式計器による計測が必要です。そのようにして使用量を用途別に把握すれば、CO2 発生量の多い用途を絞り込むことができます。

独立行政法人中小企業基盤整備機構では、中小企業に向けカーボンニュートラルのチェックシートを配布している（j-net21.smrj.go.jp/special/chusho_sdgs/carbonneutral/tsdlje00000102d6-att/checksheet_202210.pdf）

となる。製品が温室効果ガスを排出する自動車などの場合は、研究開発に投資し、低炭素技術の開発を推進しなければならない。また、素材の製造から製品の廃棄に至るまでの製品のライフサイクル全体を対象とする**ライフサイクルアセスメント**も考慮する必要があるだろう。

事業レベルでは、**ビジネスモデルの変革**も必要だ。このとき、製造業であればカーボンニュートラルな製品やサービスの提供を通じて、新たなビジネスチャンスを開拓する。または、自社で開発したカーボンニュートラル実現のスキームを他社と共有したり、モデルとして販売することも考えられる。

運営レベルで検討したい課題

運営レベルでは、実際に排出の削減を行うことになる。排出の削減には、省エネルギーや再生エネルギーへの転換はもちろん、生産や業務のプロセスを見直すことも必要だ。加えて、排出量の管理を行い、**経営レベルで進捗のモニタリング**ができるようにすることも重要だろう。

個々の従業員レベルで検討したい課題

従業員一人ひとりにもカーボンニュートラル実現の意識を持ってもらうことは非常に重要。

細かい点では、照明や空調、OA機器などの電源をこまめに切る。ほかにも公共交通機関や自転車・徒歩を利用する、可能な場合は、テレワークを活用するなどがある。

また会社として、紙や資材の削減も大切だろう。例えば、デジタル化を推進して書類の電子化を進める、紙やプラスチックなどの資源を分別回収する、 電子データで共有できるものは印刷しないなどだ。

業務効率の向上も重要。業務プロセスを見直し、ムダな作業をなくす。また、業務効率を向上させる**デジタルツールを活用**するなどをする。

最も重要なのが**意識改革**で、境問題や脱炭素化に関する知識を深めたり、周囲に環境問題や企業の取り組みを伝えられるようになるなど、**従業員教育**も必要だ。

企業は、これらの取り組みを実践できるように、環境教育を行うとともに、エコ通勤の補助制度やテレワーク制度を導入、省エネ機器やデジタルツールの導入を推進する。

7 カーボンニュートラルを実現するために

地球温暖化は避けられない問題だということは、再三述べてきたとおり。ここまでの方策で本当に2050 年カーボンニュートラルが実現できるのだろうか？

日本の2050 年カーボンニュートラルは可能？

2050年カーボンニュートラルを高々に打ち上げ、2050年には化石燃料から脱却し、すべてのエネルギー供給は再生可能エネルギーで得られるなどのシナリオも存在。確かに2030年までに排出量を半減するための技術や制度はすでに完成しているものが多い。つまり、新たに**技術革新**をしなくても、あと数年で排出量を半減できるというものだ。

世界自然保護基金（WWF）のシナリオによる日本の温室効果ガス排出の変化

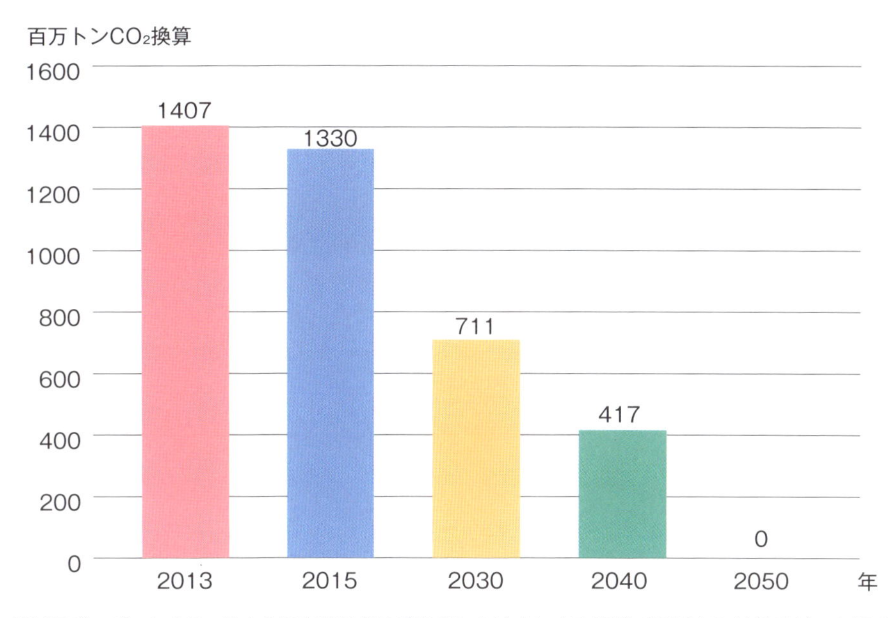

WWF ジャパンによる、日本の温室効果ガス排出のシナリオによる推移。2050 年には排出ゼロを達成しているが、これにはエネルギー構造の大きな転換が必要となる（WWF ジャパン「脱炭素社会に向けた2050 年ゼロシナリオ」）

これらを世界自然保護基金（WWF）がシミュレーションしたのが前ページの図だが、温室効果ガスは2013年の約14億トンから、2030年にはその半分の7億トンに減少している（2021年の試算）。

このシナリオには、2030年の日本の人口は約1.19億人に減少し、産業の構造改革により最終エネルギーの需要も2015年の約60%にまで減少。2015年時点で化石燃料が供給エネルギーの約97%だったのに対し、化石燃料の割合は2050年に向け徐々に少なくなり、2050年には化石燃料（原発も含む）がゼロになっているという試算だ。しかし、この試算どおり進むのであろうか。もちろん、それにこしたことはないが…。

現状、カーボンニュートラルを実現するためには、**技術や制度面でまだまだ解決しなければならない課題**は残っているといえる。

クリアするべき課題

エネルギーの観点からカーボンニュートラルを実現するためには、再生可能エネルギーを用いて製造した**水素が安価に、安定的に供給**できるかがポイントとなる。

また、地球温暖化は現在でも進んでいるのことも忘れてはならない。また、2050年の達成前夜に日本の気候や環境が大きく変わり、太陽光発電で思ったほどエネルギーが得られなくなるという危惧もある。それらのリスクに対応するため、太陽光発電だけでなくさまざまな方式のエネルギー供給手段を用意し、また、低コストで畜エネルギーできる技術を確立しなければならない。水素を供給するサプライチェーンの配備も急務だ。

そのほかにも**技術革新への政府の支援、投資促進のためのスキームづくり**も急がれる。

企業に求められる対応

政府やWWFの考えたとおりにシナリオを進ませるには、**企業の協力や企業への支援**も欠かせない。企業側もさまざまな対応が求められるなか、カーボンニュートラルへの積極的な対応が求められる。

これからの企業は、脱炭素関連の規制や取引先からの要請に対応しない場合には、信用が失われ、ビジネスチャンスを逃したり、失ったりする危険がある。また、ビジネスがうまくいってないからといって宣言したカーボンニュートラルに対する施策を取り下げることもできないだろう。そのような点から、これからの**企業のカーボンニュートラルは「攻め」と「守り」の両面から再構築**する必要があるという。

カーボンニュートラルにおける**攻めの対応**とは、脱炭素を考えた事業を創出し、シェアを拡大することになる。ビジネスモデルの転換が必要となるが、ライフサイクルアセスメント全体で温室効果ガス排出を低減する施策をとる。また、同じような思いを持つ企業とこの分野でグループを組み、共同で投資することも効果的だ。

一方、**守りの対応**とは、企業価値の維持と向上に向け、二酸化炭素排出の目標を設定し、それを開示、実行に移すことだ。これらに寄り、環境面でCSRに対応でき、企業イメージも向上するだろう。

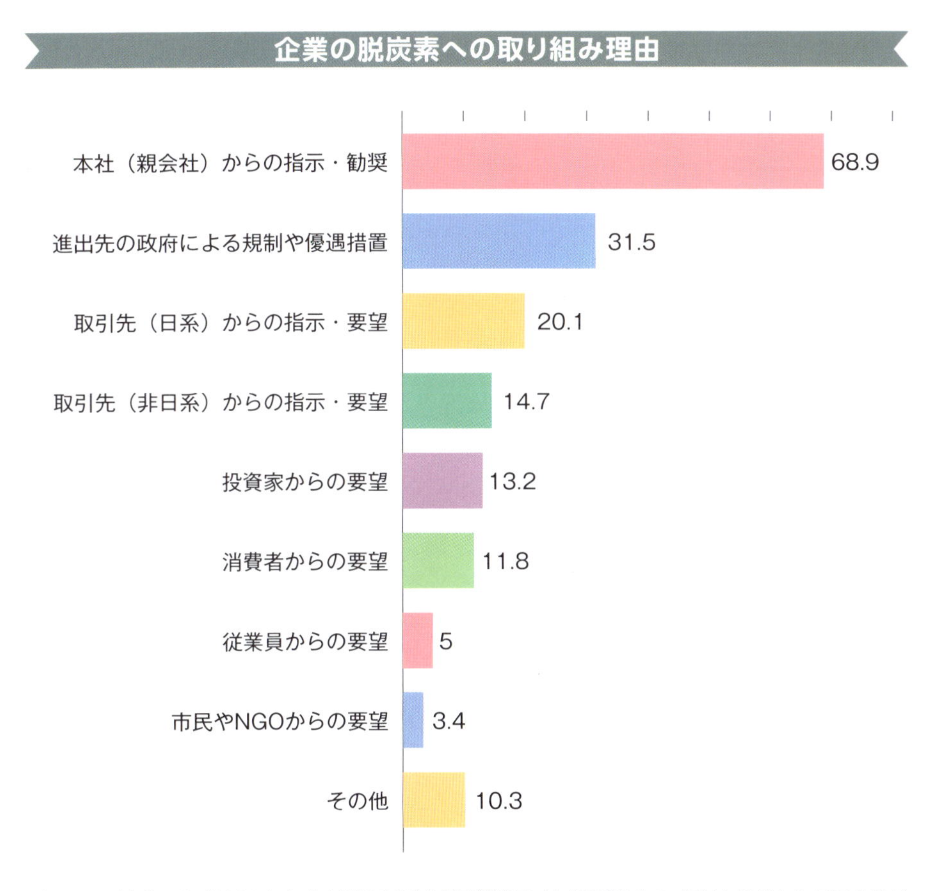

ジェトロが実施した「2021年度 海外進出日系企業実態調査（全世界編）」で、海外に進出した日系企業が脱炭素をはじめた理由。海外日系企業の例だが、取り組みは自発的というよりも、外からの要望が多いことがわかる（標本数＝4669。ジェトロ「企業に求められる『守り』と『攻め』の脱炭素（世界）」）

8 カーボンニュートラル基礎研究の今

2050年に着実にカーボンニュートラルを達成するためには、基礎研究が重要だ。現在進んでいる基礎研究の状況を見る。

カーボンニュートラルの基礎研究

カーボンニュートラルの実現に向けた**基礎研究**は非常に重要で、この分野を進めることで、私たちの未来の世界が開けてくるともいえる。

基礎研究の役割は、革新的なエネルギー源の開発など新しい技術の創出とともに、次世代を担う人材を育成して持続可能な社会の実現することにあるといえる。

2050年のカーボンニュートラルの実現のため、研究が進められている分野は次の4つがある。これらを進めることにより、カーボンニュートラル達成が見えてくるだろう。

①電源のゼロエミッション化

再生可能エネルギー発電の導入促進とカーボンニュートラル燃料への転換がこれにあたる。発電は大型化した風力発電や発電コストの低い太陽光、太陽熱を利用した太陽光発電とのハイブリッド化などが研究されている。

②需要の安定化

畜エネルギー技術と需給バランスの最適化を目標とする。蓄電では安全性や充電を短時間で済ませることができる全固体リチウム電池の開発などがある。蓄熱の分野では、大容量で低コストの技術を開発。また、電力を熱に変換して蓄熱を介して再発電する技術も注目されている。

③二酸化炭素の分離・回収と有効利用、ネガティブエミッション

二酸化炭素の分離・回収技術は新規吸収剤や吸着剤、分離膜などの研究が進んでいる。二酸化炭素の貯留は地下の帯水層が注目されている。現在、帯水層の適地探索や封入する二酸化炭素のモニタリング技術の研究が進められている。

④地球環境の観測と予測

カーボンニュートラル達成のためには、現状を把握する技術も重要だ。そのため観測データの統合的な解析や予測を高度化するための技術開発が課題となっている。機械学習の活用も視野に入れる。

しかしながら、基礎研究にはいくつかの課題がある。それは以下のような

ことだ。

❶長い時間がかかる

基礎研究はすぐに実現できるものではないので、直近の成果には期待できない。そのため、長期的な視点と研究を支えるための安定的な資金支援が必要。

❷失敗のリスク

新しい分野であるので、必ずしも成功するとは限らない。資金を投入したものの実りがないというリスクに備えることが大切。また、失敗を怖れない環境づくりも欠かせない。

これらの課題を乗り越えるためには、エネルギーや材料化学、環境化学など多様な分野との連携が必要だ。それに加えて、研究成果を社会実装するためには、官民の連携もしなければならない。また、私たちも理解を深める必要がある。

さまざまな機関や研究者の連携が必要

カーボンニュートラルの実現に向けた連携を見てみよう。

現在、日本では各省庁が中心となってカーボンニュートラルの実現に向けた取り組みを行っているのは述べたとおりだが、注目されているのが**GX**（グリーントランスフォーメーション➡P 94）だ。温室効果ガス削減の施

経済産業省と文部科学省の連携

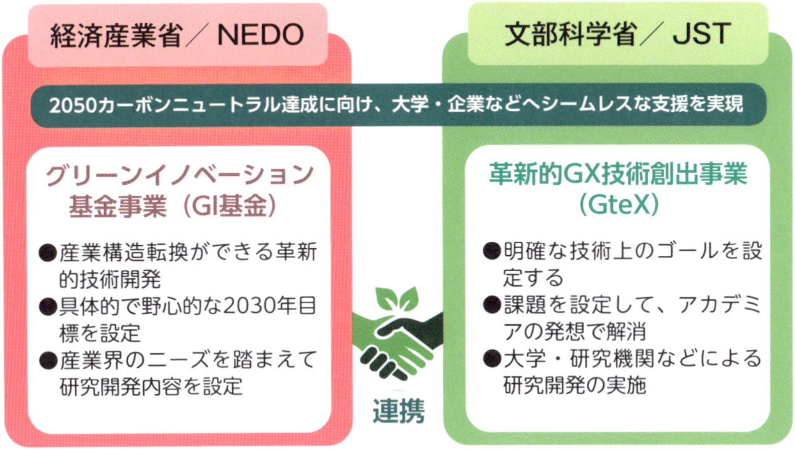

経済産業省／NEDO		文部科学省／JST
2050カーボンニュートラル達成に向け、大学・企業などへシームレスな支援を実現		
グリーンイノベーション基金事業（GI基金）	連携	**革新的GX技術創出事業（GteX）**
●産業構造転換ができる革新的技術開発 ●具体的で野心的な2030年目標を設定 ●産業界のニーズを踏まえて研究開発内容を設定		●明確な技術上のゴールを設定する ●課題を設定して、アカデミアの発想で解消 ●大学・研究機関などによる研究開発の実施

経済産業省と文部科学省のそれぞれの強みを生かして、合同ワークショップを開催したり、学術研究の社会実装への橋渡しなどを行っていく（文部科学省「カーボンニュートラルの実現に向けた大学への期待」）

策はどうしても経済成長の阻害と捉えがちだが、これを成長の機会と捉え脱炭素実現と経済成長・発展の両立を目指すものだ。

文部科学省をはじめとする各省庁はGXの実現のために、**次世代の研究者の人材育成の強化**を掲げている。そのなかで、文部科学省が管轄する科学技術振興機構（JST）は「**革新的GX技術創出事業（GteX：Green technologies of eXcellence）**」を創出。大学などで、基礎研究と人材開発に力を入れている。この事業では水素変換技術や電力貯蔵技術、バイオ生産技術を重要領域として指定。大学などのトップレベルの研究者がオールジャパンとして研究開発に当たる。

この事業は経済産業省とも連携する。つまり、省庁の垣根を越えたプロジェクトとなるのだ。この連携によって、文部科学省の管轄する大学だけでなく、企業の開発・研究とも緊密に情報を共有が可能。経済産業省管轄のNEDOの「**グリーンイノベーション基金事業（GI基金）**」との橋渡しを行っている。

国や地域を超えて連携し、地球と共生する

地球温暖化の防止は一国の問題ではなく、すべての国が解決に向けて進まなければいけない課題だ。そのため、**国家の壁を越えての連携**もはじまっている。

例えば産業の米といわれ、貿易戦争の中心となってきたのが半導体だ。日米の半導体摩擦があったのは記憶に新しいだろう。半導体はパワーエレクトロニクスの分野をはじめ、カーボンニュートラル実現のためのキーとなる。しかし、地球温暖化防止のため、日米およびヨーロッパなどは国の壁を越えて、共同して次世代半導体の研究をはじめている。

日本とアメリカは、2022年の日米首脳共同宣言で**次世代半導体の開発などで協力**すると明記した。

現在、カーボンニュートラルは人類生存のための必須条件となってきている。いままで私たちは、無秩序・無制限に二酸化炭素などの温室効果ガスを排出してきた。しかし、これからは地球温暖化という重要課題を解決すべく、私たちの意識改革が求められている。

それには地球と共生するという考え方が必要で、これを実現するのは基礎研究はもちろんだが、**人間教育**が必要だ。それにはAIを安全に活用することも考えられる。AIを利用すれば、新たな技術によって省エネ化やエネルギーの効率的な利用も不可能ではない。しかし、科学技術の使い道を誤らないように、これを機会に人間教育も怠らない必要があるだろう。

人類が克服した環境問題「オゾンホール」

日本で環境問題が一般的になったのは、高度成長期の公害やバブル期のエコロジー（ブーム）だろう。エコロジーブームでは再生紙を使ったグッズや環境にやさしそうなファッションなど、本当に環境保全になっているのか疑問なことも多くあった。環境配慮をしているように装いごまかしたり、上辺だけの環境訴求など、いわゆる「グリーンウォッシング」と呼ばれるものに近いものだった。

しかし、環境問題で世界中が協力し、解決に導いた事例がある。それが「オゾンホール」問題だ。オゾンホール問題は、その当時、エアコンの冷媒やスプレー缶などに盛んに使われていたフロンガスがそのまま分解せず、成層圏まで到達。オゾン層を破壊するというものだ。オゾン層は、太陽光に含まれる有害な紫外線をさえぎる役割がある。オゾン層がなかったら、地表に有害な紫外線が降り注ぎ、強度の紫外線は皮膚がんを誘発。また、細胞やDNAを傷つけることから、人間をはじめとした生物全般にさまざまな悪影響があるとされる。

最初のうちはあまり興味を引かなかった人々が多かったが、人工衛星で撮影した地球の画像には、南極部分にぽっかりと穴が空いていた（オゾン層をわかりやすく画像処理したもの）。危機感をいだいた人類は、1987年モントリオール議定書でフロンガスなどオゾン層破壊物質の削減／廃止を決めた。その後、研究が進められ、フロンガスの代替となるガスなどが生成され、現在では、ほぼフロンガスは生産されず、オゾンホールは今世紀中には元に戻るだろうといわれている。

なぜオゾンホールの問題に対し、人類一丸となって、対応に躍起になったのか？　紫外線の増加は発言力のある白色人種に多大な影響があるからだと揶揄することもあるが、いちばんの理由は地球の上空に穴が空いた写真のインパクトだろう。上空の穴から悪魔の紫外線が降り注ぐようなイメージを持つ人もいた。

カーボンニュートラルでも同じであり、宣言よりも、危機がわかりやすい方法で周知することが必要だろう。つまり、見える化だ。各地の異常気象の映像など、もっともっと私事として捉えられる策が必要だろう。

ちなみに、オゾンで爽やかさを表現するCMもあったが、オゾン自体は有毒で悪臭のある気体だ。

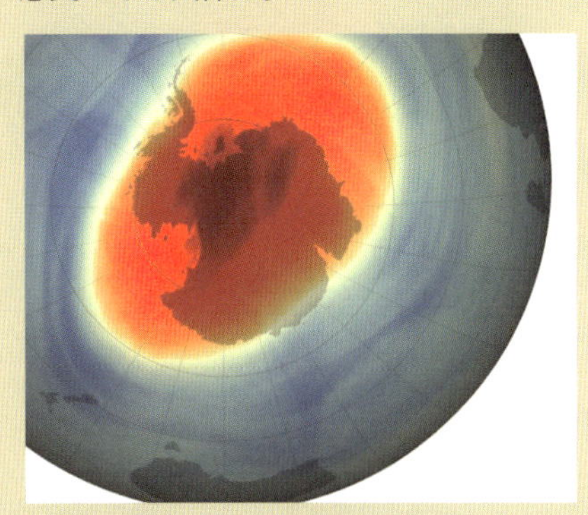

南極上のぽっかりと空いたオゾンホールのイメージ画像。2022年の映像（季節のよって大きさが異なる。NASA Earth Observatory image by Joshua Stevens）

英語略称とその意味

略称	正称	日本語訳	ページ
AI	Artificial Intelligence	人工知能	189
BECCS	Bioenergy with Carbon and Storage	バイオマス二酸化炭素回収・貯留	134
BURs	Biennial Update Reports	途上国における隔年更新報告書	84
CAES	Compressed Air Energy Storage	圧縮空気エネルギー貯蔵	166
CCS	Carbon dioxide Caputure and Storage	二酸化炭素を分離・回収し、地中などに貯留する技術	131
CCUS	Carbon dioxide Caputure, Utiliztion and Storage	回収した二酸化炭素の貯留に加えて利用する技術	131
CIF	Climate Investment Funds	気候投資基金	83
CN	Carbon Neutral	カーボンニュートラル	12
COP	Conference of the Parties	気候変動枠組条約締約国会議	14
CSR	Corporate Social Responsibility	企業の社会的責任	194
DAC	Direct Air Capture	直接空気回収技術	137
DACCS	Direct Air Capture with Carbon Storage	直接二酸化炭素回収・貯留	134
DX	Digital Transformation	デジタル変革	196
EMS	Energy Management System	エネルギーマネジメントシステム	209
EOR	Enhanced Oil Recovery	石油増進回収	133
ESG	Environment, Social, Governance	環境・社会・ガバナンス	222
ETS	Emission Trading System	排出量取引制度	49
EU ETS	EU Emissions Trading System	欧州連合域内排出量取引制度	69
EX	Energy Transformation	エネルギートランスフォーメーション	237
FAME	Faster Adoption and Manufacturing of Electric Vehicles	電気自動車振興策	80
FCV	Fuel Cell Vehicle	水素を燃料とする燃料電池自動車	161
FIT	Feed-in Tariff	固定価格買取制度	59
GCF	Grenn Climate Fund	緑の気候基金	83
GHG	Greenhouse Gas	温室効果ガス	12
GPIF	Government Pension Investment Fund	年金積立金管理運用独立行政法人	225
GST	Global Stocktake	グローバル・ストックテイク	33
GWP	Global Warming Potential	地球温暖化係数	27
GX	Green Transformation	グリーントランスフォーメーション	52

略称	正称	日本語訳	ページ
IEA	International Energy Agency	国際エネルギー機関	138
IIJA	Infrastructure Investment and Jobs Act	インフラ投資雇用法	137
IMO	International Maritime Organization	国際海事機構	207
IoT	Internet on Things	モノのインターネット	196
IPCC	Intergovernmental Panel on Climate Chane	気候変動に関する政府間パネル	15
IRA	Inflation Reduction Act	インフレ抑制法案	65
ISO	International Organization for Standardization	国際標準化機構	194
LCA	Life Cycle Assessment	ライフサイクルアセスメント	194
NDC	Nationally Determined Contribution	国が決定する貢献	34
NETs	Negative Emissions Technologies	ネガティブエミッション技術	134
NZE	Net Zero Emisson	2050年ゼロミッションシナリオ	138
OTEC	Ocean Thermal Energy Conversion	海洋温度差発電	103
P.E.T.M	Paleocene-Eocene Thermal Maximum	暁新世始新世境界温暖化極大	26
PRI	Principles for Responsible Investment	責任投資原則	222
SAF	Sustainable Aviation Fuel	持続可能な航空燃料	63
SBT	Science Based Targets	温室効果ガス排出削減目標	229
SDGs	Susutainable Development Goals	持続可能な開発目標	214
SMES	Superconducting Magnetic Energy Storage	超伝導磁気エネルギー貯蔵	166
UNEP	United Nations Environment Programme	国際連合環境計画	32
UNFCCC	United Nations Framework Convention on Climate Change	国際気候変動枠組条約	14
V2H	Vehicle to Home	EVなどのバッテリーに蓄えた電力を家庭で使用するシステム	181
WMO	World Meteorological Organization	世界気候機構	32
ZEB	net Zero Energy Building	ネットゼロ・エネルギービルディング	210
ZEH	net Zero Energy House	ネットゼロ・エネルギーハウス	210

※ページ数は、おもな解説ページ

インデックス

か行

INDEX

さ行

た行

INDEX

な行

は行

ま行

や行

ら行

●著者：川村康文（かわむら・やすふみ）

1959年、京都府生まれ。京都教育大学教育学部 特修理学科卒業後、京都大学大学院エネルギー科学研究科エネルギー社会環境学専攻博士後期課程修了。京都教育大学附属高等学校教諭、信州大学教育学部助教授ののち、東京理科大学理学部第一部物理学科教授。2022年4月にオープンした体験・体感型科学館の北九州市科学館「スペースLABO」の館長もつとめている。

●編集協力：株式会社アーク・コミュニケーションズ
●本文デザイン：有限会社アーク・ビジュアルワークス
●本文DTP：有限会社エルグ
●イラスト：絹井けい、ShutterStock、Pixta
●編集担当：山路和彦（ナツメ出版企画株式会社）

本書に関するお問い合わせは、書名・発行日・該当ページを明記の上、下記のいずれかの方法にてお送りください。電話でのお問い合わせはお受けしておりません。
・ナツメ社 web サイトの問い合わせフォーム
https://www.natsume.co.jp/contact
・FAX（03-3291-1305）
・郵送（下記、ナツメ出版企画株式会社宛て）
なお、回答までに日にちをいただく場合があります。正誤のお問い合わせ以外の書籍内容に関する解説・個別の相談は行っておりません。あらかじめご了承ください。

今（いま）と未来（みらい）がわかる カーボンニュートラル

2024年12月 6 日　初版発行

著　者　川村康文（かわむらやすふみ）
発行者　田村正隆

発行所　株式会社ナツメ社
東京都千代田区神田神保町1-52　ナツメ社ビル1F（〒101-0051）
電話　03（3291）1257（代表）　FAX　03（3291）5761
振替　00130-1-58661

制　作　ナツメ出版企画株式会社
東京都千代田区神田神保町1-52　ナツメ社ビル3F（〒101-0051）
電話　03（3295）3921（代表）

印刷所　広研印刷株式会社

ISBN978-4-8163-7638-2　Printed in Japan
＜定価はカバーに表示してあります＞＜落丁・乱丁本はお取り替えします＞